ちくま文庫

私たちはどこから来て、どこへ行くのか

生粋の文系が模索するサイエンスの最先端

森達也

筑摩書房

はじめに

もしも文系か理系かと問われれば、僕は圧倒的に文系だ。今の肩書きのひとつである作家の仕事は（基本的に）文系だし、大学でも文系の学部で教えている。

高一から高二に進級するときも、まったく迷うことなく文系のクラスを選択した。その頃から今に至るまで、計算はどちらかといえば不得手だ。どうしても数字という存在に興味を持てないのだ。だから数学の授業などこれ以上は受けたくないし、物理や化学、つまりガウスの定理やシャルルの法則にも、結局は関心や興味を持てなかった。電流がどうしたら電圧はどうなるとか温度と気体分子の運動量の関係など、自分の生活や生涯に何の関係もないと思っていた。

でも、文系のクラスをとって現国や古文の授業中（これはこれでつまらない）に、教室の窓から外を見ながら、宇宙の果てはどうなっているのだろうなどと時おり考えた。理系ではないが虫や小動物は好きだったので、沼や田んぼの水をルーペや顕微鏡で見れば世界が一変することも知っていた。『不思議の国のアリス』を読みながら、自分もアリスが口にしたキノコを食べたなら、世界はどのように変化するのだろうと想像した。椅子や机がぐんぐん大きくなる。木目がみるみる目に迫り、床を這っていたダニやシミなどの微小な虫が巨大なモンスターとなり、空気中の塵(ちり)や埃(ほこり)が巨大な浮遊物となり、やがて分子が見え、原子も大きくなる。次に電子が視界に入ってきて、遠くに原子核が見える。

本当なら分子が見える前に呼吸ができなくなっているはずだけど、それは考えないようにする。それとこの頃の物理の授業では原子核と電子の関係を太陽と惑星のように説明していたから、「波と粒子の双方の性質を併せ持つ」とか「確率論的に存在する」などの量子力学的な視点は、まったく持ち合わせていなかった。

とにかく原子核が見える。その中に入れば、陽子や中性子が見える。でも身体の縮小は止まらない。陽子や中性子がどんどん大きくなる。その表面には何があるのだろう。内部構造はどうなっているのだろう。世界はどう変化するのだろう。

次に身体が大きくなるキノコを食べる。地球にいては周りに迷惑をかけるので、宇宙空間にいることにする(やっぱり呼吸は無視する)。周囲の惑星がどんどん縮小し、やがて太陽系が自分の身体のサイズと同じ大きさになる。見えてきたのは他の銀河だ。時おりブラックホールが皮膚にちくりと刺さる。蚊に刺されたような感覚だ(こんな妄想に浸っていた高校時代、ダークマターやダークエネルギーはまだ発見されていない)。やがて身体が宇宙と同じ大きさになり、頭が果てを突き破る。そのとき僕の目には何が見えているのだろう。無だろうか。でも無とは何だろう。あるいは別の宇宙だろうか。

それとも自分の足のつま先が見えるのだろうか。そして果ての向こう側には何があるのだろう。

死後に意識はどこへ行くのかも想像した。天界とはどんなところなのだろう。地獄など本当にあるのだろうか。それとも魂は時空を漂うのか。あるいはぷっつりと世界から消えるのか。別の次元に行くのか。そもそも自我とは何だろう。自分はなぜ今、この世界にいるのだろう。

私たちはどこから来たのか。私たちは何ものか。私たちはどこへ行くのか。

ポール・ゴーギャンの代表作に冠せられたこのタイトルは、ゴーギャンが神学校の学生だった一〇代後半、授業で知ったカテキズム（教理問答）がベースになっていると言われている。

でももちろん、画家やキリスト教徒だけが抱く疑問ではない。具体的な信仰のあるなしに関わりなく、人類はずっとこの疑問を抱いていた。四四〇万年前に樹上から地上に降りてきたラミダス猿人は、狩りや交尾など日々の営みを続けながら、誰もが死からは逃れられないと気づいたのだろう。ならば少し思慮深い個体なら、自分は死んだらどこへ行くのかと考えたはずだ。自分はどこから来たのか。死んだらどこへ行くのか。自分はなぜここにいるのか。

多くの人はこの自問自答を繰り返しながら年齢を重ねる。「自分は何のために生まれたのか」とか「死後に天国へ行けるだろうか」などと語彙やニュアンスを少しずつ変えながらも、多くの人の生涯の通奏低音として、この命題はずっと響き続けている。

でも同時に多くの人は、いくら考えたところで正解になどたどり着けないことも知っている。だから考えることを止める。それでなくても毎日忙しい。やがて学校を卒業して就職する。恋をして結婚する。子供ができて小さな家を買う。会社で少しだけ昇進する。子供はやがて大きくなる。冷蔵庫をそろそろ買い換えねば。年老いた両親の介護の問題もある。……考えなければならないことは他にもたくさんある。

でもやっぱり時おり思う。私たちはどこから来たのか。私たちは何ものか。私たちはどこへ行くのか。

明らかに文系のテーゼであるからこそ、文系の語彙や回路だけでは袋小路に入り込む。ぐるぐると同じところを回るばかりだ。でもそこに最先端の理系の語彙や回路を導入すれば、これまでとは違う解が発見できるかもしれない。あるいは発見までは至らなくても、この永遠のテーゼの裾野の一部が仄(ほの)見える瞬間があるかもしれない。

こうして連載は始まった。第一線の理系の知性との対話。ただし聞き手は愚直なほどに純度が高い文系だ。対話が成立したかどうかは自信がない。研究室の扉が閉まって靴音が遠ざかってから、第一線の理系の知性の多くはため息をついて、「やれやれ。いったい何だったんだ」とぼやいていたかもしれない。

その不安は常にあったけれど、とにかく連載を継続することはできた。そして書籍にまとめることもできた。本来なら最後に書くべきことだけど、担当編集者としてずっとサポートし続けてくれた筑摩書房の小船井健一郎と増田健史には感謝している。

聞き手のレベルはともかくとしても、そのレベルだからこそ、できた質問もきっとあったはずだ。それに対して第一線の理系の知性は、あきれたり困惑したりしながらも、必死に答えてくれた。

だからもちろん、対談に応じてくれた研究者たちにも礼を言わねばならない。そして最後に、これからこの本を読んでくれるあなたにも。

目次

はどういう生態だったのか／性淘汰と二足歩行はセットで進化した／なぜ初期人類はアフリカで発生したか／ニッチがどう変わっていったかを知りたい／私たちの持つ、たった一つのアドバンテージ／フローレス原人の衝撃／私たちは偶然のたまもの以外の何ものでもない

第3章

進化とはどういうものか――長谷川寿一（進化生態学者）に訊く……115

変異・競争・遺伝の組み合わせで進化が生じる／ジャンルのクロスオーヴァーによる摩擦と軋み／レミングは集団自殺をしているのではない／ドーキンスとグールドの遺伝子をめぐる論争／利他行動も「利己的遺伝子」で説明できるか／人間と動物の群れは何が違うのか／群れるからこそ人の集団は暴走する／こうしてスタンピードが始まる／なぜ人類は未だに不完全な生きものなのか／ダーウィニズムと「私たちはどこへ行くのか」という謎

第1章

なぜ人は死ぬのだろうか

福岡伸一（生物学者）に訊く

生きものは何と緻密にできているのだろう

「えーと、じゃあまず、僕からお話しします。中学校の生物の時間に、人の心臓には血液の逆流を防止するために四つの弁(べん)があると習いました」

名刺交換を終えて椅子に腰を下ろすと同時に、僕はまず口火を切った。対面に座る福岡伸一(ふくおかしんいち)は軽く口を開けながら、この男はいきなり何を言いだすのだろうというような表情だ。それは当然だろう。初対面の挨拶を終えたばかりの男がいきなり心臓の弁について話し始めたら、僕も呆気にとられると思う。でも今日の話の助走として、この話は絶対に必要なのだ。

「例えば二つの心房(しんぼう)と心室(しんしつ)のあいだには房室弁(ぼうしつべん)があります。心房が収縮して内圧が高まると、房室弁は心室に向かって開き、血液は心房から心室に流れ込むという仕組みになっています。左右それぞれの心室の血液は、大動脈弁と肺動脈弁を通して動脈に流れ込む。心室が収縮すると血液の勢いで弁が開き、逆に心室が拡張するときは弁が閉じる。だから絶対に逆流はしない。……驚くほどに機械的です。生きものの身体は何と緻密にできているのだろうと感動しました」

福岡の表情は変わらない。もしも漫画のふきだしのように思うことを頭の上に書くのなら、「……だから何？」あたりになるのかな。でもとにかく助走を終えないと次には進めない。僕は話を続ける。

「たぶん同じころに、やはり生物の授業で、ダーウィンや進化論についても知りました。単細胞生物として地球上に誕生した生きものは、その後に突然変異と自然淘汰によって、さまざまな形や性質に分化しながら進化を続けてきて現在がある。それはそれで説得力がある。でもそこでふと、あれ？　と思ったわけです。

なぜなら弁は、完全な形にならないと機能しない。部分的な弁など意味がないし、中途半端な突起では血の流れが悪くなるだけで、弊害しかない。ならば進化論的には、「ある日突然、心臓に完全な弁を持った生きものが誕生して、生存に有利だから子孫が少しずつ増えてきた」ということになりますね。明らかに無理がある。要するに途中経過も個体に有益さをもたらすものでなければ、進化論的には説明できなくなるわけです。でも現実には、そんな要素は決して多くない。部位はすべて他の部位とつながっている。単独では意味を持たない。

もちろん、中立進化説などをとりいれたネオ・ダーウィニズムとか、種社会論の立場から突然変異と自然選択によらない進化論を提唱した今西錦司（いまにしきんじ）とか、適応主義を批判するスティーヴン・ジェイ・グールドなど、突然変異と適者生存だけでは進化のメカニズムを説明できないとした学者や研究者は少なくない。つまりダーウィニズムはいまだ仮説であり、実証されていないとの見方もできる。それは踏まえながらも、やっぱりどうしても、弁の仕組みや効果を知っていた何ものかが、生きものの身体をこのようにつくったと思いたくなってしまう。科学史においてはとっくの昔に駆逐されたはずの造物主的発想が、特に信仰など持たない僕の内部でも、いろいろ最先端の本を読めば読むほど、今さらのようにむずむずと動き始めるんです。

だからまずは教えてもらえますか。生きものの進化を福岡さんは、どのように捉えるべきと考えているのでしょう」

座は数秒の沈黙。福岡の唇の両端が、ゆっくりと上がる。形としては)。要するに微笑だ。その表情でしばらく僕を見つめ返してから、(テーブルの上に置かれた小さなビールグラスに、福岡は右手を伸ばす。

「……いきなり大きなテーマで来ましたね。まずは乾杯をしながら、考える時間をかせがせてもらえますか」

このとき僕と福岡以外にテーブルに座っていたのは、筑摩書房の編集者でこの連載を担当する小船井健一郎と、福岡を担当する田中尚史だ。四人の男は無言のまま、手にしたビールグラスを合わせる。髪を丁寧に後ろに撫(な)でつけた男性給仕が、四つの小皿に入れた刺身の盛り合わせを運んでくる。神楽坂通りの路地を少し入ったところにある小さなこの店は、かつては普通の民家だったらしく、六畳ほどの部屋の照明は最低限に抑えられていて、BGMはいっさいない。店というよりも、誰かの家に招かれて食事しているような気分になる。

テーブルの上には、小皿に入れられた料理と二本の瓶ビール、赤いランプが点るデジタル・レコーダーが二つ置かれている。やがてビールグラス一杯分を飲んで刺身一切れを咀嚼(そしゃく)するくらいの時間を置いた福岡が、「……生物を虚心坦懐に観察してみますと」と話し始めた。

「例えば大腸菌のような単細胞生物は、普通は細胞分裂によって二つに分かれ、それぞれがまた分裂するという過程で増えていきます。かつてはこれが生命の基本形でした。そんな時代が一〇億年くらい過ぎたとき、なぜか分裂しても離ればなれにならない細胞が生じて、塊(かたまり)のまま生活するようになりました。塊の表層の細胞は酸素をたくさん使えるけれど、内側の細胞は酸欠状態になる。こうして環境の差ができるわけです。それによって同じ遺伝子を持ちつつも、ちょっとずつ役割分担をするようになって、多細胞化が起こりました。これが単細胞から多細胞生物へと変わる経緯の、現状における説明です。

初期の多細胞生物は、口も肛門も同じ袋状のものでした。その貫入していた構造が、あるとき貫通してちくわ状になって、餌を食べる穴と排泄する穴に分かれました。そのとき初めて、生物がある方向を持つようになったのですね。やがて細長い管状になって、なかに体節構造（ユニット）ができて、硬い芯のようなものがつくられるようになり、背骨の構造になった。背骨の構造ができると、それによって体を支えることができるようになり、中枢神経系が頭のほうに集まるようになり、重い脳を支えられるようになった。こうして足を生やすとか鰓（えら）を持つなどの分節構造が少しずつ進み、単純な構造から複雑な構造へと変化していったのではないか、という観測が、博物学者のラマルクなどによって提唱されました」

話の切れ目を待って、僕は福岡のグラスにビールを注ぐ。同じタイミングで横に座る田中が、僕のグラスにビールを注いだ。小船井は給仕に新たなビールをオーダーし、最後に福岡が小船井のグラスにビールを注いだ。つまり神楽坂の小部屋で自然発生的に始まった男四人の分業だ。

ただしもちろん、完全な自然発生とは違う。僕の立場はホスト役だし福岡はゲストだ。それぞれの担当編集者にも立場や思惑があるし、場のバイアスだって働いている。福岡にビールを注がれた小船井は過剰に恐縮していた。おそらくは「次は自分が」と思ったはずだ。こうして進化は種ごとに進む。……ちょっと喩えが違うかもしれない。いや絶対に違う。とにかく福岡の話は続く。

生きものの「変化をもたらす力」は何か

「現状において生きものは、それぞれの環境に適応した性質を持っているので、環境との相互作用によって新しい仕組みができていったのではないか、と考えられてきました。でも、その原動力となっている「変化をもたらす力」は何かという問いについては、誰も答えられなかったわけです。

そこでラマルクは、「キリンの首はなぜ長いか？」について、高いところの葉っぱを食べれば競争相手がいないと考えたキリンの先祖が、一所懸命首を伸ばそうと努力した結果として少しずつ首が伸びましたと説明しているわけですね。つまり、ある種の環境に適応しようとする努力というか意志の力のようなものが、長い時間をかけて生物を変えていったのではないか、との論理です。そのラマルクを引き継いだのがダーウィンです」

「でもダーウィンの唱えた基本原理は、自然淘汰ですよね」

僕は言った。少し首をかしげていたかもしれない。福岡は静かに微笑む。

「ダーウィンの『種の起源』（一八五九年初版／邦訳：光文社古典新訳文庫、二〇〇九年他）をちゃんと読めば、環境に適応しようとして生物は変わってきたという考えを、完全には棄てずに継承していることがわかります。でも実は、経済学者がマルクスを読んでいないように、ダーウィンをちゃんと読んでいる生物学者は少ないでしょうね」

「そういえば僕も、『種の起源』は読んでいないです」

「普通は読みません。ダーウィンはジェミュール（gemmule）を想定しています。全身を巡る粒子です。そのジェミュールが、生物が出会った環境や、そのときの困難などを察知して、その情報とともに卵子や精子などの生殖細胞に戻る。それが次世代に引き継がれて、またジェミュールが体の中を散開して、環境に適応した形質を伝えるという「獲得形質の遺伝」――つまりその環境に応じて、どのように変化すればより良く生きられるかを体験した世代の形質がそのまま次の世代に引き写されるということ――を考えていたわけです。生命観としては非常にわかりやすい。

ジェミュールは遺伝子のコンセプトだとも言えますが、その後にメンデルによって発見された遺伝子とダーウィンが唱えた自然選択が統合されて、「進化の総合説」が誕生します。突然変異によって遺伝子に起きた変化がランダムな方向に動きながら、最終的には環境に適したものだけが選ばれるという考え方に沿う形で、進化論は整備されていったわけですね。獲得形質が遺伝するという考え方は否定されて、環境に適した変化をしたものだけがより子孫を多く残せるチャンスを得るから、次の世代へのナチュラルセレクションの結果、選択されるという考え方として今日に至っていて、それが進化説の金科玉条のようになっているわけですよね」

　このときに「金科玉条」という言葉を福岡は口にした。つまり言外に若干の否定的な要素を込めている。だから僕はビールを飲みほしてから、「一つ確認していいですか」と訊いた。

「ラマルクは、個体が後天的に獲得した形質が遺伝されるという用不用説を唱えました。つまり父親が鍛錬してマッチョになったら、その子供もマッチョになるとの主張だと思っていました。でも福岡さんは先程、「こうしたいと思っていることが形質になって遺伝する」という言い方をされたけれど、ラマルクはそこまで踏み込んでいるんですか」

　数秒の間を空けてから、福岡はにっこりと微笑する。

「……なかなか勉強されていますね。そういえば森さんは、虫や生きものについても書かれていますよね」

　言われて思わずうなずいた。おそらく二〇一〇年に刊行した『首都圏生きもの記』（学研新書）のことだろう、このときに取り上げたのは、プラナリアにイトミミズにヒキガエルにナナフシにハリガネムシなど相当にマニアックな生きものばかりだ。その選択が災いしたのか、あまり売れなかった。そんなことを思いだしていたら、「でもやっぱり、森さんには他のイメージがとても強くありますからね」と福岡が続けた。微妙にいやな予感。絶句する僕に代って隣に座る小船井が、「どんなイメージですか？」と身を乗り出した。訊かないほうがいいのに。福岡は一瞬だけ口ごもってから、「……過激派みたいな」とつぶやいた。

過激派。語彙で何となく世代がわかる。そういえば僕と福岡はほぼ同世代だ。それにしても過激派はないですよねと田中が笑い、場が少しだけ和(なご)む。ビールのグラスを口に運びながら、「えーとですね」と福岡が微笑みながら言う。

「こうしたいとのフレーズが意志の力のように解釈されると言ってしまうと、ちょっと拡大しすぎかもしれないです。キリンが高いところの葉を食べたいと思って一所懸命首を伸ばすというのは、例えばトレーニングによって筋肉を増強するということに似ています。ウェイトトレーニングによって上腕二頭筋を鍛えたとき、その鍛えられた筋肉は次の世代に継承されるのか、それともリセットされるのか、ということですよね。ラマルクは継承すると考えたわけです。でも現代ダーウィニズムは、それを完全に否定しています」

次の料理が運ばれてきた。卓上の小型コンロの上に置かれた小さな鍋の中には、濃い豆乳が入っていて、一緒に運ばれてきた小皿には、ふかしたジャガイモやニンジンやブロッコリー、小さなフランスパンの欠片(かけら)や鶏肉などが盛られている。金串で差した素材を鍋の中の豆乳に浸して口に運ぶ。つまりチーズやオイルではなくて豆乳のフォンデュだ。ああ、これはおいしいですね、と福岡が言う。白ワインが運ばれてきた。僕は壁の時計に視線を送る。福岡へのインタビューを兼ねた会食が始まってから、もう一時間が過ぎている。あっというまだ。四人の男はビールとワインでかなりいい気分。でも話はまだ、ダーウィニズムの初期段階にすら至っていない。これは大変だ。あらためて思う。これは大変な連載を始めてしまったのかもしれない。

自分が消えてなくなる意味がわからない

おそらくは小学校に入るか入らないかの時期、死という概念を初めて知って、自分でも制御できないほどの恐怖に襲われたことがある。

知ったその瞬間ではなくて夜に眠るために布団に入ってから、自分はいつか死んで消えるのだとあらためて考えて、あまりの恐怖に眠れなくなったのだ。死ぬことが怖いというよりも、自分が消えてなくなることの意味がわからないというニュアンスのほうが正確かもしれない。そしてわからないと思う自分の存在が消えることの意味がわからない。さらに自分が消えたあとも世界は存在する。その意味もやっぱりわからないけれどその事態は、間違いなくいつかは起きる。

不安と恐怖に耐えきれなくなって、傍らで眠っている（隣の部屋だったかもしれない）父と母を揺り起こして、怖いよ消えちゃうよと泣きながら訴えたことを覚えている。

それに対して二人は（目をこすりながら）、「それは眠るようなものだから」などと何度も言った。その言葉ははっきりと覚えている。当惑しながらも二人は、必死に幼児をなだめようとしていたのだろう。もちろんこの答えで納得などできない。眠ることは怖くない。なぜなら数時間後には絶対に目覚めるのだ。でも死は目覚めない。眠ることとは根本的に違う。自分は消えるのだ。その意味がやっぱりわからない。

そのときはいつのまにか（おそらく二人の布団にもぐり込みながら）、まさしく眠り込んでいた。でもそれからしばらくは、友達と遊んだりテレビを観たりご飯を食べたりする日常を送りながら、ふいに自分はやがて死ぬのだと思いだし、そのたびに呼吸がうまくできなくなるくらいの恐怖に襲われていた。

だって承服できない。なぜ消えなくてはならないのか。ならば何のために生じたのか。何のために今があるのか。

そんな自問自答をくりかえしながら、もしかしたら消えるわけじゃないのかもしれないと子供は考える。肉体はそこに置いて、意識だけがどこかに行くのかもしれない。ならばどこに行くのか。そして生じる前はどこにいたのか。どこから来てどこへ行くのか。……子供時代のことだから、もちろん語彙はもっと貧弱だったはずだ。でも大意としてはそんなことを、僕は悶々と考えていた。

つまり「D'où venons-nous? Que sommes-nous? Où allons-nous?（我々はどこからき

図表1　ポール・ゴーギャン「我々はどこからきたのか。我々は何ものなのか。我々はどこへゆくのか」1897-1898年、ボストン美術館蔵

たのか。我々は何ものなのか。我々はどこへゆくのか)」

現在はボストン美術館に所蔵されているこの絵を描き終えたゴーギャンは、「今まで私が描いてきた絵画を凌ぐものではないかもしれないが、今の自分にはこれ以上の作品は描くことはできない」と書き残しながら、ヒ素を服用して自殺を決行しようとするが、結局は未遂に終わっている。

確かに僕も、この作品が圧倒的な傑作だとは思わない。構図は明らかに失敗しているし、いかにも意味ありげな白い鳥や青い像などの配置も、相当に野暮で安っぽい。でもこれがゴーギャンの代表作とされる理由は、絵画そのものだけではなくそのタイトルが、形而上学においては最も有名な命題である「Why is there something rather than nothing?（なぜ何もないではなく何かがあるのか?）」を、多くの人に想起させるからだろう。

古代ギリシャの哲学者であるパルメニデスによって提起された「なぜ何もないではなく何かがあるのか？」に対して、その後に西側世界の精神的基盤となるユダヤ教とキリスト教、そしてイスラムは、全知全能の唯一神によって、この世界と宇宙は創造されたのだとの解答を用意した。だからこの疑問を抱くことそれ自体が、神への冒瀆を意味するのだ。神学者のアウレリウス・アウグスティヌスは、「そんな質問をする者のために、神は地獄を作ったのだ」とさえ述べている。

でも完全な納得などできない。もしも僕がこの時代に生きる庶民だったとしたら、口には出さなくても「そう言われてもなあ」と思ったはずだ。疑問は燻り続ける。だからこそ西洋に端を発する近代科学は、「神が構築した自然の摂理を解き明かすことを最大の目的にする」とのレトリックを掲げた。これならば科学は神への冒瀆にはならない。つまり環境に合わせて自らをダーウィニズム的に変化させたわけだ。これならば科学は神への冒瀆にはならない。こうしてこの時代において真理の探究は、一七世紀ドイツの哲学者であるゴットフリート・ライプニッツが示すように、神の意図を理解する（存在証明を強化する）ことと同義となっていた。

やがて神と科学との蜜月時代は、コペルニクスやガリレイ、ニュートンの登場によって、徐々に終焉の時期へと移行する。神の御業と思われてきた現象の多くが、物理的な運動で説明することが可能になった。でもギリギリまで追いつめながらも、科学は結局のところ、神に最後のとどめをさすことができなかった。

科学は「なぜ」に答えられない

なぜならば結局のところ科学は、「なぜ？」に答えることができないのだ。万有引力は距離の二乗に反比例することは証明された。でもなぜ三乗ではなくて二乗なのかについては、まだ誰も答えることができない。ガラパゴス島のフィンチの嘴（くちばし）が食べるものによって微妙に形態を変えることを説明できたとしても、なぜフィンチが存在しているかについては説明できていない。何よりも、最も基本的な命題である「なぜ何もないではなく何かがあるのか？」については、科学はほとんど答えることができないでいる。まして「人はどこから来てどこへ行くのか」については、ほぼお手上げといっていい。こうして再び神が舞台に登場する。

物質の運動は確率論的にしか予測できないとするハイゼンベルクの量子論に対してアインシュタインは「神はサイコロ遊びをしない」と反論し、ハイゼンベルクは「サイコロ遊びを好む神もいるかもしれない」とさらに反論した。もちろんそれぞれ神をメタファー（暗喩）として使っているとは思うが、ある程度の切迫性も何となく仄見える。

だからこそ近年においても、ヨハネ・パウロ二世は、ビッグバン以降の宇宙を探究することを肯定しながらも、ビッグバンそのものは神の御業であるとしたし、その後に教皇の座を引き継いだベネディクト一六世は、人間がなぜ存在するかの問いに人間が答えることはできないとして、「なぜ何もないではなく何かがあるのか?」の問いに答えることの無意味性を強調し、現教皇フランシスコは、ビッグバンや進化論は創造主の存在と矛盾しないと述べた。いずれにせよ神学は揺るがない。むしろ科学が発達すればするほど、(進化論や天動説を全否定するキリスト教原理主義は別の位相としても)その存在証明が強化され、自信を深めているかのような印象すら受ける。

なぜ人は死ぬのだろうと泣きじゃくった子供時代から、そろそろ半世紀が過ぎる。このあいだにいろいろなことがあった。辛いこともあれば嬉しいこともあった。学んだこともあれば悔やむこともあった。でも結局は、この疑問に対する答えを、今も僕は得ていない。もちろん僕だけではない。多くの人はこの解答を持ち得ていない。子供の頃は、「大きくなったらわかるのかな」と考えていた。でも結局はわからない。もう半世紀以上を生きたのだから、この先にわかるとの楽観的予測は持てない。人はどこから来てどこへ行くのかをわからないまま、僕は死んでゆくのだろう。現状において、それはほとんど間違いない。

ならば足掻(あが)きたい。

ただし足掻いたとしても、足先が水底に着く可能性があるとは期待していない。そこまで楽観的ではない。でも底には着かないにしても、底に生えている藻や海草の先端に、あるいは浮遊する微小な何かに、足先が少しだけ触れるかもしれない。そしてもしも触れたのなら、何らかの感触を得ることができるかもしれない。人はどこから来てどこへ行くのかについての明確な解答を得ることはできなくても、考えるためのヒントや道筋くらいは仄見えるかもしれない。

そんな思いでこの連載は始まった。足搔きであると同時に、（僕にとっては）切実な願いでもある。子供の頃は傍らで眠っていた父親と母親に訊ねた質問を、第一線のサイエンティストにぶつけて、その答えを訊く。ただひたすら訊く。そこから何が見つかるのか、あるいは見えるのか、あるいは結局のところ立ちつくすのか、現段階においてそれはわからない（まさしく神のみぞ知る）。

いずれにせよ進化は解明しきれていない

「ダーウィンが生まれた一八〇九年に、ラマルクが書いた『動物哲学』（邦訳：岩波文庫、一九五四年他）が出版されました」

福岡が言った。

「そこでは獲得形質が遺伝するという主張が展開されています。ダーウィンはラマルクの説を受け入れたうえで、『種の起源』ではジェミュールの存在に言及した。つまりそ

図表２　ガラパゴス諸島でダーウィンが見つけた４種類のフィンチ類
（１オオガラパゴスフィンチ　２ガラパゴスフィンチ　３コダーウィンフィンチ　４ムシクイフィンチ）

の時点でのダーウィンは、獲得形質の遺伝をなかば信じていました」

言いながら福岡は、何杯目かのグラスを空ける。日本における分子生物学の第一人者は、どうやらかなりの酒豪でもあるようだ。僕もグラスを空けた。つられたわけではないけれど、今夜は酩酊してもいいかな、という気分があった。

アルコールを摂取しながら書いた原稿は、まず翌朝に赤面しながら書き直すことになる。これは経験則だ。例外はほぼない。対談や座談会も同様だ。ブレーキが効かなくなる。数日後に送られてきたテープ起こしの原稿を読みながら、まず間違いなく「失敗した」とか「これは修正しようがない」などと頭を抱えるはずだ。

でもこの夜、少しなら酔ってもいいかな、と僕は思っていた。ガードが甘くなっていた。理由は自分でもよくわからないけれど、「人はどこから来てどこへ行くのか」的なテーマに対峙するためには、多少のアルコール摂取は悪くはないと考えていたような気がする。

ここで告白しなくてはならないが、今回の対談の前に何冊か進化論をテーマにした書籍をあらためて読んで、自分がダーウィニズムについて相当な思い違いをしていたことに気がついた。例えばビーグル号に乗船したダーウィンが、ガラパゴス諸島でさまざまな嘴のフィンチが生息していることに気づいて進化論を着想したとのエピソード。とても有名だ。でもこれは、リンゴの実が落ちる瞬間にニュートンが万有引力を思いついたとの逸話とほぼ同じ位相にあると考えたほうがいい。つまり伝説なのだ。実際のところダーウィンは、異なる嘴を持つ鳥たちが同じ種のフィンチとは思わず、違う種だと思い込みながら航海を終えている。

もちろん、最終的にダーウィンは、「すべての生きものは共通の祖先から発生し、自然選択（適者生存）によって多くの種に進化した」との解釈を発表することになるわけだけど、そこには（福岡が指摘するように）突然変異という発想はない。メンデルが遺伝学を発表するのはダーウィンの後だ。つまり進化の基軸である遺伝のメカニズムについては、ダーウィンは確かにラマルクを踏襲している。

やがてダーウィニズムは、その根幹である自然選択や淘汰をベースにしながら、突然変異や集団遺伝学、遺伝子浮揚や性淘汰などの視点や要素を取り入れて、総合的に統括した巨大なジャンルへと進化した。ネオ・ダーウィニズムだ。一応の定説ではあるけれど、これに対しての批判や論争もずっと続いている。

細胞生物学者のリン・マーギュリス（余計な情報だけど、カール・セーガンの最初の妻でもある）は、進化の主要な原動力は共生であり、競争や淘汰のメカニズムを基盤とするネオ・ダーウィニズムは明確な誤りだと主張した。

生態学者で文化人類学者の今西錦司は、進化は個体から始まるのではなく、種社会を構成している種個体のほぼ全体が同時多発的に変わるとの説を唱えている。

遺伝学者の木村資生（きむらもとお）が提唱した中立進化説も、自然淘汰を否定する説として大きな論争を呼び起こした。

断続平衡説を唱えて適応主義を否定したスティーヴン・ジェイ・グールドは、その実証としてカンブリア紀の生物の爆発的な進化を挙げ、その著作『ワンダフル・ライフ』（一九八九年初版／邦訳：ハヤカワ文庫ＮＦ、二〇〇〇年他）は世界的なベストセラーとなった。

生殖的隔離や倍数化、雑種形成などの数学的要素を加えながら考察したブライアン・グッドウィンは、結局のところ自然淘汰は補佐的な役割を果たしているにすぎないと主張した。

他にも単純な進化論に疑義を唱える学者はたくさんいる。ビーグル号の航海を終えて帰国したダーウィンは、イギリスの経済学者であるマルサスが発表した『人口論』（一七九八年初版／邦訳：光文社古典新訳文庫、二〇一一年）の思想を援用しながら、自然淘汰や適者生存を構想したとされている。つまり市場原理だ。ダーウィニズム的社会論。だからこそ、その後に世界の大きな定説となった資本主義とダーウィニズムは相性が良い。ただし行きすぎた資本主義が、現在では多くの弊害や不均衡を生み出している。

いずれにせよ、進化はまだまだ解明しきれていない。進化論やビッグバンを否定するキリスト教原理主義者たちは頑迷さの代名詞でもあるけれど、「人はどこから来てどこへ行くのか」を考察するためのステップとしてダーウィニズムは、強度としてはまだ不充分なのだ。付け入る隙がありすぎる。いまだに揺れ続けながら錯綜しているし、何よりも自然淘汰や適者生存を実証する化石などの証拠は、現在に至るまで発見されていない。福岡が言った。

キリンの首は本当にゆっくり伸びたのか

「現状において進化のメカニズムは、獲得形質は遺伝しないことを前提にして、突然変異のみを動因と考えます。キリンの首を長くすることもあるだろうし、短くすることもある。まったくランダムです。でも、首が長くなるような突然変異が起きたならば、他の動物が届かない高さの葉を食べることができるわけだから競争が起きない。つまり子孫を残すのに有利だから、キリンの長い首という形質が選抜されたと考えられています。

ところが森さんが実例に挙げた心臓の弁と同じかそれ以上に、首が伸びるということは並大抵のことではありません。首を構成している筋肉が増えたとしても伸びるわけじゃない。ほとんどの哺乳動物の頸椎(けいつい)は七個の骨から形成されています。キリンも同様です。ならば首を伸ばすためには骨が伸びないといけない。ということは、骨の中を通っている神経も伸びないといけない。同時に、高い位置にある脳に血液を供給するために、心臓が増強されて血圧も上がらないといけない。……というふうに、首が伸びるというマクロな変化は、多くの遺伝子がある種の斉一的な変化をもたらさないと発生しないわけですね。でも獲得形質は遺伝しないと考える人たちは、非常に長い時間をかけて、多くの遺伝子が関わるような変化が少しずつ進行したと説明しているわけです」

「……キリンの場合は首が少しでも伸びれば生存に多少は有利に働くから、その少しずつがゆっくりと蓄積されて首が現状まで伸びてきたとの論は、一応はなりたちます。でも心臓の弁の場合は、少しずつでは意味がないから、ある日急に完成形ができたと考えるしかない。明らかに無理があります」

　福岡は大きくうなずいた。

「そうなんです。漸進的な変化で説明できるケースもあるけれど、多くの進化は、少しずつではなく一挙に進まないかぎりは環境によって選抜されないこともあり得ると、私も思います。例えば「目ができる」みたいな大きな変化だと、レンズのようなものができないと光を集められないし、網膜のような光受容システムがないと像を結べない。一つひとつの細胞と神経がつながって脳に送る仕組みがないと情報を送れないし、脳のほうもそのパターンを認識するような仕組みができないといけないなど複数のサブシステムによって構成されているわけですよね。網膜やレンズだけができたとしても、それだけでは何の意味もない。それぞれが相互につながらないのなら、視覚という形質は発生しない。ところがサブシステムができた段階では、それが環境に有利に働いているか不利に働いているかという淘汰を受けることができない状態にあるわけです。少しずつゆっくりと、だけでは説明できない」

僕はワインを日本酒に切り替えた。福岡は話し続ける。何となく楽しそうだ。単純にお酒がおいしいだけなのかもしれないけれど。

「もう一つのポイントは、ラマルクの用不用説の不用のほうです。例えば外界の光がまったく入らない洞窟の中には、目が退化してしまっている生物がいます。メクラウオとか今では差別用語になってしまうような名前がつけられている彼らの現状は、その機能が不用になったから退化したと説明されています」

僕はうなずいた。確かにそこまでは、とても当たり前の解釈だ。

「ダーウィニズム的には退化も進化ですから、突然変異によってしか起きないし、淘汰もされるわけです。でも目が見えなくなることは、不利にこそなれ、少なくとも有利にはならないですよね。だから洞窟の中で生存していくうえで、目の負担を捨てたほうが有利になるようなことが起こらないと、本当はそれが選抜されない。でも、退化のほとんどは、不用だから捨てたようにみえるわけです。これもなかなか説明できない」

「目を持つということは、それだけのエネルギーを使うコストがかかるわけです。もしも目がなくなれば、そのコストを他に分散できるから有利であるということになる。これが退化についての一般的な説明です」

「そうとしか説明できないんです。でも目を捨てることがエネルギー的にどれくらい有利なのか、ということも、誰もちゃんとは検証できていないわけです。二〇一〇年に出版されて話題になった『働かないアリに意義がある』(メディアファクトリー新書)で、著者である進化生物学者の長谷川英祐(はせがわえいすけ)さんは、集団において二割くらいのアリは忙しい振りをしているだけで実際には働いておらず、右往左往しているだけでサボっていると述べています。これを進化論的に説明すれば、二割のアリが遊軍として労働力を温存しているからこそ、例えば外敵が襲ってきたときに戦える。常に二割くらいの労働力を温存しておくことが集団全体に有利だから、そういう仕組みが残ったという解釈です。

しかし一〇年先まで何も起こらない可能性もあるわけです。進化論的な説明で形質が残るためには、絶え間なく自然選択と自然淘汰の網にかからないといけないので、何世代も先にしか役に立たないことを現世代が温存して、次の世代に伝えることはできないはずです。

私たちの社会の中にもあるいくつかの仕組みも含めて、すべて進化論的な淘汰の結果なのだと考えていいのだろうか？　あるいは別の仕組みを考えないといけないのではないか？　という問題提起にもなっていると思います。だから、ネオ・ダーウィニズムはあまりにも教条的すぎたのではないか、と私個人は思っていますが、例えば利己的遺伝子論を提唱したリチャード・ドーキンスは、必ずしもそうは思っていないわけです」

じっと話を聞いていた三人の男は、ドーキンスの名前に大きくうなずいた。「生物は遺伝子によって利用される〝乗りもの〟にすぎない」というフレーズによって多くの人が知るドーキンスは、前述したグールドとの有名な論争やミーム理論の提唱なども含めて、スティーヴン・ホーキングと並んで世界で最も著名な科学者であると同時に、ネオ・ダーウィニズムを体現する進化生物学者の筆頭だ。そして（ここが最も興味深いのだが）著作の『神は妄想である――宗教との決別』（二〇〇六年初版／邦訳：早川書房、二〇〇七年）や『盲目の時計職人――自然淘汰は偶然か？』（一九八六年初版／邦訳：早川書房、二〇〇四年）などが示すように、とても強硬な無神論者でもある。福岡が続ける。

「ただし現状において、少しずつ状況は変わってきていると私は思います。その一つは、エピジェネティクス（epigenetics）という考えかたです。これまでは遺伝子ＡＢＣＤ

というセットが継承されると、ABCDが働いて同じ結果をもたらすと考えていたわけですよね。もし新しい形質の変化をもたらそうとすると、Aが突然変異をしたA′によるような組み合わせ、つまりA′BCDが継承されて初めて変化が現れる。でも、AがA′になるような突然変異をしなくても、ABCDのスイッチがオンになる順番やタイミング、あるいはそれぞれのボリュームが変わる、ということもあるわけです。これを「遺伝子の発現」というんですけれど、どのタイミングでどのくらいのボリュームで遺伝子がオンになるかということについては、これまでは環境に任されていると考えていたわけです。でも、その順番やタイミング、ボリューム自体をコントロールする仕組みが遺伝子の外側(epi)にあって、それが継承されていれば、ある種の獲得形質の遺伝のように遺伝子を働かせることができる可能性があるという新しい知見が、少しずつでてきたんですね。私はそこに望みを託しています」

この後に福岡はエピジェネティクスについて、チンパンジーとヒトのゲノムの差異は二パーセントしかないことを例に挙げながら説明した。多くの人はその二パーセントを、ヒトとチンパンジーそれぞれを特徴づける特別な遺伝子なのだろうと考える。でも実際はそうではない。組み合わせのスイッチがオンになる順番。あるいはタイミング。その差異によって、ヒトはヒトになりチンパンジーはチンパンジーになる。差異である二パーセントの遺伝子をすべてヒトの遺伝子に置き換えたとしても、その発現の順番やタイミングが異なるかぎり、チンパンジーはヒトにはならないのだ。つまり生命現象の根幹は遺伝子そのものだけではなく、全体としてのふるまいであるということになる。

なぜ生命が発生したのかは誰も説明できない

「ダーウィニズムが直面した第二の課題は、現在の生命現象の発生の説明です。基本的にダーウィニズムは「宗教的な世界観からいかに脱するか」という、人間の知的な戦いでもありました。だから、キリスト教が大嫌いなドーキンスは、この一線を死守しているわけです。造物主ではなくて機械論的な理由によって生命の多様性が生み出されたのならば、最初の生命発生についても、機械論的に説明されなければならないことになります。原始の海で仮にアミノ酸ができたとしても、あるいは核酸のユニットになっているヌクレオチドみたいなものが化学反応によって自動的にできたとしても、それがあるサイクルをもって自己複製できるような平衡状態に達するためには、もう一つなにか別の仕組みを考えないと、なかなか最初の仕組みは立ち上がってこない。でも、それは誰にも考えられないわけです。

しかも機械論的な説明では、時間が絶対的に不足しています。地球の歴史はだいたい四六億年ぐらい前に遡り、最古の単細胞生物は三八億年前くらいに生まれました。そのときの細胞はその時点ですべてがそろっていた。ＤＮＡもタンパク質も細胞膜もあった。四六億年から逆算すると、ここまでの時間はたった八億年しかない。化学進化が成立して最初の生命のサイクルができたとするには、あまりにも短すぎるわけです。そこで、「宇宙から種が飛んできた」というパンスペルミア説（Panspermia）みたいなものができます。ある意味で責任逃れではあるけれど、時間の矛盾を解決できることは確かです。一応は成り立ちますよ。でも結局は、最初にどういうことが起きたのかを説明できない。現在の生物学は、最初のＷｈｙ（なぜ）について、言い換えれば生命現象という秩序だった仕組み、あるいは私流に言うと「動的な平衡が維持されている」という状況について、まったく言及できていない。この矛盾については、誰も説明できないのです」

福岡流にいう「動的な平衡が維持されている」を簡略化すれば、生命現象を時間の流れの中のよどみとして捉えるということであり、「Que sommes-nous?（我々は何ものなのか）」に対する一つの解と考えることができる。でもやはり、「どこから来てどこへ行くのか」についてはわからない。

「要するにフランケンシュタインを造ったはいいけれど、どうやって命を吹き込めるのかということと解釈していいでしょうか」

ここまではほぼ聞き役に徹していた小船井が、ふと口を開いた。死体のパーツの寄せ集めであるフランケンシュタインは、理論的には生きている人と変わらない組成を再現することができる。もしも自動車なら、問題なく公道を走るはずだ。でも動かない。生命は宿らない。それは何が足りないのか。考えたらフランケンシュタインを持ち出すまでもなく、死体は生体と何が違うのか。それこそ「神の一撃」的な何かを考えたくなる。福岡はうーむと考え込む。

「私たちは単純なものから複雑なものが徐々にできるという、ある種の因果律みたいなものを想定しがちです。けれども、現在の生命が立ち上がるのを補助するような仕組みが以前はあったけれど、いったんうまく回るようになると、それがなくなってしまっている可能性だってあるはずです。例えば、情報はＤＮＡからＲＮＡにコピーされて、ＲＮＡからアミノ酸の配列としてタンパク質に移行するという一方向でしかない。その方向は逆転しないと考えられてきました。

しかし、ずっと昔、じつはタンパク質のアミノ酸配列情報を、もういちどＤＮＡの配列に戻すような仕組みがあったとすればどうでしょうか？　ＤＮＡ自体がその情報を次世代に残すことができますよね。今の生物学ではありえないような回路があったと考えることも、決して荒唐無稽ではない、と思います。まあでも、これは完全な私の夢想でもありますが……」

ポイントは時間の流れ、ということだろうか。グラスに半分ほどの冷酒を一息に飲んでから、僕はずっと訊きたかった質問を口にする。もしも「あなたは結局そのレベルなのか」と呆れられたならば、酔いのせいにすればいい。

「……先ほどのエピジェネティクスにしても、発現の順番を誰かがコントロールしていると考えれば、説明はずいぶん楽になりませんか。もちろん科学としては踏みとどまるべきとは思うけれど、生命の発生についても、例えば造物主とか神の大いなる意志とか、そんな言葉を使いたくなる。少なくとも僕はそうです。すべてとは言わないけれど、かなりの謎や矛盾を整合化します。だからこそドーキンスは、あれほどにこの発想を嫌悪するのだろうけれど……」

「そうなんです」

言いながら福岡は大きく何度もうなずいた。ちょっとビックリ。酔いの喫水線が上昇していることは福岡も同様なのかもしれない。でももちろん、僕が口にしかけた方向については、全面的な肯定をするわけではない。しっかりと踏みとどまる。

「結局のところ科学は、最初のＷｈｙ、「なぜそれが存在したのか」にどうしても答えることができないので、Ｈｏｗ（いかに）のほうを一所懸命考えることによって、ある意味ごまかしているわけです。大いなるＷｈｙに答えようとすると、物語としての言葉は大雑把になって、「神さまがつくりました」とか「宇宙の意志がつくりました」とか、いろいろなことになります。だからこそできるだけそういった言葉を禁欲して、Ｈｏｗ

を解像度の高い言葉で説明しないかぎりは、Ｗｈｙに到達できないと思うのです。あえてやせ我慢をして、神さまとかＧｒｅａｔなものを考えずにＷｈｙを説明していこうということでしか、進めないいんじゃないかな」

ここまで言ってから福岡は、少しだけ声のトーンを落とす。

「……二〇世紀の分子生物学の勃興に大きく寄与したといわれるシュレーディンガーという物理学者は『生命とは何か――物理的にみた生細胞』（一九四四年初版／邦訳：岩波文庫、二〇〇八年他）で、一〇〇年前はこの世の中に電磁波とか電気が飛び交っているとは誰も知らなかったと書いています。だから電磁誘導で動くようなモーターを、もしも彼らが見たならば、幽霊か神さまが回しているとしか思えなかっただろうと。でもその後に電磁波の存在が証明されて、電気が流れて磁場ができたからモーターとコイルが動いているという原理が発見された。幽霊や神さまはもう不要です。だからやっぱり、見えない力や構造がそこにあると考えて、探究を進めたほうがいい。大きな言葉に行く前にね。科学というのはそういうものじゃないかなと思っています」

給仕が二本目のワインをテーブルに運んでくる。いや三本目かな。田中が冷酒のボトルをオーダーする。

「……その探究について、福岡さんは今、どんな知見を持っていますか」

僕のこの質問に数秒だけ考え込んだ福岡は、やがてゆっくりと、まるで小さな船が岸壁を離れるときのように静かに語りだす。

「……例えば葉緑体。数百個くらいのタンパク質の複合体です。光子のエネルギーを逃さずに捉え、二酸化炭素の電子を変化させてデンプンに変えます。その電子の動きを調べると、「電子がどこにあるかわからないような量子論的な状態を保っているのではないか」ということが、新しい観測によってわかってきました」

「量子論ですか」

思わず確認した。この連載において量子論は重要なキーワードになるという予感はある。でも生命や進化をテーマにした今日のインタビューで、素粒子のふるまいを説明するこの概念が出てくることは予想していなかった。

「確かにコペンハーゲン解釈に従えば、電子は確率的にしか存在しえない存在です。あるかないかの二元論ではない。そして観測と同時に収束する。でもその現象と生命活動との関わりが、よくわからないのですが……」

「エンタングルメント(量子もつれ)という考え方があります。どこにあるかわからないだけじゃなくて、すべてが関連しあっていると考えます。こっちで反応が起きているときに、あっちでも斉一的に反応が起きている。斉一的に起きていることが、なぜ同時に起こるのかといえば、電子のありかたが繋がっているからです」

量子論的生物学。確かにこれは新しい。ワイングラスを空にした福岡が冷酒のグラスを手にする。

科学の最先端はわからないことだらけ

「……これを強く言いすぎるとオカルトに接近しちゃうので、あまり大きな声では言いたくないけれど——、量子レベルで遺伝子の発現の仕方を観測すれば、ある種の斉一性や連関性を支えているような仕組みが、今後は見つかる可能性があると思っています」

福岡は言った。少しだけ小さな声で。僕は言った。やっぱり小さな声で。

「実は僕にとってオカルト的な領域は、ずっとテーマの一つです」

「知っています。『職業欄はエスパー』（角川文庫、二〇〇二年）はとても面白かったです」

「二〇一二年に上梓した『オカルト』（角川書店）の取材のためにここ数年は、占いとか超能力とか心霊とかUFOとか、とにかくオカルティックな領域をいろいろ調べました。結論としては、やっぱりほとんどが錯覚やトリックです。でもすべてではない。きわめて稀ではあるけれど、自分が体験したことも含めて、現状の科学ではどうしても合理的な説明が見つからない現象は確かにある。

ただもちろんそれも、シュレーディンガーが書いたように、かつて電気の存在を知らない人たちにとって電気が起こす現象は摩訶不思議であったことと同義である可能性はありますよね。今は解明できないけれど、いずれ新しい法則や定理が発見されたときには説明できるかもしれない。そう考えたときに量子論的な発想は、その新しい法則や定理において、重要な示唆やヒントになるかもしれないという気はします」

　このときの自分の発言を補足するが、未解決な問題は、オカルティックな領域だけにあるわけではない。例えば太陽の表面温度は六〇〇〇度だが、その周囲を覆うコロナの温度は一〇〇万度以上もある。その熱源は水素がヘリウムに変換（熱核融合反応）される半径一〇万キロの中心核なのだから、太陽引力から逃れたプラズマの流れであるコロナがこれほどに高温になる理由は、実のところ現在もわからない。チンパンジーの染色体は24対であるのに人間は23と1対少ない理由もわからない。欠伸（あくび）が発生する原因や意義ですら、実はまだ完全には解明されていないのだ。宇宙を構成する要素の根幹であるヒッグス粒子や暗黒物質なども、実際に存在するかどうかは、まだ一〇〇パーセントの断言はできない状況だ。

　つまり科学や物理学の最先端領域においては、わからないことだらけと言っても過言ではない。

　宇宙の始まりは一三八億年前のビッグバン。でもこれも理論であり、実証はされていない。ビッグバン以前についても多くの仮説があるけれど、決定的なことはわからない。

あるいは宇宙の終焉。すべてのエネルギーが均質になる熱的死なのか。あるいはすべての物質と時空が無次元の特異点に収束するビッグクランチなのか。他にもいろいろな説はある。これもまたわからない。そしてきっとおそらく、最終的な解答を人類は、永劫に得ることができない。

ガリレイの史実が示すように、近世の科学は信仰と相反したり併走したりをくりかえしながら、急激な発達を続けてきた。でもやがて地動説や進化論が一般的な概念になるにつれて、神はそれまでの自分の居場所を、科学的合理性や近代的理性に明け渡すことを余儀なくされた。つまり科学の発展の前に神は死にかけた。

この世界は人類のために設計されたのか

ところが二〇世紀以降、相対論や量子論や分子生物学が実証される過程で、この世界は人類にとってあまりに都合良くできすぎていることが、徐々に明らかになってきた。

例えば万有引力定数。つまり重力の強さが今とは少し違うだけでも、太陽と地球の距離は変わる。ほんの少しでも太陽に近ければ地球の水はすべて水蒸気になっていたし、遠ければ氷になっていた。どちらも生命は誕生しない。そもそも水は凍ると体積が大きくなる例外的な物質だけど、もしもそうでなければ氷は海や湖で沈んだまま融けることはなく、やがて地球上の水はすべて氷になっていたはずだ。ならばやはり、この地球に生命は誕生していないことになる。ならばなぜ水だけが都合良く例外的な属性を得たのか、その理由は誰にもわからない。

他にもプランク定数や光速度、電子と陽子の質量比やビッグバン初期の膨張速度など、多くの物理定数のうち一つだけでも現状と違うのなら、この世界や人類は誕生しなかったことがわかってきた。

宇宙が生まれ、太陽系が形成され、地球が誕生し、生命が発生して現生人類へと進化するというこの状況が現出する確率は、一〇のマイナス一二三〇乗であるとの試算もある。一〇〇分の一や一〇〇〇分の一のレベルではない。一〇の一二三〇乗分の一だ。確率としてはほとんどありえないといっていい。でも今僕たちは、そのありえない確率のもとに生きている。

しかし現実には、どの法則も星や人間が生まれるのに「ちょうどよく」できています。知能を持った生命体がいなければ物理法則も考えられないので、当たり前といえば当たり前なのですが、これはやはり不思議なことでしょう。どう考えても人間が誕生しない可能性のほうが高いのに、私たちはこうして存在している。偶然にしてはできすぎです。

（村山斉『宇宙はなぜこんなにうまくできているのか』集英社インターナショナル、二〇一二年）

この「できすぎ」に対して、それほどに自分たちはラッキーなのだと大喜びするほど、人間は厚かましくなれないようだ。この世界や宇宙は、人類を誕生させるために設計されたのだと思いたくなる。いわゆる「人間原理」だ。

もしも設計されたのならば、当然ながら設計する主体が必要となる。そこには意図があるはずだと考えたくなる。「私たちはどこから来て、どこへ行くのか」について、一つの解が与えられる。

こうして最先端科学や物理学のフィールドにおいて、再び神が、「大いなる意志」としての存在感を示し始めた。

もちろん人間原理は決して主流の説ではない。その方向はあまりにも安易すぎる。多くの科学者は、何か別のメカニズムがあるはずだと考え続けている。

そのひとつがマルチバース（多宇宙）仮説だ。宇宙が一つ（ユニバース）と考えるから、人類が誕生する確率は一〇のマイナス一二三〇乗というありえない数値になる。でももし、一〇の一二三〇乗の宇宙が存在しているとしたら、私たちはその一つの宇宙にいるのだとの説明が可能になる。決してSFや空想レベルの話ではない。ある現象がある確率で起きるとき、その可能性の数だけ世界は分岐するとの多世界解釈は、量子論においては重要な仮説とされている。

ぎりぎり人間原理に近づきかけた僕の言葉に、福岡は無言でうなずいた。安易な同調はしない。そのスタンスは正しい。慎重に距離を置くべきだ。なぜなら最先端の知識人や科学者ほど、オカルト的な領域に嵌りやすい傾向がある。

哲学者のアンリ・ベルクソンや文豪コナン・ドイル、さらにアーサー・ケストラーなどは、オカルトに親和性を示した知識人の筆頭だ。トーマス・エジソンは死者と交信する機器のアイディアを科学誌に発表した。一九世紀のアメリカの哲学者でプラグマティストの第一人者であるウィリアム・ジェイムズ、精神分析の祖であるジークムント・フロイトやカール・G・ユング、心理学者であるハンス・アイゼンク、さらには、タリウム元素を発見してイギリスの心霊現象研究協会やロイヤル・ソサエティの会長を務めたサー・ウィリアム・クルックスや、電磁波研究の先駆者でエーテルの存在を実験によって初めて否定したサー・オリバー・ロッジなども、超常現象を強く肯定する科学者として知られている。超伝導体におけるトンネル効果の計算式を考案したブライアン・D・ジョゼフソンは、その功績で一九七三年にノーベル物理学賞を受賞しながら、現在はテレパシーなどの超常現象を大真面目に研究している。ホーキングと共にブラックホールの特異点定理を証明して「事象の地平線」の存在を唱えたロジャー・ペンローズは、脳内の情報処理には量子力学が深く関わっており、素粒子に付随する未知の属性の波動関数的収縮が意識生起のメカニズムであり、原子のふるまいや時空の中に人の意識は重なり合いながら存在していると主張している。

あるいは少し毛色は違うけれど、アポロなどに搭乗した宇宙飛行士たちの多くが、やはりこの分野に傾倒することも知られている。ニール・アームストロングの次に月面を歩いたバズ・オルドリンや、アポロ一四号の乗務員で最も長時間月面に滞在した記録を持つエドガー・ミッチェルは、「ＮＡＳＡは異星人とコンタクトをしている」と公式に発言した。アポロ一五号のパイロットであるジェームズ・アーウィンは、月面で神をリアルに感知したとインタビューで語っている。

オウム真理教による地下鉄サリン事件が起きたとき、理系で高学歴な青年が信者に多いことを挙げながら、日本の学歴偏重システムや安易なテレビ番組などが彼らを醸成したのだと断じる評論家やコメンテーターは多数いた。確かに一因かもしれない。でも一因でしかない。日本の近代だけに限らない。理系で高学歴で最先端にいる真面目な人は、真面目なだけにＨｏｗだけではなくＷｈｙからも目を逸らすことができず、オカルトや宗教的な回路に何らかの予感や蓋然(がいぜん)性を抱くのだろう。彼らに共通する資質や属性が理由なのではない。学歴偏重システムやテレビ番組だけが理由でもない。

ただし僕は、交霊会を頻繁に主催したロッジやクルックス、妖精の合成写真にあっさりと騙されたコナン・ドイルなどのレベルはともかくとして、ジョゼフソンやペンローズなどを一概に否定しない。もう一度書くが、確かに世の中の不思議な現象のほとんどは思い込みか錯覚かトリックだけど、でもどうにも合理的に説明できない現象は確かにある。そしてここに量子論的な発想を代入したとき、ある程度の整合性を持つことは事実だ（だからこそ安易な代入は控えるべきだが）。

いずれにせよ二〇世紀以降に発展した分子生物学は、原核生物と真核生物の細胞が、構造的にはほとんど変わらないことを明らかにした。つまり地球上の生きものはバクテリアから人類に至るまで、その構成要素や基本メカニズムはほぼ同じであることが実証された。

そこには時系列（進化）が存在しないとの見方もできる。あらゆる生きものはその環境に適した形で（もしくは環境を選択して）、現在形で存在している。そこには高等もないし下等もない。つまりダーウィニズムは、現在に至るまで仮説のままなのだ。

生きものはなぜ死ぬのか、死とは何なのか

「進化についてはここまでにします」

僕は言った。

「今日はもう一つ、福岡さんに訊きたいことがあります。インタビューの最初にも話した「死」についてです。生きものはなぜ死ぬのか。死とは何なのか。それをずっと考えています」

手にしていた冷酒のグラスを、福岡はゆっくりと卓に置いた。このときに彼が考えていたことは、

①参ったな。早く終わらないかな。でも何しろこの男の本性は過激派だからな。軽くあしらったことで恨まれて、あとから家に火などつけられても困るしな。

②今度は「死」ときたか。いったいどう説明すれば、この男は納得するのだろう。酒がまずくなるよ。もう勘弁してほしい。

③確かに進化と発生の話のあとには、このテーマがきて当然だろう。難題ばかりだ。難しい。どこから説明しようかな。

できれば③であってほしいけれど、①か②の可能性もある。ただし福岡の表情からは、①や②の気配はない。多少の困惑の色はあるけれど、口もとにはかすかな笑みがある。ならば③だと思うことにする。そうしなければ話が進まない。

樹上生活から地上に降りてきた人類の祖先は、集団で生活することを選択した。なぜ

ならば地上は樹上よりも、天敵の種類や数が多いからだ。単独ではなく集団で生活していれば、見張りを交代で行うことができる。狩りも分業で行えるから効率がいい。

こうして人類は群れる生きものになった。メダカとかイワシとかスズメとかカモとかヒツジとか、群れる生きものはたくさんいる。彼らの共通項は弱いことだ。特に鋭い爪や牙を持たないホモ・サピエンスは、圧倒的に弱い。しかも足も遅い。翼もない。大型肉食獣の前ではひとたまりもない。だからこそ群れる本能が強い。

地上に降りて二足歩行を始めた人類の祖先は、空いた二本の手を使って道具をつくることを覚え、火を使い、火薬を発明して武器をつくり、気がついたら地球上で最も強い生きものになっていた。もはや天敵に脅える必要はない。でも天敵への恐怖や不安は遺伝子レベルで刷り込まれている。不安や恐怖は消えない。周囲に敵が見当たらなければ見つけたくなる。探して先に攻撃をしかけて存在を消せば安心できる。だから人は武器を手に危険な敵を探す。必死に探し求める。そして見つけた。最も危険な敵を。

それは同族だ。つまり違うホモ・サピエンスの群れ（共同体）。肌や目の色とか奉る神とか言葉とか、自分たちとは何かが少しだけ違う共同体。それが互いに危険な敵の位置にスライドする。

こうして人は同族で殺し合うことが日常化した。でも共同体が異なることを理由に殺し合ってばかりいては、平和な日々は獲得できない。それに山に暮らす群れは、海で採れる食材や獲物が欲しい。海辺に暮らす群れは、山で獲れる食材や獲物が欲しい。物々交換をするためには、敵意がないことをまずは示さなくてはならない。

やがて人類は親愛の情を顔で示すようになった。笑顔だ。唇の両端を少しだけ上げて歯を見せる。これが敵意のないサイン。これは世界共通だ。文化や民族や宗教の差異は関係ない。

地球上には何百万種の生きものがいるけれど、笑顔をつくる生きものはホモ・サピエンスだけだ。イヌやネコやサルは敵意を現す表情をつくるけれど、少なくとも明確な笑顔は無理だ（と思う）。

だからこのとき、福岡の微笑を肯定的に解釈しようと僕は考えた。「単細胞生物には理論的には寿命はないとされていますよね」と僕は言った。微笑みながら福岡はうなずいた。「基本的にはそうです」

「ところが多細胞生物は、有性生殖後に再びポリプ（腔腸（こうちょう）動物にみられる基本型の一つ）に戻るベニクラゲは例外としても、生殖と引き換えに死を宿命づけられた。まずはこれが僕には納得できないんです。人類の祖先は死を選択した。単細胞のままでいようとは思わなかった。もちろん個体の意志で進化はなされない。でもならば種としては機械論的に、生殖は死と引き換えになるほどのメリットがあると判断したということになる」

「機械論的には、説明できにくいことだと思います。例えば大腸菌は二〇分に一回分裂します。つまり世代が替わる。ならば分裂前の細胞は、ある意味では死んでいるとみなすこともできるわけです。この視点でみれば、多細胞生物の生殖も、「古い細胞集団は死んで新しい細胞集団に動的な平衡を手渡している」という意味では、同じように世代交替していると考えることもできます。常に旧世代が捨て去られているという意味では、死が毎回起こっているとも考えられます」

「つまり、三年前の福岡さんや僕は、ある意味ですでに死んでいる」

「そうです。だから生物学的には、厳密な本人認証ができないんです。私たちは銀行やお役所に行って免許証を見せたりサインしたりして本人であることを証明しているわけですが、実はそんなものは何の証拠にもなりません。指紋や網膜などのパターンも実のところは常に少しずつ変わっているわけで、自己同一性とか自己一貫性とかは、生物学的には何の根拠も基盤もない。比喩ではなく現実に、自己は絶え間なく変わっているわけです。極論すれば私たちは、あらゆる瞬間に死んで、あらゆる瞬間につくりかえられているということになる。個体があるから個体の世代時間が寿命ということになっていますけれども、それは絶え間なく更新されています。見方を変えれば生命三八億年の歴史で、生命は一度も死なないままに、次の世代にバトンタッチしつづけてきたともいえるわけです。

細胞の中の仕組みがいかに作られるかということを、二〇世紀の分子生物学は、研究の大きなテーマにしてきました。タンパク質がどのように構築されるのか、ＤＮＡはどのように複製されるのか、といったbuild（構築）ばかりを懸命に研究してきました。その結果、ＤＮＡからＲＮＡに、ＲＮＡからタンパク質に、というある種のセントラルドグマ（基本原理）については、どんな生物も基本的に同じ仕組みをもっていることが明らかになりました。

ところが、ここ二〇年における分子生物学の新しい研究トレンドは、細胞の中で「構築する」ことよりも「壊す」ことに目を向け始めています。例えば変性とか酸化とか損傷。古い細胞だけではなく出来たてほやほやなのに、どんどん壊していることがわかってきた。しかも壊す仕組みは一通りだけじゃなく、オートファジーとかプロテアソームとかリソソームとか、いろんな方法で絶え間なくエネルギーを使いながら積極的に自らを壊している。なぜなら出来たてほやほやの細胞ではあっても、結局はエントロピー増大の法則からは逃れられないからです。だから酸化や変性や損傷が起こる前に、自ら壊してつくりかえる。細胞の中のタンパク質の寿命を調べてみると、ほんの数秒から数時間までさまざまですが、そのすべてが壊されていることは間違いないです。

こうしてつくりかえてはいるけれど、やはり完璧ではない。酸化された脂質など、捨てきれなかったゴミは必ず残ります。細胞内に少しずつ蓄積されたそれらの要素が動的平衡の代謝回転を損なって、エントロピー増大の速度がつくりかえる速度を凌駕してしまったときが、細胞の死です。だから、やっぱり最終的には、エントロピー増大の法則には負けてしまうわけです」

ここまでを一気にしゃべってから、福岡は冷酒のグラスを口もとに運ぶ。室内はとても静かだ。僕も冷酒を口に含む。おいしいですねと福岡がつぶやくように言う。

エントロピー増大の法則（熱力学第二法則）は、この宇宙全体を貫く普遍的な真理の一つだ。宇宙全体のエントロピーが最大値となる熱的死が宇宙最終の状態であるとの説も、この法則から導かれる。しかし（前述したように）これはまだ仮説でしかない。定常宇宙論やビッグバンとビッグクランチとを永劫に繰り返すサイクリック宇宙論など、宇宙の終焉についての仮説は他にも多数ある。つまり宇宙はどこから来てどこへ行くのかも、まだ判明していない。それはそうだ。宇宙の始まりや終焉など、絶対に誰も見ることができない。永遠に仮説なのだ。

でもならば、いやだからこそ、我々はどこから来てどこへ行くのかくらいは、もう少しだけ実感したい。我々は宇宙についての複数の仮説を持っている。でもいまだ、我々自身の存在や本質については、仮説すら持ち得ていない。何もわからない。

「……エントロピーに負けないで、エントロピーを汲み出すために、自らを壊しているわけです」

福岡がもう一度言った。少しだけ頬と目の周りが赤い。でもほんの少しだ。僕はそろそろ酔いの喫水線を超える。もし飲み比べだったとしたら、確実に負けている。酒豪の生物学者は、語調を変えずに語り続ける。

「壊すためには、当然ながらエネルギーを使います。そのエネルギーは植物から来ているわけです。光合成ですね。太陽エネルギーを植物が光合成で固定してくれているから、地球上の生きものたちは生き続けることができる。でも今から五〇億年ほど経てば、太陽は燃え尽きてしまいます。太陽エネルギーの低減はもっと早くから始まります。つまり五〇億年を待たずして、地球上の生命はすべて確実に絶えてしまう。それは間違いないです」

「なぜ自らを壊し続けるのですか」

小船井が訊いた。ＨｏｗではなくＷｈｙ。福岡は数秒だけ沈黙した。

私たちは絶え間なく死んではつくりかえられている

「逆説的ですけれども、生きものにとってはそれが、唯一生きのびる方法だったからです。自らを頑強で頑丈につくることを、生命は止めたわけです。どれほど頑丈につくったとしても、結局はエントロピー増大の法則によって秩序は破壊される。だから照明器具を壊される前に、自らどんどん電球を交換しているということです。こうしていつもどれかが光り続けているという方法で、生命はなんとか生きながらえてきた。そういう意味で私たちは、絶え間なく死んではつくりかえられているとも言えるのです」

「つまり個を超えて種の動的平衡ですね」

僕は言った。福岡は大きくうなずいた。

「生命の秩序をバトンタッチしているという意味では、生物はすべて、ずっと生き続けているわけです。決して生殖だけに限定されることではなく、私たちの体をこの瞬間も通り抜けているさまざまな分子は、別の生命体の新しい動的平衡に参画しています。つまり、私という分子的な実態が、次の瞬間には植物の一部になり、虫やミミズの一部になり、ぐるぐる回っているわけです。

常緑樹はいつも青く落葉樹はいっせいに葉を落とすと私たちは思いこんでいるけれど、常緑樹も実は絶え間なく葉を落としながら新しい葉をつくっています。一斉に落とすか少しずつ落とすかの違いだけです。幹も枝も葉も、古いものを捨てて新しいものをつくっているという点では、絶えず入れ替わっているわけです。植物が持っている挿し木や接ぎ木みたいな性質は、同じ場所から動かないという選択をしたがゆえに、トレードオフとして多分化機能を温存しているのだろうと思います」

「細胞を壊す。もしくは細胞が自ら壊れる。つまりこれは、アポトーシスですね」

僕は言った。多細胞生物の体を構成する細胞が全体をより良い状態に保つ（もしくは転換させる）ために自ら死を選ぶアポトーシス（apoptosis）は、胎児の指の形成やオタマジャクシの尾の消滅、発生したばかりのガン細胞の死滅などが、わかりやすい典型的な事例として知られている。動物だけではない。落葉もアポトーシスによって起きる。細胞の自然死と訳す人が多いが、これについては違和感がある。だって少なくとも、自殺を自然死とは言わない。アポトーシスには明らかに目的がある。本音では目的ではなく意図と書きたいところだけど、さすがにそれは控えるべきだろう（結局はこうして書いてしまったけれど）。

「そうですね。積極的な死です」

「ならば個体の死は、葉とか細胞の一部とかではなくて、全体的なアポトーシスと考えればいいのかな」

「はい。それは個体の中でも起こっているし、個体が死ぬことによってその生態学的地位を新しい個体に手渡しているという意味では、死は利他的でもあるわけです」

数秒の沈黙。死は利他的でもあると言われても、やっぱり簡単には承諾できない。いや実感できない。

「ガン細胞は不老不死ですよね。ならばもしも全身がガン細胞になったとしたら、理論的にはその個体は、不老不死になるんですか」

「シャーレで培養されるような意味の細胞集団としては不老不死です。でも現実としてガン細胞は、自分が何者なのかわからなくなってしまっていて、他の細胞とのコミュニケーションを拒否して増殖するだけの存在です。言ってみれば、肝臓とか肺とか腎臓などに分化していた細胞が逆行して、無個性な状態に戻って増え続けるわけです。全身の細胞がガン化すると、分化している状態が完全に崩れて、一つの細胞の塊になるでしょうね。それを生きているといえるかどうかは……」

「要するに肝臓の細胞だったものが、その肝臓の細胞に分化する前の多能性胚細胞のような状態に戻ったものがガン細胞だという見方もできる」

「そうです。だからガンの究極的な治療があるとすれば、ガン細胞を切り取ったり焼いたり化学物質で殺したりすることじゃなくて、そのガン細胞に「君はもともと肝臓の細胞だっただろ？　思い出しなさい」と助言して、そのガン細胞が「ああ、確かに俺はもともと肝臓の細胞だったじゃないか」と我に返って肝臓の細胞に戻れば、ガンは治るわけですよね。でもガン細胞はなぜか他の細胞とのコミュニケーションを一切断ってしまって聞く耳を持たないので、増殖し続けて他の正常な細胞が押し出されて、個体の秩序が崩壊してしまう、ということです」

福岡の話を訊きながら、ふと思いだしたことがある。かつてテレビ・ディレクターだった二十数年前、動物実験をテーマにしたドキュメンタリーを制作した。取材に行った大学の研究室で、背中が異様な形に盛り上がったヌードマウス（免疫系のＴ細胞を欠損しているがゆえに拒絶反応を起こさないマウス）を見せてもらった。数十年前に乳ガンで死んだアメリカの女性のガン細胞を移植したマウスだという。もちろんマウスはやがて死ぬが、死ぬ直前にガン細胞を別のマウスに移植する。これを繰り返せば、ガン細胞は永劫に生き続けると研究者は説明した。女性の名前はヘンリエッタ。アメリカのメリーランド州で一九五一年に死んだ黒人女性だ。飼育ケースの中でじっと動かないマウスを眺めながら、とても不思議な感覚に襲われた。ここには半世紀以上も前に三一歳で死んだヘンリエッタの細胞が生きている。もちろん彼女の意識はない。感情も思考もないし、怒りや羞恥心もない。でもかつて生きていた彼女の細胞だ。

理屈としては、臓器移植も同じことになる。ただしこのときは、移植されたレシピエントがヌードマウスであったことでキメラを見ているかのような気分になり、自己同一性や生命の輪廻（りんね）について、より強く意識を揺さぶられたのかもしれない。

生命は連鎖する。三八億年前に太古の海で発生した原始の生命は、少しずつ形を変えて数を増やしながら、今の生命に連鎖している。それは確かだ。その意味では福岡が言うように、生命は一度も死なないままバトンタッチだけを三八億年にわたって繰り返しているとの見方もできる。あるいは（細胞レベルにおいては）、一時も休むことなく死に続けているとの見方もできる。そして死に続けているからこそ（決して文学的な修辞のレベルではなく）、生き続けている。

つまり死と生とは対立概念ではない。同じ地平にある。この発想の延長にあるのが、ドーキンスの利己的遺伝子論だ。僕たちは乗りものにすぎない。本質は遺伝子なのだ。

理屈としてはわかる。でも「理屈としては」だ。どうしても実感が追いつかない。乗りものにすぎないのなら、こんな意識は必要ない。自動車や飛行機に知性や感情は不要だ。あれば逆に乗員を危機に陥れる可能性がある。もっと機械的でよいはずだ。「我々は何ものなのか」などと悩む必要はない。愛したり悩んだり怒ったり恨んだりする理由もない。食べて眠り、排出して生殖し、刺激に対しては反射する。的確に反射するためには、百歩譲って多少の知性は必要かもしれない。でも感情は必要ない。嫉妬や絶望で感情がかき乱された飛行機になど絶対に乗りたくない。自分は何のために生まれたのかなどと悩む船にも乗りたくない。もっと即物的でよいはずだ。虫は（おそらく）ヒトのような感情を持たないけれど、生きるうえで支障はない。むしろ遺伝子の乗りものとしては、ホモ・サピエンスよりも優秀かもしれない。

生きものを量子論的な同時性から考えたい

顔を上げれば、福岡は考え込む僕をじっと見つめている。その視線から思わず目を逸らしながら、「……やっぱりわからない」と僕は言った。言ったつもりではあったけれど、声が咽喉(のど)の奥で絡んだような気がする。うまく発声できなかったかもしれない。だからもう一度言った。

「結局はわからないですよね。人はどこから来てどこへ行くのか。なぜ生きものは死ぬのか。そもそも人は何ものなのか。この命題について、福岡さんが今思うことを教えてください」

とりあえず言葉遣いは慇懃(いんぎん)だけど、内容はほとんど酔っ払いの戯言(ざれごと)だ。だって会食前と質問がほとんど変わっていない。その自覚はある。あるけれど回避できない。違う話題に転換できない。長い沈黙があった。二人の編集者も黙りこんで、福岡の言葉を待っている。冷酒を静かに飲みほしてから、福岡はゆっくりと話し始めた。沈黙する前に比べれば、語調が明らかに変わっている。意識の回路のどこかでカチャリと音がして、何らかのスイッチが入ったかのようだった。

「……子供時代、生物学者になる前の私は、森さんと同じで虫が大好きでした。珍しい虫や綺麗な蝶を毎日のように追いかけまわしていました。ファーブルとかドリトル先生とか今西錦司みたいな生涯を送りたいと思って生物学の道に進むわけですけれど、それはあまりにもナイーブすぎる考えかたであったことに気づきます。大学に入ってみると今西錦司はもちろんファーブルもドリトル先生も、ほぼ絶滅危惧種的な扱いになっていました。求められているのは実用的な生物学です。落胆しました。でも、ちょうど私が大学に入った一九八〇年前後は、まさに分子生物学がテクノロジーとして具現化してきた時期で、細胞の中の深い森に分け入ってみると、捉える遺伝子のほとんどが新種だったんです。新種の虫を捕まえたいという少年時代の夢は一度もかなえられなかったけれど、遺伝子の森の中に入れば新種の遺伝子をいくつも捉えることができて、「これをくまなく記載していけば生命の謎が解ける」という楽観論に立って、ずっと分子生物学の研究を続けてきました。

その流れに、アメリカが中心になって進めていたプロジェクトであるヒトゲノム計画があります。すべての遺伝子を記載することで何が明らかになったかといえば、結局は生命の謎を何一つ解明できなかった。それでも、「遺伝子を一つひとつ調べていけば生命現象の謎は解ける」という前提の下に分子生物学は進んできたし、これからも進んでいくと思います」

ここまでを一気に言ってから、福岡は数秒の間を置いた。

「……でも、そこに大きな錯誤があるとすれば、「一つの遺伝子が一つの機能を担っている」という機械論的な呪縛があると私は考えます。確かに機械や機器ならば、分解したり壊したりすれば、その部品がどんな機能を担っていたかはわかります。このアプローチを生物学にあてはめれば、例えば「インシュリン遺伝子を破壊すれば動物は糖尿病になる。だからインシュリン遺伝子は糖尿病を防ぐ機能を担っている」と、一対一の関係が想定される。まさしくわかりやすい機械論です。でも実際には、一つの遺伝子が一つの機能だけを担っているのではなく、その機能は他の遺伝子も代替できるし、複数の遺伝子が雲のように一定の機能を暫定的に担っている。だから他のチームによってもその機能は担えるし、同じチームによっても違う機能を発揮できるというような、もっと揺らいでいることがわかってきました。生きものは機械でないのです。

だから私は今、自分の肩書きの分子生物学から分子をとって、さらに分解ではなく統合の方向で考えたいと思っています。これらのチーム、つまり遺伝子と遺伝子、あるいは要素と要素をむすびつけている力のあり方については、先ほども言いましたように、暫定的な見通しではあるけれど、量子論的な同時性みたいな方向でしか解けないんじゃないかな、と今は考えています」

そう話を締めた福岡の顔を見ながら考える。相対性理論以前までの古典物理学は、僕たちの身の回りの物理現象を描写することをテーゼとした。その範囲はせいぜいが、地球の大きさから分子や原子などの小ささまでだ。これらの範囲ですべてはほぼ法則どおりに動く。もしも位置と運動量が正確にわかれば、その物体の運動は、すべて決定できるとされてきた。だからこそ一八〜一九世紀のフランスの数学者ピエール＝シモン・ラプラスは、一八一二年に発表した『確率の哲学的試論』（邦訳：岩波文庫、一九九七年）で、「もしもある瞬間におけるすべての物質の力学的状態を知ることができて、さらにそれらのデータを解析できるだけの能力を持つ知性が存在するならば、その知性にとって不確実なことは存在せず、その目にはあらゆる現象の未来と過去がすべて見えているということになる」と主張した。

有名なこのレトリックを説明する際に、喩えとしてよく使われるのはビリヤードだ。台上やクッション壁やキューの先端に歪みや凹凸がまったくないと仮定して、ある瞬間の台上のすべての玉の位置と動き（速度や回転）、台との摩擦や空気抵抗などの数値をすべて正確に把握できているとしたら、玉を打ってからすべてが静止するまでの動きは、計算によってぴたりと予測できるはずだ。

ビリヤードにおける玉の力学的状態を、世界に存在するすべての原子の位置と運動量に置き換えれば、古典物理学的な法則を応用しながら、原子の時間的な動きはすべて予測できるということになる。つまり未来がわかる。また時間的な動きを逆算すれば、過去へも遡れる。つまり究極の因果律だ。神は不要となる。

この究極の計測装置（知性）が、ラプラスの悪魔だ。

人間の意思や感情も、脳内における神経伝達物質や電位の受け渡しによって起こされる現象であり、メカニズムとしては原子間の相互作用だ。ならばこれもラプラスの悪魔にとっては予測できる。つまりあなたの感情はあなたのものではない。嫉妬も喜びも怒りも失望も、すべて物理的な現象なのだ。さらにラプラスの悪魔は、僕が何年後に死ぬのか、あなたはいつどんな病気になるのか、僕は今日の夕食に何を食べるのか、二年後の夜八時にあなたが何をしているのか、地球は今から何年後に消滅するのか、エチオピアで化石人骨が見つかったアウストラロピテクスのルーシーはどのように死んでいったのか、処刑される前夜にイエスはオリーブの木の根元で本当に泣いたのか、一〇〇年後に人類は感染症との戦いに勝利できているのか、すべてわかっているはずなのだ。

この世界のすべての事象や現象が古典物理学だけで説明できるのなら、ラプラスの悪魔の栄華は、この先も続いていたはずだ。でも二〇世紀に提唱された相対性理論は時間と空間が不可分なものであることを証明し、さらに量子論の重要な定理であるハイゼンベルクの不確定性原理は、「測定」という行為そのものが素粒子に影響を与えることを指摘し、量子レベルにおいては完全な未来予測が不可能であることや、物質の究極の姿は粒子と波動の重ね合わせであることを証明した。位置と運動量の両方を正確に知ることとは不可能であり、電子は原子核の周囲を惑星のように回転しているのではなく、確率的な存在なのだ。

この時間帯に電子君が家にいる確率は二〇パーセント。これが意味することは、五分の一の確率で電子君は家にいるのではなく、実際に二〇パーセントの確率で家に実在しているのだ。五分の一と五分の四は分離せずに重ね合わせになっている。

こうしてラプラスの悪魔は、現代物理学によって存在を否定され（ただし厳密には、カオス現象による予測の不確定性を演繹すれば、古典物理学の枠内でラプラスの悪魔を否定することはできる）、一時はその存在を脅かされた人間の自由意志は、その後も存続することができた。

位置づけだけではない。素粒子は波であると同時に粒子でもあるというテーゼが示すように、あるいは例に挙げた電子君の二〇パーセントの存在が示すように、量子論は日常感覚から遊離する。でも素粒子というミクロレベルや宇宙というマクロレベルではそれが起きる。そして言うまでもなく、ミクロとマクロは僕たちの日常と地続きだ。僕たちを構成する要素の根源は素粒子であり、僕たちは宇宙の一部でもある。

分子生物学への決別のニュアンスをも含めた福岡の決意表明を、機械論的な発想を超えたメカニズムに生命の本質があるのでは、との問題提起と僕は理解した。そしてもし、量子論的なアプローチを付加した生物学が新しい研究分野としてオーソライズされるのなら、人はどこから来てどこへ行くのかについても、何らかの解が得られるのかもしれないとも。

自我や自由意志は今も際どい位置にある

「じゃあ、このあたりでインタビューは終わりにしましょうか」

小船井が言った。時計を見れば、会食を始めてから二時間が過ぎている。ずっと質問され続けている福岡にしてみれば、ほとんど取り調べのような感覚だろう。……そうは思うけれど、もう一つだけ確認したいことがある。

「最後に、もう一つだけいいですか」

僕は訊いた。福岡は観念したように、こっくりとうなずいた。

「福岡さんはテロメアについて、どう考えていますか」

真核生物の染色体の末端部にあるテロメア（Telomere）は、染色体末端を保護する機能を持つと同時に、細胞分裂のたびに短くなるという性質がある。テロメアが一定の長さ以下になると、細胞は分裂を停止する。つまり細胞の死だ。だからこそテロメアは一時、人の老化や死と大きな関わりがあるとされてきた。

「寿命がなぜあるかについて、仮説はいくつかあります。先ほど言及したエントロピーが細胞の中に蓄積していき、やがて動的平衡が無秩序になってしまうという「乱雑度増大説」も、その一つです。そしてもう一つは、細胞分裂のたびにDNAの両側が徐々に短くなってしまうので、やがて分裂限界となり細胞が死滅するという考えかたです。ガン細胞が無限に増殖できる理由は、テロメラーゼというテロメア再生酵素を再活性化して、分裂のたびごとにテロメアが短くなることを防いでいるからです。テロメアが重要な生物学的な研究対象であることはまちがいないと思います。でも私は、それが寿命そのものを本質的に規定しているものだとは思わない」

「つまり、仮にテロメアが機能していなくても、寿命は来るということですね」

「そうです」

「でもテロメアが寿命の一翼を担っているのは確かです。言ってみれば回数券みたいなものですよね。そんな迷惑なものを、人類は何の条件と引き換えに持ったのでしょう」

福岡が説明したように、ヒトの体細胞は発生の過程で、なぜかテロメラーゼを使用することを放棄した（生殖細胞などの例外はある）。ところが人類以外の生きものの多くは、テロメラーゼを細胞内に保持している。

その理由がわからない。少なくともテロメラーゼを放棄することのメリットなどないはずだ。意味のない契約をしたご先祖たちを恨みたくなる。何らかの詐欺商法に引っかかったのだろうか。クーリングオフ（契約破棄）を訴えたくなる。少しだけ考え込んでから、福岡は言った。

「……個々の細胞は凄い速度で死んでいます。だから記憶も絶え間なく更新されている。記憶のメカニズムは、脳内に分子レベルの記憶物質が保管されているわけじゃありません。星座のような細胞と細胞の回路に電気が灯ると、その記憶が再生されるというメカニズムです。ただし、その回路を形成する細胞も変わっているし、つながりのシナプスのタンパク質なども常に交換されているわけなので、長いレンジで見ると、その星座も徐々に変容しているわけです。記憶は保存されているというよりも、思い出すたびに電気が灯って再生されていると考えたほうがいい。つまり今つくられているものなのです。その意味では、記憶は幻想です。「私は小さい頃の鮮やかな記憶を今でも覚えています」と人はよく言うけれど、その記憶は実はその人にとって、毎回再生されているから保存されているかのように錯覚しているのです。そして実際には再生されるたびに、徐々に変容しているものなんじゃないかな、と思います」

「……自我が何だかわからなくなっちゃいますね」

福岡の隣に座る田中尚史が、吐息のようにつぶやいた。その実感は僕にもある。ラプラスの悪魔は退場したけれど、でも実のところ自我や自由意思は、今もとても際どい位置にある。

要するに今の段階では、わかることとわからないことがある。要はそういうことなのだろう。理由や意味を無理に解釈しようとしても仕方がない。いやむしろ過ちの元だ。今は先祖たちが契約した理由はわからない。無理にわかろうとしないほうがいい。記憶をめぐる福岡の考察を、僕はそう解釈した。

死と生の定義は難しい。実のところ人はまだ、この二つについての確実な定義を取得できていない。言葉は共通していても、意味は人によって違う。定義が共有されていないからこそ、議論はいつも横に滑る。でも定義を確定させるためには、死と生についてもっと知らなければならない。議論しなくてはならない。出口のないループ構造だ。

以後は雑談。虫に感情があるかどうかについて、とても面白い話や体験談を交換した。実のところ僕は子供のころ、学校の帰り道に拾ったマルハナバチのオスと、相当に親密な関係になったことがある。その話を披露したとき、嬉しそうに福岡は「そういうこと、ありますよねえ」とうなずいた。

それぞれ冷酒をお代わりし、気がつけば時間はさらに過ぎた。福岡もニコニコと楽しそうだ。

でも紙幅が尽きた。今回はここまで。

第2章

人はどこから来たか

諏訪元（人類学者）に訊く

四四〇万年前の人類の祖先・ラミダス猿人の発見

本郷三丁目の駅に到着してから気がついた。東大は五月祭だ。本郷通りに面した赤門で小船井を待つあいだも、多くの男女学生たちがうきうきと微笑みながら目の前を行き来している。

でも総合研究博物館へ向かうキャンパス内の細い路の両側には樹木が茂って鬱蒼たる雰囲気で、まるでこの一角だけ結界が張られているかのように、ひっそりと静まりかえっている。

その感覚は、総合研究博物館の中に足を踏み入れると同時に、さらに濃厚になった。人の気配はほとんどない。靴音だけが広い空間に響く。骨格標本や土器などが陳列されている棚を横目に歩きながら、小船井とともに小さなエレベータで上に上がる。人類形態研究室の扉の前の廊下に置かれた棚にも、数多くの土偶や石器などがびっしりと置かれている。中学校の社会科の教科書などで見たような土器もたくさんある。部屋から現れた諏訪元(すわげん)に、僕は思わず「これはレプリカではないですよね」と質問した。

「実物ですね」

「あの火焰(かえん)土器などは、もしかすると教科書で写真を見た土器かもしれません」

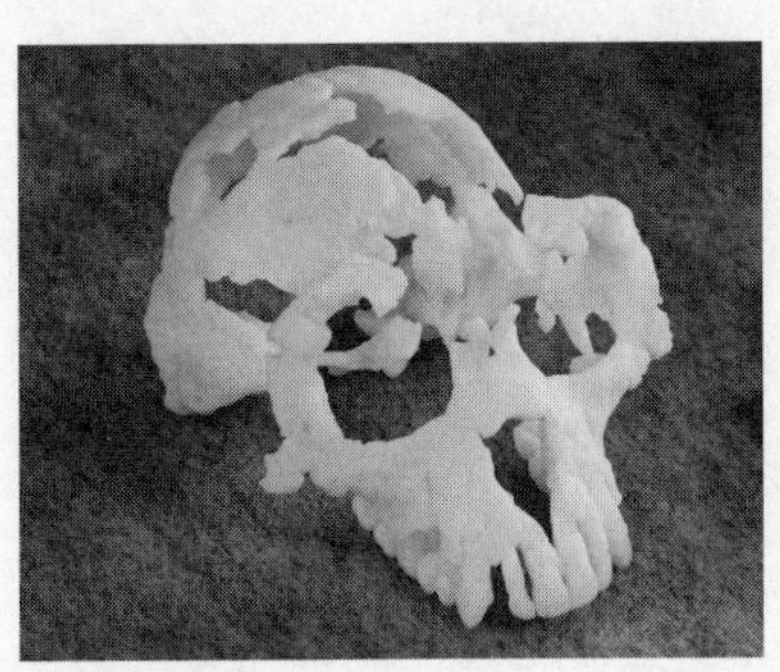

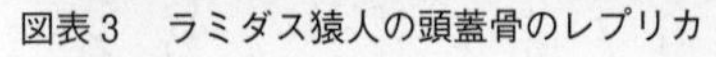
図表3　ラミダス猿人の頭蓋骨のレプリカ

図表4　同上顎部臼歯のレプリカ

言いながらこのときの僕は、少しだけ昂揚していたような気がする。レプリカではなく本物であるということだけではなく、火焔土器のあの意匠は、確かに人の気持ちを何となくざわつかせる要素があるのかもしれない。でも諏訪は冷静だった。「（ここには）考古学と自然科学を融合させながら調べる研究室がたくさんありますから」と言いながら、研究室の扉をゆっくりと開けた。

扉のすぐ横の棚には、膨大な数の頭蓋骨や歯の化石が並べられている。「この列はアウストラロピテクス（約四〇〇万年前～約二〇〇万年前に生存していた猿人）の模型です」と言いながら、諏訪はそのいくつかを指で示す。「これはレプリカですよね」と僕は訊く。同じことばかりを訊いている。しかも「模型です」と説明されているのに。でも諏訪はやっぱり冷静だ。「これはレプリカのさらにレプリカのようなものです」と淡々と応じる。

「ラミダスはこちらです」

別の列から摘まみあげたラミダス猿人の頭蓋骨を、諏訪は僕に手渡してくれた。もちろん本物ではない。でも世界に数個しかないという研究用の精度の高いレプリカだ。ラミダス猿人の正式名称はアルディピテクス・ラミドゥス。四四〇万年前に生息していたとされるヒトの先祖の骨は、とても軽くて（まあレプリカだから当たり前だけど）、とても小さかった。頭蓋骨の容量は三〇〇cc。チンパンジーとほぼ同じ大きさだ。ちなみに身長は一二〇センチくらいと推定されている。諏訪が静かに言う。

「実物ではなくて、レプリカばかりをわざとたくさんつくっています。例えばこれは、ヨーロッパの博物館でとってきたボノボの歯の模型です。チンパンジー、ボノボ、ゴリラと、各個体の骨や歯を並べて見つめながら、それぞれの個体差はこれほどあって、さらに個体差以上の差もこれくらいあるのだということを、何度も頭にインプットします。化石を発掘する際には、どれくらい個体差があるかを常に頭に描きながら、意味のある形の違いはこれだろうと考えるのです」

「インプットする理由は（発掘した）化石の同定をするためですね」

「そうですね。この作業は主観的な判断で行うしかなくて――いわゆる名人芸のように言われてしまうのが困ると言えば困るのですが――、経験とセンスが問われる領域であることは確かです」

一九九二年一二月、諏訪はエチオピアのアファール盆地の一角であるアワッシュ川下流域に属する約四四〇万年前の地層から、ラミダス猿人の上顎部臼歯（きゅうし）の化石を発見した。今のところ最古の人類だ（二〇一五年現在）。

これ以前に最古の人類として有名だったのは、やはりエチオピアで一九七四年に三一八万年前の化石人骨が発見されたルーシー（アウストラロピテクス・アファレンシス）だ。しかし諏訪が発見したラミダスは、それよりも一〇〇万年以上も古い。

「ラミダスの大きさは、ルーシーとほぼ同じですか」

「これはアファレンシス（ルーシー）の骨盤の一部です。こちらのラミダスの復元骨盤のほうが、一回りは大きいですね。ラミダスの平均的な体重は四〇～五〇キログラムと推定されていますが、アファレンシスは三〇キログラムくらいです。ただ、雄のアファレンシスは大きければ五〇～六〇キログラムはあったとも言われています。ラミダスはオスとメスとで個体差があまりない。性差については今もコントラバーシャル（論争の余地がある）です。人類の共通祖先に近いほうが性差は大きいと従来は思われていたのですが、（近いはずの）ラミダスがアファレンシスより性差は小さかったことが最近わかりました」

諏訪の話を聞きながら、僕は手もとに置かれたラミダスの頭蓋骨のレプリカを眺める。四四〇万年前の人類の祖先の性差は大きかったのか小さかったのか、あるいは犬歯の大きさはどのように変遷したのか、部外者にとってみれば、それらの解明が何になるのだろうかと思いたくなる。でもこれらの作業の積み重ねは、「人はどこから来てどこへ行くのか」を考察するうえで、大きなヒントになる可能性は高い。

ただしその前に、「そもそもヒトとは何か？」との前提をクリアする必要がある。定義の一つは「道具を使う生きもの」だ。でもチンパンジーやオランウータンやカラスなど、道具を使う生きものは実のところたくさんいる。言葉はどうか。これほど複雑な言語体系を持つ生きものは、確かにヒトだけだろう。さらに火を使用することも、ヒトの大きな特徴だ。

身体的な特徴としては、まずは直立二足歩行をすること。これは他の類人猿には見られない。犬歯が発達していないことも重要な特徴の一つだ。

「例えばチンパンジーとラミダスはともに身体の性差は小さい。でも犬歯の大きさはまったく違います。ラミダスの犬歯はとても小さい。ですから（ヒトとチンパンジーとの）共通祖先像は、性差はあまり大きくなくて犬歯は小さい類人猿だったと考えることができます。攻撃性も低かったはずです。そこからヒトとチンパンジーに分岐して、ヒトになる過程では性差と犬歯がさらに小さくなった」

「二足歩行については？」

「雄が雌と子供に食物を運ぶため、ヒトは二足歩行をするようになったとの仮説がありますね」

「聞いたことはあります」

「そういう行動を選択する個体のほうが、確かに雄と雌が恒常的な関係を持つようになるので、繁殖率や生存率は上がる。いわゆる家族の原型みたいなものになります。基本的に霊長類は、マーモセットのような例外はいますけれど、一夫一婦的な繁殖行動はしません。でも二足歩行と一夫一婦的な繁殖行動が結びついたと考えることはできる。同時に犬歯も小さくなった。これらの特徴がすべて、ラミダスの段階では見られます。つまりヒトとチンパンジーは共通の祖先から分岐したということが、化石骨から読み取れるのです」

ここで少しだけお勉強する。ヒトの進化は大きな流れとして、ラミダス（アルディピクス）にルーシー（アファレンシス）も含めての猿人（アウストラロピテクス）↓原人（ホモ・エレクトス）↓旧人（ホモ・ネアンデルターレンシスなど）↓新人（ホモ・サピエンス）と続いてきたと考えられる。

アウストラロピテクス以前に生息していたとみられるオロリン・ツゲネンシス（六一〇万年前～五八〇万年前）やサヘラントロプス・チャデンシス（七〇〇万年前～六八〇万年前）は、化石人骨は発掘されてはいるが、まだ不明な点はとても多い。まったく独立した霊長類であるとの見方もある。

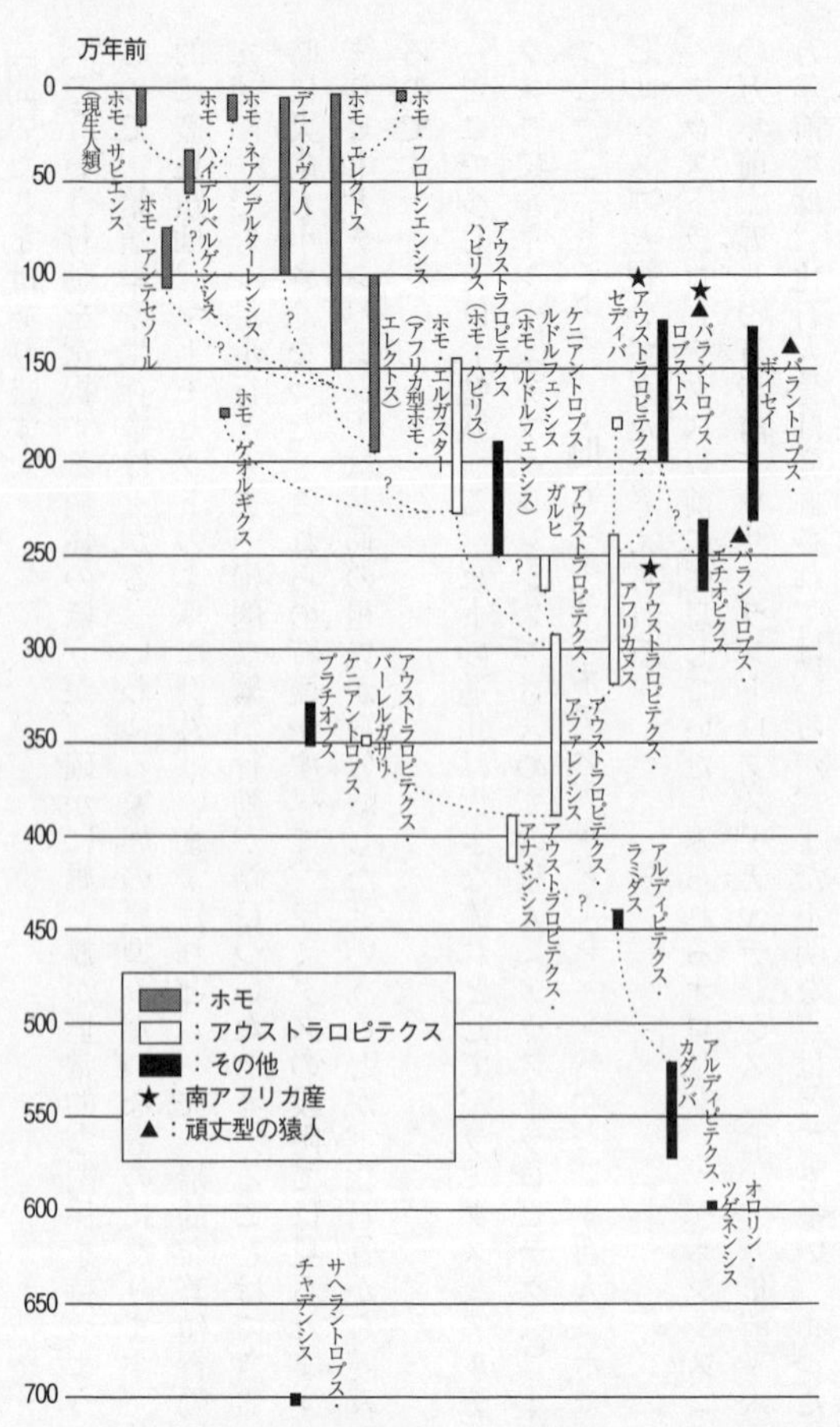

図表5　人類系統樹（河合信和『ヒトの進化　七〇〇万年史』ちくま新書、2010年より）

ホモ・エレクトスの登場は一八〇万年前くらいと推測される。この時期に初めてヒトの祖先はアフリカを出て（最初の出アフリカ）、アジアやヨーロッパなどで繁栄する。アジアに移住したのが、ジャワ原人や北京原人だ。ただし彼らは現生人類へとつながっていない。ヨーロッパへ住み着いたホモ・エレクトスはホモ・ハイデルベルゲンシスとなり、同時期にホモ・ネアンデルターレンシス（ネアンデルタール人）が現れた。

数万年前まで生存していたホモ・ネアンデルターレンシスの脳容量は、驚くことに現生人類より大きい。しかしその顔は、誰もが思い浮かべる原始人のイメージだ。火を使っていた可能性は高い。住居は洞窟で石器を使っていて、屈葬（遺体の手足を折り曲げて埋葬する方法。穴を掘る労力を節約するためとの主張もあるし、胎児の形で再生を願っていた、あるいは悪霊化することを防ぐためなどの説もある）を行っていた可能性がある。

これほどに高度な精神活動と生活を送っていたからこそ、かつてネアンデルタール人はホモ・サピエンスの祖先であると誰もが思っていた。しかし遺骨から得られたミトコンドリアＤＮＡの解析結果から、ネアンデルタール人と現生人類は別系統の人類であることが、一九九七年にほぼ明らかになった。

ところが最近、現生人類のＤＮＡには分岐後のネアンデルタール人の遺伝子が再混入している可能性があるとの論文が、科学誌『サイエンス』で発表された。さらにネアンデルタール人と同時代に、クロマニョンなど現生人類（新人、ホモ・サピエンス）が近くで生息していた可能性も指摘された。彼らが共存していたのか、あるいは敵対していたのかはわからない。群れとしての、僕たち現生人類（ホモ・サピエンス）の遺伝子にネアンデルタール人の遺伝子が（数パーセント）紛れこんでいることは事実なのだから、個の交流は相当にあったと考えるべきなのだろう。いずれにせよ、現生人類も一〇万年ほど前にアフリカで誕生して世界中に広がっていった（第二の出アフリカ）ことはほぼ確かであり、今のヒト（ホモ・サピエンス）がアフリカに起源を持つ単一種であることは間違いない。

ヒトがヒトになる前はどういう生態だったのか

祖先の時系列を辿る作業は、「人はどこから来て……」を考えることとかなりの領域で重複する。ただしもちろん、「種としてのヒト」と「個としての自分」はイコールではない。それは当然の前提としながらも、個体発生は系統発生を繰り返すというエピソードが示すように、考えるうえで何らかの示唆やヒントは見つかるかもしれない。

いずれにせよヒトがヒトになるまでの系譜については、まだまだわからないことが多い。ほとんどわかっていないといったほうがいいかもしれない。諏訪が発見したラミダスについても、その生態はまだほとんどわかっていない。それはそうだ。生きているラミダスが発見されたわけではない。化石化した骨が見つかっただけなのだ。それも全身のごく一部だ。むしろ生態がわかるほうが不思議だ。

「この連載を思いついた根底には、……とても青臭いのですが、「人はどこから来てどこへ行くのか」、あるいは「我々は何者なのか」。このテーゼを解明したいとの思いがあります。もちろんこれが叶えられると期待するほど楽観的ではないですが、この命題を考えるうえでの手がかりみたいなものを、科学の最先端で思索や研究を続けている人たちと、あくまでも僕のレベルで会話することで、いろいろ考察したいと考えています。

　確認しますが、かつて原始的な哺乳類がいて、それが進化し続けて人間になった。まずはこの前提自体には、大きな間違いはないと思っていいわけですね」

「そうですね」

　諏訪は小さくうなずいた。「それは間違いないです」

「それで、オロリンやサヘラントロプスなどの時代を経過して、チンパンジーと人間のほうの系統種のほうに分化する。そこまではとりあえずわかりました。でもこの前、つまりオロリンやサヘラントロプス以前のイメージがまったく形作れないのですが」

「そこは今も依然として空白です」

「つまりミッシングリンクですか」

「そうですね。今、少しずつ埋まっていっているのですが……」と言ってから、諏訪は少しだけ間を置いた。しばらく斜め上に視線を送ってから、また静かにしゃべり始める。

「ちょうどその分岐があったであろう頃というのは、まったくと言っていいほど化石がないのです。ですから、ラミダス、サヘラントロプス、オロリンのおかげで、七〇〇万年前から四〇〇万年前くらいの人類の最初の段階がようやく、一応は埋まった。埋まってもわからないことだらけなので、もっともっと埋めなければいけないのですが、しかしまったくの空白ではなくなった。ところが、「人はどこから来て……」と考えるときに、ダーウィンの時代からどうしても見過ごせない要素は、分岐する前はどうだったかということです。そこの化石がまだないのです。そもそも発掘される化石の量が絶対的に少ない。特に一二〇〇万年前から八〇〇万年前くらいまでの期間の化石骨はほとんど発掘されていない。ただ、ラミダスの発見は、アウストラロピテクスの発見から七〇年後です。さらに立て続けに、オロリンとサヘラントロプスの化石も見つかった。ですから、時間はかかるけれど、これから(分岐する前の化石骨が)発掘される可能性は充分にあると思います」

「例えばジュラ紀、白亜紀といった恐竜の化石はかなり出ていますよね。それに比べたら、なぜヒトの先祖はこれほど化石が少ないのかと思うのですが」

「ヒトの先祖だけじゃないですよ。例えば、その時代のチンパンジーやゴリラなどは、もうほとんどない。ゼロです。彼らは熱帯林に住み続けているので、化石化しにくいんです」

熱帯では化石化しにくい。なるほど。それは何となく感覚的にわかる。

「あるいは化石化したとしても、埋まったまま出にくい。これに比べて人類の先祖の化石が出やすいのは、彼らが生息していたエリアには、タンザニアからケニア、エチオピアに向かって斜めに走る大地溝帯、グレート・リフトバレーがあって、それが段々引き裂かれていって間が窪み、古い地層が地上に出てきたから発見されやすい。恐竜もそうですね。ですから人類の先祖の化石は結構見つかるのですが、分岐した頃の化石はまだないということです」

つまりミッシングリンクというと何となくミステリアスだけど（これを理由に荒唐無稽な仮説を披露する人は多い）、ミッシング（見つからない）には整合性があるということなのだろう。そう確認する僕に、諏訪は小さくうなずいた。

「さらに、発見されることと認められることは違います。ラミダスやサヘラントロプスですら、今も信じない専門家や研究者は少なくありません」

「未だにコントラバーシャルなのですか」

「はい。これだけ原始的なのだから、この化石はひょっとすると変わり種の類人猿で、人間の祖先ではないかもしれないという論争もあるのです」

「この破片がもしかしたらあそこの破片と一致するのではないかとか、この歯はそちらの歯と同じ顎にあったのではないかとか、……要するにこの作業は徹底してアナログですね。もちろんCT（コンピュータ断層撮影）のような技術は使うにしても、他のサイエンスの分野に比べたら、コンピュータなどの最新テクノロジーの出番があまりないジャンルなのだという気がします」

「そうですね。少なくとも自分たちはそういう意識を強く持って、勝負どころはアナログだと強く思っています」

そう言ってから諏訪は、卓上の骨の破片のレプリカを摘まみ上げた。

「これはアルディ（ラミダス）の上顎の犬歯です。四つくらいの破片を（組み合わせて）つなげています。長年このままでした。ところが、こちらは別の個体の小さな破片だと思われていたのですが、ある時ふと、これは同じ個体の一部ではないかと思って試したら、ぴたりとつながりました。発見場所が少し離れていたので、違う個体であろうと誰もが思い込んでいました。ひとつ嵌れば、また他の部分がつながる可能性が出てきます」

小船井が嘆息する。「ほとんどジグソーパズルですね」

「これによって、ラミダスの上顎の犬歯が下顎の犬歯より高さが低いことがわかりました。人類の進化を考えるうえで、とても重要な発見です。ゴリラやチンパンジーなどほとんどのサルは、上顎の犬歯のほうが発達しています。ところがラミダスは、上顎の方が小さいのです」

「つまり、攻撃能力を縮小した」

「はい。攻撃性を抑えるように早期から進化したのだろうと私たちは考えています。人類の大きな特徴は、犬歯が小さくなって攻撃性が緩和されたことです。もちろん雄同士のいわゆるコンペティション（競争）はありますが、むしろ互いに協力行動をするという素地は、ラミダスの頃からあっただろうということが見えてきます。ラミダスからアウストラロピテクスに至る過程で、犬歯の大きさや厚みや幅はさらに小さく華奢になって、現代人に引き継がれています」

性淘汰と二足歩行はセットで進化した

諏訪の説明を聞きながら、あらためて進化のメカニズムについて考える。進化は個体にとってメリットがあるから引き継がれる。つまり適者生存だ。でも犬歯が小さくなることのデメリットはあるけれど（だって喧嘩が弱くなる）、少なくともメリットは見当たらない。僕のこの疑問に対して諏訪は、「雌による選択。つまり性淘汰です」と即答した。

「雌と子供が生き延びることに協力的な雄と、非協力的で攻撃性ばかりが高い雄のどちらを、多くの雌は選ぶでしょうか。特にラミダスが地上に降りてきた時期は、一夫一婦的なつながりも始まっていて、雄が育児に貢献するように食物を運搬した可能性がある。ならば、そういう協力的な雄を雌が選ぶ可能性は高い。つまり性選択でもたらされた犬歯の縮小は、二足歩行とセットで進化したと考えることができるのです」

「この時代、いわゆる天敵となるような肉食獣は相当数いたのでしょうか」

「それはもう、今以上にさまざまなネコ科の動物はいました。ですからラミダスは、夜は樹上で寝泊まりしていたはずです。さらにアウストラロピテクスになると完全に二足歩行に特化して、睡眠も地上でとっていた可能性が高い。ただし犬歯は相当に小さくなっているし、武器を持っていると言っても打製石器はまだありません。ならば、どうやって身を守ったのか。その明確な解答を我々はまだ得ていません。少なくともラミダスと比べてアウストラロピテクスは、天敵に対抗するために、もっと協力的で大きな群れをつくっていたのではないかと想像しています。

これがホモ属になるともう少し頭が大きくなり、石器を使い始める。さらに行動も複雑になる。協力行動も発達していますし、石器を使い始めて肉食が多くなる。こうして順番にラミダス、アウストラロピテクス、ホモ属と三ステップあったのではないかということが見えてきます。その前の共通祖先がまだ空白なままなのですが、ラミダスからそれを類推することはできるようになったということですね。今まではアウストラロピテクスしか知られていなかったので、共通祖先の類推は無理でした」

「火を使うのはホモ属からと考えて良いのですか」

「火はホモ属になってからです。奥歯がラミダスからアウストラロピテクスで大きくなっています。そしてまたホモ属で小さくなります。ぐっと小さくなるのは一八〇万年くらい前で、最初の原人が出てくるあたりです。ですから、この時期に火を使い始め、広い意味での調理が行われるようになったのかもしれません。火を使うと咀嚼の負担が圧倒的に減りますから」

「具体的にはホモ・エレクトスの時代ですか」

「そうですね。でも火の使用そのものについては、時期を判定することは非常に難しい。石器などもそうです。アウストラロピテクスとホモ属のどちらが石器をつくっていたのか、究極的にはわかりません。仮に手の中に石器が入った全身骨や部分骨の化石が出てきたとしても、たまたま先の尖った石を持っていただけかもしれないですから」

なるほど。確かにその可能性は排除できない。ここで小さく首をかしげながら、「古い時代へ行けば行くほど、想像力で補うものが増えていくということですね」と小船井がつぶやいた。そうですねとうなずく諏訪に、「そもそも諏訪さんは、なぜ化石人類学を志したのですか」と僕は訊く。少しだけ間を置いてから、「……それほど深い理由はありません」と諏訪は言う。

「子供時代は恐竜が好きで、ピラミッドなども面白いと思っていました。かといってそれほど詳しかったというわけでもなくて」

「恐竜が好きというのはわかりますが、ピラミッドが好きな子供は珍しい」

「やはり歴史的なものですね。ホメロスなども読みました。だから考古学や進化関係の何かをやりたいと思って、大学に入りました」

大学では進化を専門に学びながら医学部の解剖学実習なども受け、筋肉や神経や骨の構造を学んだ諏訪は、比較解剖学的な面白さに特に惹かれたという。

「専門書に書いてある論文は既存のデータに則った解釈であって、自分独自な解釈もできることに気がつきました。化石を新たに見つけることは難しいけれど、すでに発見されている化石でも解釈によっては別な見方ができる。だから大学院では骨の研究を始めました。ルーシーが発見された直後の時代で、ホモ属の新発見や猿人の新種などで大騒ぎになり始めた時期でもあります」

その後にカリフォルニア大学の大学院に進んだ諏訪は、アフリカの化石発掘を手がけ始める。

「この時期はひたすら、化石の形を頭にインプットしていました。多くインプットすればするほど、フィールドの現場に行って破片を見つけたとき、これは何だとすぐに頭の中でクリックできるのです。結局は延べ八年、アメリカにいました。じっくりと標本や化石を見る助走期間を長く取れたのは、非常にラッキーだったと思います」

「今も、一年の半分近くは、アフリカにいるような感じなのですか」

「最近はそれほど行っていません。年に延べ三カ月くらいでしょうか。教員としての仕事も増えましたから」

「この連載のテーマである「人はどこから来てどこへ行くのか。そして何ものなのか」をもう少し噛み砕くと、ある意味で時間の解明と重複するのではないかなという気がしています。諏訪さんの研究はその意味で、まさしく何百万年も前を対象にしているわけです。そしてそのスパンは、未来に対しても同じように働く。それこそ何百万年も過ぎてから、化石化した僕たちの骨を、その時代の研究者が発掘しているかもしれない。つまり考古学者は、過去と未来についての時間の感覚がものすごく長くなる」

「そうかもしれません。我々は時間をかけてこそ良い仕事ができる」

そう言ってから諏訪は、視線を宙に漂わせながら、少しだけ間を空ける。「でも今の時代は、どんどん早い答えを求めます。……それで苦しんでいるのかもしれません」

「自分は悠久な存在ではないから？」

「はい。私もだいぶ年歯(ねんし)（念を押すが年齢の意味。それにしてもこうした語彙が自然に出るところは諏訪らしい）が進んでいるので、少し前よりはそういう意識が強くなってきました。そういう意味ではやはり、その都度その都度、整理していかなければいけないという思いはあります」

なぜ初期人類はアフリカで発生したか

　もしも諏訪へのインタビューの時間が夜ならば（つまりアルコールが目の前にあれば）、諏訪のこの悩みについて、もう少し聞いてみたいと思ったかもしれない。でも今は昼下がりだ。しかも場所は大学内の研究室。それについては次の機会にしようと思いながら、僕は話題を変える。

「そもそもなぜ初期人類は、アフリカ、特にエチオピアなのですか？」

「エチオピアである必然性はないと思います。ただ、アフリカには必然性があります。そもそも類人猿というグループは、アフリカで発生して分散して、その中からゴリラ、チンパンジー、ヒトが出てくる。さらにアウストラロピテクスなど二足歩行した初期人類の化石骨は、今のところアフリカからしか出てきていません。ですから、なぜアフリカなのかに対する答えにはなりませんが、もともとアフリカにいた類人猿たちが人類になったとの仮説は成り立ちます」

　自分は悠久な存在ではない。でも悠久の過去に思いを馳せることはできる。ラミダスではないがルーシーの復元模型は、上野の国立科学博物館で見ることができる。身長は一〇五センチメートルで体重は二五キログラム。ほぼ小学校低学年児の体格だ。茶色の体毛で全身は被（おお）われているが、直立したその表情には、明らかにゴリラやチンパンジーよりは明確な感情や意志がある（模型だけど）。その表情を思いだしながら、「ラミダス猿人にはどの程度の知能があったと推測されていますか」と僕は質問した。

「少なくともチンパンジーと同等だと思います。共有集合的な知能や道具使用能力は当然あったと思います」

「この時期には一夫一婦が始まっていた。ならば恋愛感情のようなものはありましたか」

「何をもって恋愛感情というかにもよりますが、恋愛感情は脳の奥のほうにある感受性のループが基盤となっています。その後もいろいろ発達したりはするんでしょうけれども、この時期には脳神経系の変化もあったのではないかと想像はできます」

スタンリー・キューブリックが監督した映画『２００１年宇宙の旅』のオープニングでは、荒野に群れる毛むくじゃらの猿人たちが、動物の骨を使って道具にした最初の瞬間を再現している。映画において時代は明示されていないが、彼らはおそらくラミダスかアウストラロピテクスだったはずだ。

脅え、怒り、笑い、希望や絶望、そして繰り返される日常、群れであるからには、箇単なコミュニケーションもあっただろう。嫉妬や後ろめたさなど、多少は高度な感情もあったかもしれない。この時期に犬歯は小さくなり、体毛が薄くなる。火を使い獲物を煮炊きすることを覚え、やがて人類は農耕を始める。ただしこれらの変化は、ゆっくりと少しずつ進んだわけではない。地層のように段階がある。

やはり進化は難しい。複雑多岐だとか未解明な要素が多いとかだけではなく、何か釈然とできない。すっきりと腑に落ちない。でもこれを通過しないことには、少なくとも「私たちはどこから来たのか」については、考える糸口すら摑めない。

ニッチがどう変わっていったかを知りたい

「今さらと思われるかもしれないけれど、突然変異と自然淘汰だけで進化は説明できると、諏訪さんは考えますか」

「説明できる面はあると思うのですが、最近は生物側の行動特性も注目されています。個体が主体的にいろいろ新しいことをやり始めたとします。そうすると、用不用説的な後天的な変化も起こるとの解釈です。そうした変化は次の世代に遺伝はしないけれど、環境を変える可能性はあります。そうするとその環境で役に立つような遺伝的な変化が起これば、どんどん固定化される。ですから後付けで進化する」

「ある意味では文化みたいなことですか。集団全体が何かのふるまいや様式などを覚えたとして、それが子や孫に語りつがれたりするといったような。ドーキンスが提唱したミーム（文化の伝達や複製の基本単位）につながるのかもしれない」

「文化だけではなくて、身体的にもそういうことが起こりうる。例えば先ほどの一夫一婦的な傾向がある。それは行動特性なのですが、それを補強するような脳神経系回路の変化がありうるとすれば、そういうものは遺伝的に生じて進化するでしょう。遺伝的な変化が後からついてくるだろうということですね。確かに後天的な変異は遺伝しませんが、例えば身体をより使うと、骨は頑丈になる。そして遺伝的に骨が頑丈になる素養にも個体差がある。しかし、強い骨が必要な環境にずっと居続けたならば、骨が頑丈になるような遺伝的変化が起こり、それが淘汰されて固定化されるとする考えかたです」

「なるほど。人類の先祖は群れや集団として生活していたからこそ、環境を変化させて後付けの淘汰が起きる可能性が高くなった。ならば集団全体が一斉に淘汰や進化を起こすということもありえますか」

「グループ的な淘汰が起こるか起こらないかというのはまた難しい議論で、私がこの道に入った八〇年代から九〇年代の段階では、群淘汰は起こらないと言われていました。ところが最近は、いろいろな条件下で群淘汰は実際に起こりえるとの説が有力になっています。獲得形質は遺伝しないとしても、獲得形質を実現するような遺伝的変化は有り

得る。生物は別のニッチ（ある生物が生態系の中で占める位置）へ少しずつ変わってい
く、あるいは変えてゆく。そうしたときのニッチ・コンストラクション——自分で新し
いニッチをつくり、自分も遺伝的に変化していく。そういう進化の場合、見かけ上は、
獲得形質の進化と類似するようなことはあるのではないかと思います」
「つまり、進化とニッチとの相互作用ということでしょうか」
「そうですね。とくに生態学の先生などと意見交換していると、いかにニッチ全体の進
化の捉えかたが重要なのかを実感します。進化の教科書的な定義は、遺伝子頻度の変化
です。ある種という遺伝子プールがあって、それが変わってゆく。しかし、それでは全
然面白くない。そうではなくて、ニッチが変化していくということだと思うのです。ニ
ッチが変化すると、自然に遺伝子も変化する。その意味で（進化は競争よりも共存の原
理に基づいているとする）今西進化論は、根幹的な理論に多少の無理はあるかもしれま
せんが、生物自身に環境適応の主体性があるとの見方は正しいのではないかと思ってい
ます。ですから、人類の進化や起源を考えるうえで、骨がどうこうというよりも、ニッ
チがどう変わっていったかを僕たちは知りたいのです。それが本質です。ただし僕たち
ができることは、そのハードな事実関係を骨で表すことです」
「アウストラロピテクスから原人、旧人、新人といった過程の中で、出アフリカがあっ
て、どんどん世界に拡がっていくわけですよね。そういった構図の中で日本人のルーツ

というのはどう考えればよいのでしょう？　今のところは沖縄の港川人骨がいちばん古いのですよね[*]（二〇一五年現在）」

「まとまったものとしてはいちばん古いですね。つい最近までは、二回目の出アフリカで、アフリカ起源の新人がユーラシア大陸に拡散し、生き残っていた原人や旧人――ヨーロッパではネアンデルタール人――を絶滅に追いやり、それに置き換わったのだと考えられていました。でも化石の資料から見ると、アジアはそれほど資料がないので、実際に置き換わったかどうかはわからない。

ここ最近、古代ＤＮＡの研究が進みました。そもそもはネアンデルタールのＤＮＡが、まずヨーロッパで発掘された骨から検出された。その研究の結果として、ネアンデルタールのミトコンドリアＤＮＡは現代人とまったく違うので交雑はありえないということになった。ところが最近は、ミトコンドリアだけではなく核ＤＮＡも検出できるようになった。その結果として、シベリアで発見されたネアンデルタールのＤＮＡの一部は、現代人にある程度は受け継がれている可能性が出てきました。つまり交雑はあった。特にアジアにおいてその可能性は高い」

＊　現在は、二〇一七年に調査結果がまとめられた石垣島の「白保竿根田原洞穴遺跡」の人骨が二万七〇〇〇年前のものと推定され、国内最古といわれる。

「つい数年前にテレビで、ネアンデルタールは現生人類の祖先と交雑しなかったと説明されていたのですが……」

小船井のこの質問に、諏訪は少しだけ困ったように苦笑する。

「テレビ番組は断言しなければいけないから、あったとかなかったなどと、とても安易に言ってしまうのです。今は急激に、「特にアジアでは交雑はいろいろあった」という説が、有力になっています。ならば日本人の起源論も、いろいろ複雑になりますね」

私たちの持つ、たった一つのアドバンテージ

そう言ってから諏訪は沈黙した。「テレビ番組は断言しなければいけないから」とのフレーズは、先ほどの「今の時代は、どんどん早い答えを求める」とのフレーズに呼応する。メディアによって事象や現象は単純化や簡略化を余儀なくされる。そのほうが人々に歓迎されるからだ。つまり市場原理。こうして発達したメディアによって、あらゆる事象や現象は矮小化される。考古学や歴史認識だってそうしたバイアスから無縁ではいられない。だからあらためて思う。そんな時代に「人はどこから来てどこへ行くのか。そして何ものなのか」を大真面目に考えることに、どれほどの意味があるのだろうかと。

この三つの命題のどれか一つを（あるいは三つすべてを）、あなたは誰かに質問したとする。その「誰か」とは文字どおり誰かだ。妻でもいいし夫でもいい。両親でもいいし友人でもいい。会社の上司でも取引先の担当でもいい。もし可能ならば、通りすがりの誰かでもいい。

おそらくは誰もが、この質問を発したあなたに、まずは質問の意味を訊き返し（あなたは「言葉そのままだよ」と言うしかない）、それから首をひねり、「何でそんなこと訊くの？」とか「わからないよ」とか「疲れているんだね」などと答えるはずだ。あるいは「何ものか」については「人間だよ」とか「ホモ・サピエンスじゃないか」などと答える誰かがいるかもしれない。「どこから来たのか」については「家から来たよ」とか「お袋の腹の中」とか「いまトイレから出てきたところだ」などとふざける誰かがいるかもしれない。「どこへ行くのか」については、「家に帰るさ」や「いずれ墓の下だよ」などとむっとしたように答えられるかもしれない。

いずれにせよ、あなたが満足できるような答えが返ってくる可能性はまずない。だからあなたは考える。自分はどのような答えを期待していたのだろう。どのような答えなら満足するのだろう。

原始宗教的な答えなら、「混沌とした世界から地上に現れて、また混沌へと戻ります」などになるだろう。一神教的な宗教なら「天界から地上に送られて誕生し、死後は裁きの日まで眠り続ける」などの答えが用意されているかもしれない。ちなみに「ヨハネによる福音書第八章一四節」では、パリサイ人からの糾弾に対してナザレのイエスは、「私の証しは真実である。なぜなら、私はどこから来たか、またどこへ行くかを知っているからである。しかしあなたがたは、私がどこから来たか、またどこへ行くかを知らない」と答えている。もしもブッダに訊ねれば、「すべてのものは互いに関わり合いながら移ろいゆく。そして決して同じままではいられない。それはあなたも例外ではない」などと、静かに教えを説くのかもしれない。

多少は納得する。でも多少だ。得心とまではとてもゆかない。イエスの答えはずるい。結局は答えていない。ブッダも同様だ。明確な回答を避けている（もちろん避けることが本質なのかもしれないが）。あなたは曖昧にうなずく。うーむと唸る。そしてまた考える。自分は何ものなのか。自分はどこから来たのか。そして死後はどうなるのか。この宇宙はなぜ始まったのか。始まる前はどんな状態だったのか。そしてやがてどのように終焉するのか。その後に何が起きるのか。そのときに自分という主体はどこにいるのか。あるいはどこにもいないのか、いるとしたら何をしているのか。意識はあるのか。そもそも意識とは何なのか。なぜ自分は今ここにいるのか。自分が死んだあとも世界は存続するのか。自分が生まれる前も存在していたのか。世界は一つしかないのか。

……疑問は次から次へと連鎖しながら果てしなく続く。気がつけばそろそろ夕食の時間だ。あなたは考えることをやめる。どうせ答えなど見つかるはずがないのだ。それよりも今日は何を食べよう。昨日はハンバーグだったから今日は魚がいいな。そういえば今年はまだサンマの塩焼きを食べていない。ならばビールが必要だ。買い置きはあっただろうか。ヨーカドーのクーポン券があったはずだ。

こうして僕やあなたは思索をやめる。歴史に名を残す哲学者や思想家たちも考えてきた。ゴットフリート・ライプニッツは完璧な神の存在を前提にした。イマヌエル・カントはこれを批判して、哲学者はこうした議論を抑制すべきであると主張した。ベルクソンは「ない」状態がそもそも存在しないのだと再び議論を提唱し、思索はハイデガーやウィトゲンシュタインに引き継がれる。

でも今に至るまで、僕やあなたが納得できるようなレベルで明確な答えは見つからない。これは永遠の命題なのだろう。言いかえれば不可知論だ。ならば今さら僕やあなたが考えたところで、答えが出る可能性など万に一つもない。

ただし今、これを書く僕や読むあなたには、歴史に名を残す哲学者や思想家よりも、大きなアドバンテージが一つだけある。

科学の進歩だ。

特に二〇世紀以降、相対論や量子論の発見とコンピュータによる膨大な演算や観察への貢献を両輪として、科学は急激に進歩した。宇宙はどのように誕生したのか。そしてどのように終焉するのか。いまはどのような構造なのか。これらの命題については、いくつかの仮説が提唱されている。仮説ではあるけれど、大きくは外れていないと考えられている。

物理学や天文学、生物学や地球科学などの自然科学だけではない。脳生理学や遺伝子工学、あるいは認知心理学、それぞれの進歩も一昔前とは比較にならない。だからこそ最先端の科学者や識者に「人はどこから来てどこへ行くのか。そして何ものなのか」をぶつければ、新たな知見や視点が呈示されるかもしれない。例えば東大のカブリ数物連携宇宙研究機構や情報学環の発想にあるように、脳科学と量子論、あるいは遺伝子工学に宗教論など、まったく異質のジャンルの知見や視点を重ね合わせることで、これらの大命題に対する解答を、新たな描線で明示することができるかもしれない。ならば試したい。僕自身の力量や知識はともかくとしても、試すだけの価値は充分にあるはずだ。

この連載はそのようにして始まった。インタビューが始まったのは昼過ぎの時間帯だったけれど、研究室の窓から見える日差しは、気がつけばかなり傾きかけている。ラミダス猿人のレプリカを手にしながら、諏訪は静かに言った。

フローレス原人の衝撃

「最近の新たな発見については、フローレス原人（ホモ・フローレシエンシス）の存在もあります。あれも衝撃でした。今のところその起源については、原人みたいなものが小型化したのか、アウストラロピテクス段階での生き残りなのか、いろいろな説があります」

二〇〇三年にインドネシアのフローレス島で発見されたフローレス原人のニュースは、確かに衝撃的だった。身長は一メートル前後。ほとんど神話か伝説に登場する生きもののようだ。しかも約一万二〇〇〇年前*まで生息していたという。考古学的にはつい最近だ。中央アフリカの熱帯雨林地域には今もピグミーがいくつかの部族に分かれながら生活しているが、彼らにしても身長は一五〇センチ前後だから、フローレス原人よりはかなり大きい。

これほどに小さな原人が誕生した理由については、諏訪が言ったようにさまざまな説がある。最も有力な説は島嶼矮化（とうしょわいか）（孤立した島で生息する動物に起きる身体の矮小化）

＊　二〇一六年に科学誌『ネイチャー』に掲載された研究によれば、五万年前までと推定される。

だが、これも現在では定説ではない。コモドドラゴンのように逆に巨大化した例もある。体格的には大型のチンパンジーよりも小さいフローレス原人は、火を使っていた痕跡も発見されており、かなりの知能があったと考えられている。

現地では今も、エブ・ゴゴと呼ばれる小さな洞窟人の伝説があり、小人を目撃したという体験談も数多く報告されているという。

ここで話は逸れる。一寸法師に親指姫、コロボックルやドワーフなどの小人譚は、まさしく世界中に残されている。オカルトや都市伝説的なジャンルにおいても、小人を目撃したとの話は決して少なくない。そしてフローレス島でも、エブ・ゴゴと呼ばれる小さな洞窟人の伝説があり、小人を見たとの証言は数多くある。

もちろん小人の目撃談は、視覚細胞や視覚領域野における何らかのバグがもたらした現象なのだろうとは思う。臨死体験と同じように世界共通の要素があるから、無意識領域におけるユング的解釈も可能かもしれない。

フローレス原人が今も生存している可能性は低い。低いどころかまずありえない。一笑にふされてもおかしくない。でも彼らの痕跡が発見されたのは、つい最近だ。ならばこれからも、新たな事実が発見される可能性はないとはいえない。科学史を少し繙（ひもと）くだけで、旧いレジームへの拘泥と硬直がその後の発見にバイアスをかけ続けてきた事例は、いくらでも見つかる。警戒すべきは「絶対にある」や「あるはずはない」などの断定だ。

私たちは偶然のたまもの以外の何ものでもない

「新しい知見や発見があればあるほど、新たな未知の不可思議な領域が増えてくる。そのひとつが人間原理です」

僕は言った。そろそろインタビューを終わりにするつもりだった。ならばこれだけは最後に訊いておかないと。

「特に近年、科学が発達すればするほど、あるいは調べれば調べるほど、発見されたさまざまな物理定数や自然法則の多くが、実は人間にとってとても都合がよいことが明らかになってきました。あたかもある意図があって、この地球に生命が生まれやすいように、あるいは現生人類にまで進化しやすいように、世界を設計したとの考えかたです。ある意味でオカルトであり、宗教とも結びつきやすい。でも最先端にいればいるほど、科学者たちはこの疑念を持ちやすいと聞いています。諏訪さんはどうですか。確かに偶然にしてはあまりに都合が良すぎると思うことはないですか」

腕を組んで諏訪は考え込んだ。答えに詰まったということではなく、どのような言葉を使えばいいだろうかと考えているように見えた。

「……私は逆に、偶然と偶然の重ね合わせでいいのではないかと思います。きわめて希有な確率ではあっても、やはり偶然だと思っています。それこそラミダスからステップワイズに見ていくと、それぞれ偶然の積み重ねで、決しておかしくはないはずです」

「この経緯をずっと見ていくと、逆に説得性があるということですか。つまり不思議ではない」

「そうですね。例えば熱帯林が縮小・分断していく過程で、旧世界ザル類は頬袋や胃が複雑になりながら、より効率の良い果実食的な雑食ができるようになった。そこで彼らと対抗するためにチンパンジーは樹冠（じゅかん）と地上とを往復しながら、熟れた果実を採取するためにテリトリーを守るようになった。その結果として攻撃性が強くなる。ラミダスはラミダスで雑食を求められる環境に進出したから、フードシェアリングを雄雌間ですることが淘汰のうえで有利になった。そういうニッチへ進んだのが、やがて人類になる。一〇〇〇万年前から五〇〇〇万年前の間のアフリカの気候変動と環境変動のなかで、寿命が長くて繁殖効率の悪い大型類人猿が、旧世界ザルに対抗して、新しいニッチを自らつくっていった。一つがチンパンジー、一つがゴリラ、一つが人類。いろいろ考証すれば、そんな構図が見えてきます。そういう意味では、偶然と偶然の重ねあわせで現在があり、我々は偶然のたまもの以外の何ものでもなく、だからこそこれほど楽しく、いろいろなことができるようになったのだと思います」

「……つまり、今の自分がここに存在していることは、きわめて稀な偶然の集積によるという感覚と解釈していいですか」

「そうですね」

「その偶然に僕は不自然さを感じてしまうのだけど、最先端の現場にいる諏訪さんは、その偶然に必然を感じるということですね。ただ、今のこの僕たちが、もちろん最終形ではないですよね」

「そうですね。進化は永遠に続きますから」

「ならば質問のベクトルを変えます。この後はどうなるのでしょう」

「それはたまに訊かれるのですが、何ともそのあたりは私にはよくわかりません」

「人類は進化を重ね、文明は急激に進歩し、宇宙の構造や成りたちにまで考察は広がっています。ヒトゲノムの解析や遺伝子工学も進み、原子力から電気を発生させることまで実用化しています。でもその原子力利用が大きな転換点を迎えたことが示すように、今は大きなターニングポイントに来ているのかもしれない。ニッチ論的に言えば、人類はこれからどこへ向かうとお考えですか」

「すごく心配ですね。今は変化が速すぎるのです。今までのニッチ的な発想で言えば、環境の変化に生きものたちが付き合いながら、違うニッチに適応するために、自分たちで努力して、世代を重ねながら、遺伝的進化を成し遂げてきた。

その変化はとてもゆっくりです。しかし、人類をめぐる環境の変化は、近年はとてつもない速さになっています。少し前につくられたコンピュータは、もう最先端の現場ではほとんど役に立たないような状況です。どのニッチを目指すべきなのか試行錯誤する。あるいはトライ&エラーを繰り返す。そういうクッションを置くタイムスパンがまったくない。これは地球における生物進化が、初めて直面した状況です。だから予想できない。非常に怖い気がします。

もう無理なのかもしれませんが、もう少しスローな生き方、スローな社会にしたほうがいいのではと感じます。最も怖いのはニッチの暴走です。科学技術は発展させながらも、ニッチを制御不能なものにするのではなく、常に制御することを意識する、ということかなと思います」

「最後にもう一つだけ。人間とほかの動物との最大の違いは、自分の死を明晰に意識しているかしていないかの差異に由来するのではと考えています。その仮説を前提に置きながら、自分はいつか死ぬのだということを、人類はいつ認識し始めたのでしょうか」

「実際の証拠としてかなり揃っているのは、新人段階になってからです。精神活動ですから、その証拠をどのように評価するかは難しい。少なくとも埋葬は、新人及びネアンデルタール以降ということになりますね。それ以前、つまり原人及び多くの旧人段階では、埋葬した痕跡は発見されていませんから、はっきりした死の概念はなかったと考えていいかもしれません」

僕は窓の外を見る。日はさらに傾いている。そろそろお暇せねば。約束の時間を大幅に過ぎている。

最後に「死」について、専門外の諏訪にあえて訊ねた理由は、この連載にとって大きなキーワードになるのでは、との予感が働いたからだ。もう少し掘り下げたい。いずれ、「死と生」については、誰かととことん話し合うことになるだろう。

礼を言って研究棟を出る僕と小船井を、諏訪は玄関まで見送ってくれた。初夏の涼しい風が、頬や首筋を静かに撫で過ぎる。「この近くでビールを飲みたい気分だね」とつぶやけば、小船井も嬉しそうにうなずいた。

第3章

進化とはどういうものか

長谷川寿一（進化生態学者）に訊く

変異・競争・遺伝の組み合わせで進化が生じる

「僕自身の関心は、進化というものを軸にして人間というものについて理解することで、大学の授業でも人間の心や行動の進化を教えています。そのベースとなる「進化とはなにか」ということについて、授業でも最初の二〜三回を使って説明しています。というのは、今の日本の中等教育や高等教育では、進化をきちんと教えていないからなんです」

　東京大学副学長室で長谷川寿一（はせがわとしかず）は、名刺交換を終えると同時に僕が発した「長谷川さんは進化について、基本的にはどのように捉えて、今はどんな思いで接されていますか」との問いに（絶句したくなるくらいに乱暴な質問だ）、少しだけ考えてから、まずはこう答えた。

「しかもダーウィン的な進化については、彼らはこれまでほとんど教えられていません。今の生物教育が、分子生物学とか細胞や発生というミクロレベルの方向に、過度に比重をおいているからです。つまり「仕組みについての生物学」です。それはそれで確かに非常に重要ですけれど、それだけでは生物全体を理解することはできない。そのような仕組みがなぜ、どうして進化してきたのかを知る必要がある。

ダーウィンは、「生物がどのように変遷していくのか」と「どこから来てどうなるのか」ということを明らかにしています。基本的には同じ生物種——最近では種という概念が非常にファジーになっていると思いますが——、交配可能な個体群のなかで個体に注目してみると、すごく変異がある。ここにいる三人だけでも、同じヒトなのに全然違う。その形質をめぐって、いろんな次元で、生き残るうえで、遺伝的な違いが生き残りの差に影響するということをダーウィンは言っている。それが遺伝することによって、あるものは残り、あるものは振り落とされるという漸進的な積み重ねで、適応的な形質が変化する。

変異があること、競争があること、遺伝するということ。進化とはそれらの組み合わせで生じます。ある集団のなかで遺伝的な形質が変化していくことによって、種分化が生じるということをダーウィンは発見して、それを『種の起源』——学会発表は一八五八年で本は一八五九年ですけど——で発表した。でも自然淘汰だけでは説明しきれない部分もいろいろあるということで、ダーウィンは自分の理論をどんどん拡張していくわけです。その一つが性淘汰や利他行動の部分です。

ですから人間について考えるなら、自然淘汰説の考え方をベースにしつつも、その後に展開したさまざまな議論や発見を総合させて、人間の心の行動の進化も含めて解き明かしたい、というのが僕の基本的な立場になります。

だから(この連載のタイトルである)「私たちはどこから来て、どこへ行くのか。そして何ものなのか」は、じつは僕も授業でよく使うんです。誰もが古来から抱いてきたこの問いに対して、ダーウィンも科学的に取り組もうとしたわけですね。それはすごく先駆的なアイディアに満ちています。だけど現代では、ダーウィンが当時知らなかったさまざまな方法論を僕らは手にしているわけです。それらを踏まえながらダーウィンのアイディアの原点に立ち戻りつつ、古いテーマを蘇らせる、そういう仕事を僕自身はやってきたつもりです」

「長谷川さんはそもそも動物行動学ですよね」

「そこから入りました。心理学で動物研究というと、パブロフとかスキナーとか条件付けの学習研究が中心です。でもこれらの手法では、例えばバイオレンスとかセックスとか協力とか道徳行動などを説明しきれないんです。だからダーウィン的なアプローチにもとづく動物行動研究を通じて、人間行動研究にシフトした。それがこれまでの経緯です」

「学校教育で進化があまり積極的にとりあげられない理由は何でしょう?」

「特にアメリカの場合はキリスト教との関わりがあるので、進化の教育においては非常に特殊な部分があるんです。でもそれを差し引いても、欧米での標準的な教科書での進化学教育というのは、日本ではあまり広がらなかった。例えば今西錦司先生などは、

「ダーウィンの進化論では還元主義が強すぎて生物はわからない」ということを主張されている。

他にもいろいろ主張があって、進化科学というよりは進化思想とか現代思想のレベルでいろんな議論があった。本来、進化理論は共通なはずですが、誰もが個別の進化論を語りうるみたいな状況がありました。

でも一九七〇年代ぐらいから、従来の進化論と遺伝学が融合して、ドーキンスやエドワード・オズボーン・ウィルソンがかなり精緻な議論を行い、遺伝子レベルでの淘汰が個体の行動を考えるうえでも基本的にはベースになるとの考えが主流になりました。これが総合説です。

その頃の僕は霊長類の研究をしていました。博士論文のテーマも、行動生態学や社会生物学の観点から、チンパンジーの社会や配偶関係の解析をすることでした。ダーウィン的なアプローチを採ることによって、チンパンジーも人間も昆虫も同じ生物であるとのスタンスで、それぞれの生物の固有の行動を共通原理で研究できるようになりました。それが大学院から助手の時代です。

海外の研究者との出会いもありました。「ヒトと動物における子殺しと虐待というワークショップがあるから来ないか?」と声をかけてもらい、シチリアにある小さな修道院を改装した国際カンファレンスセンターで一週間、三〇人ぐらいの研究者が缶詰めになって朝から晩まで議論する場に参加しました。このときにマーティン・デイリーとマーゴ・ウィルソンに出会います。二人は人間行動進化学の創始者です。彼らから誘われた学会に妻の(長谷川)眞理子と毎年通うようになりました。これが今まで参加していた学会とはガラッと変わっていて……」

そう言いながら長谷川は微笑を浮かべている。おそらくそのときの光景を思い起こしているのだろう。

「とにかくビックリしました。隣には霊長類学者がいて、その隣に鳥類学者がいて、向かいの席には歴史学者がいて、その隣には言語学者がいて……という具合に、普通は絶対に同席しないような人たちが一堂に会して議論している。ダーウィンの赤い糸につながれているようでした。

この時期の私はクジャクの繁殖行動について研究していましたが、人間のいろんな側面について、同じ軸で違う分野の人が一堂に会して語ることがすごく刺激的で面白かった。当時の日本ではそういう研究はほとんど紹介されていなかったので、伝道師というか宣教師になりましょう、ということで研究会を組織して、少しずつ仲間が増えて、人間行動進化学や進化心理学という言葉を国内に広げていったんです」

長谷川寿一と眞理子は、日本における人間行動進化学や進化心理学のパイオニアだ。おそらくは公私にわたるパートナーであったことも、二人の研究が大きく成果を上げた要因の一つだろう。喩えればジョンとヨーコ。ダリとガラ。異なる二つの個性（♂と♀であることもポイントだ）が接触して新たな領域を開拓する。

「僕は心理学者なので人間の心の研究についてはひと通りわかります。彼女は人類学者ですから、生物学的な人間科学についてわかっていました。そしてベースとなるプラットフォームは共有できている。いろんな動物に興味があるのも同じでした。人間あるいは人間性を、伝統的な人文社会科学の視点だけではなく、生物学、自然科学、進化学といったアプローチから研究して、それを社会科学や人文科学の知識とドッキングさせる、それは面白いですよと学生に伝えてきました」

ジャンルのクロスオーヴァーによる摩擦と軋み

ここまでの話を聞きながら、とにかくジャンルをクロスオーヴァーさせることに、長谷川は知的興奮を覚えるのだと気がついた。そしてそのスタンスは、現在の自然科学におけるメインストリームであり、あらゆるジャンルが総合的に融合するダーウィニズムの本質そのものでもある。

でもだからこそ、自然淘汰を最重要な原理とするダーウィニズムは、社会の近代化と共に社会学的に援用されて、優生思想や差別や格差を肯定する思想に結び付いたとの批判もある。あるいは宗教との相克もある。クロスオーヴァーであるからこそ、摩擦や軋みは大きくなる。僕のその質問に、長谷川は大きくうなずいた。

「例えば宗教と進化論については、……先ほど言ったアメリカも実はひとくちに言えなくて、西海岸と東海岸とは違いますね。具体的に言えば、(アメリカの) 真ん中あたりは保守派のキリスト教の影響が非常に強いところですから、「ダーウィンの進化論だけを教えるのはおかしい、創造説も同じように教えるべきだ」という議論が絶えません。中絶論争と同じように非常に強い反発が起きることもしばしばです」

「もちろんダーウィン自身も自説を発表するときには、信仰とのあいだに摩擦が起きることは予期していましたよね」

「その通りです。『種の起源』を上梓するとき、彼の悩みは本当に大きくて、その直前に北イングランドにこもって荒野をさまよって、自分はこの本を出したらどんなふうに世間から扱われるのだろうかと散々悩んだわけです。批判のやり玉に挙げられることは重々承知していた。ですから、『種の起源』の中でダーウィン自身は、人間については進化の言葉で語られる日がやがて来るであろうとしか書いていないんですよね。

それから一〇年ぐらいのあいだに、自然淘汰では説明できない現象についての考察をダーウィンは進めました。その一つは性淘汰です。クジャクの羽に代表されるような、生存競争においては、あんなものがあったら目立って飛びにくくて襲われやすくなるはずなのに、どうして進化するんだろうかと。当初は「クジャクを見るたびに気分が悪くなる」とダーウィンも書いているぐらいです。それから何と言っても、広く動物界に見られる利他行動ですね。「なぜ自分の命を落としてでも相手を助けるのだろうか」、自然淘汰では説明できないというのが大元にあります。

彼は本当にこまめと言いますか、データをきちんと揃えることに労を惜しまない。彼が集めた博物誌の記述は、ものすごく膨大で多岐にわたっています。だから性淘汰の本も書き始めるとどんどん長くなってしまって、最終的には（人の）表情の進化については、別の本にせざるを得ませんでした」

「進化論に対するもう一つの批判である社会ダーウィニズムについて、長谷川さんはどうお考えになりますか？」

「当時は産業革命のまっただ中で資本主義の隆盛期で、それに対するアンチテーゼとして社会主義も出てきたわけです。競争原理を強調するダーウィニズムは資本主義を正当化するときは非常に都合のいい根拠になりますから、それでああいう考え方も広がったんだと思います。

社会改良家も社会進化論を標榜したし、人種差別主義者の理論的背景にも使われてナチの優生主義の根拠になります。だから社会科学者は未だに、ダーウィニズムに対して強い抵抗感を示していると思います」

「かつてそうであったことは知っています。でもアカデミズムにおいてさえ、その抵抗感は未だに根強いのですか」

「そうだと思います。一九七〇年代にウィルソンが『社会生物学』(一九七五年初版/邦訳:新思索社、一九九九年)を発表したときに、アメリカ科学振興協会の基調講演で差別主義者だと水をかけられたという話は有名です。今はさすがに少なくなりましたけど、社会科学の人からは、生物学的決定論と見られることが、特に九〇年代までは多かったように思います。僕らは全然決定論とは思っていないんですけれど。

進化学がきちんと生物学の中心に戻ってきたのは、やっぱり総合説以降ですね。遺伝学とオーガニズミックバイオロジーといいますけど、生態学とか集団レベルの生物学とかが融合し、ミクロの研究とマクロの研究がドッキングすることによって、遺伝と進化は不可分であることがハッキリとわかってきました」

レミングは集団自殺をしているのではない

言ってから長谷川は卓の上に置かれたお茶を口に運ぶ。僕は少し話の向きを変えようと考えて、「子供時代にレミングの自殺について書かれた本を読みました」と言った。「あれはすごくショッキングでした」

僕のこの言葉に、長谷川は愉快そうに笑う。「僕も授業で、YouTubeを使ってその映像を見せるんです」

「YouTubeにレミングの集団自殺の映像があるんですか。でもあれはフィクションですよね」

「あれはディズニー（の映像）です。崖の上から人為的に落としているんですよ」

ああなるほど。まあディズニーでなくてもやりかねない。特に動物や虫を撮るドキュメンタリーにおいては、作為的なモンタージュ（編集）や仕込みは、昔からまったく当たり前のように行われていた。

レミングの集団自殺以外の例を挙げよう。タカが獲物である野ネズミを捕らえるまでの映像だ。まずは獲物を狙うタカの顔がアップになる。次は地面でのんびりと餌を探す野ネズミ。再びタカの顔。何かを見つけたようだ。次の瞬間には飛び立つ。でも地面では、野ネズミは相変わらずエサ探しに余念がない。空を滑空するタカの映像。急降下を始める。上空の気配に気づく野ネズミ。あわてて穴の中に逃げ込もうとするが、次の瞬間、タカの爪ががっしりと背中に食い込んでいる。

……ここまでの展開で、実際にこうした状況があってそれを撮影した映像であることはまずありえない。だってそれは一台のカメラでは不可能だ。ならば二台を同時に回せばいいのか。それもまずありえない。特に昔の撮影はビデオではなくフィルムが主体だから、そんな無駄使いはしないし機動力もない。カメラは一台だ。こうした編集の場合は、複数のタカと野ネズミが被写体になっていることは間違いない。つまり別の場所で撮られた映像を編集でまとめているのだ。

音もそうだ。野生動物のドキュメンタリーの場合、基本的に望遠が当たり前だから、音はまず録れない。だから(鳴き声なども含めて)ほぼすべて後付けだと思ったほうがいい。

動物や虫を撮るドキュメンタリストのほとんどは、この作業にまったく後ろめたさを感じないはずだ。なぜなら実際にタカは大空を滑空して急降下で野ネズミを捕らえている。あとはそれをどのように再現するかだ。そして実のところこの手法は、決して動物や虫を撮るときだけの話ではない。テレビなどで放送される普通のドキュメンタリーでも、こうした作為や意図は当たり前のように入り込んでいる。

ただしレミングの場合は再現とは違う。彼らは実際のところ集団自殺などしない。これは真実を伝えるための表現の嘘ではなく、思い込みの恣意的な再現だ。長谷川が言った。

「そうやってビューティフルなストーリーをつくるわけですね」

「あの刷り込みの影響は大きいです」

「大きいですよね。ならば(国家のために自分が犠牲になる)戦争も当然かなって思いたくなりますよね。恐ろしいです。個体数が増えて飽和したときにレミングは大量移動をして、その時にリスキーな地形だと、確かに事故や災難が起きるわけです。そこだけ取り上げれば、あえて種のために死んでいくように見えちゃうけど、実際は新しい環境に向かってチャレンジしている過程なんです」

「人以外の生きもので、種のために自分を犠牲にするという行為はありえないと思っていいのでしょうか」

「種の定義によりますが、ないと言っていいと思います。例えばミツバチは巣を守るためにスズメバチに立ち向かって殺されるけれど、それは血縁淘汰説で説明可能です。ならば集団淘汰や群淘汰が絶対起こらないかというと、ある一定の条件が満たされれば群淘汰も起こりうるという理論もあります。人間行動に関しては、やはり群淘汰が働いているという側面もあるでしょう。僕も一概に全部ないとは思わないです。でも仮に種のために自ら命を落とす個体がいたとしても、自然淘汰ですぐにいなくなってしまいます。ならば次世代を残せないわけです」

「『利己的遺伝子』についてはどうお考えですか」

「初めてドーキンスの本を読んだときは、やっぱり目からうろこでしたね。『こういう考えかたがあるのか』と思うと同時に、あまりにキレイすぎる考えかただなと思ったことを覚えています。二〇代後半の自分にとっては、とても刺激的でした。

そのときに受けた考えかたは、今でも僕のベースです。けれども、それと同時に、あるいはそれにもかかわらず、動物の社会性だとか協力行動だとか、あるいはもっといえば他者に対する思いやりであるとか、そういう(利己的ではない属性)が進化してきたことも確かですから。協力の進化ということです。これは二〇〇〇年代に入ってからの人間行動進化学の中心的な研究課題だと言っていいと思います」

うーん。僕は首をかしげる。どうもすっきりしない。利己的遺伝子の仮説で生きものの利他行動は説明できるのだろうか。その質問に対して、長谷川はしばらく沈黙した。

ドーキンスとグールドの遺伝子をめぐる論争

これまでのインタビューでは、僕は必ずのように、ドーキンスについてはどう思うかと訊ねている。理由は単純だ。彼が提唱する利己的遺伝子論をどう解釈するかで、その人の思想や方向性が、何となくわかるような気がするからだ。

リチャード・ドーキンスが一九七六年に発表した『利己的な遺伝子』(邦訳：紀伊國屋書店、二〇〇六年他)は世界的な大ベストセラーとなって、「生物は遺伝子によって利用される〝乗りもの〟にすぎない」という表現は、多くの人に衝撃と影響を与えた。

ただしこのフレーズがあまりに広まりすぎたため、人間は遺伝子を運ぶためだけにプログラミングされた機械的な存在であるなど、相当に短絡的な解釈を誘発したことは確かだし、その後に展開されたドーキンスとスティーヴン・ジェイ・グールドとの論争が示すように、風当たりや批判も決して少なくはない。

ここで二人の論争についての詳細を言及するほどの紙幅はないが、進化を利己的な自然淘汰とまとめるドーキンスに対してグールドは、「進化には偶発的な自然淘汰も含まれていて、遺伝子は個体だけではなく群や種の系統に対しても影響を与えている（あるいは与えられている）」と主張した。要約すれば、科学的合理性やゲーム的な解釈だけで進化を描写すべきではないとグールドは考え、これに対してドーキンスは、科学者が議論すべきは科学で説明できることだけにすべきとの立場を主張した。

熱烈な無神論者で反宗教主義者でもあるドーキンスは、二〇〇六年に『神は妄想である――宗教との決別』を発表し、またも世界的なベストセラーとなっている。科学的精神こそが自然を解明するうえで至上のルールであり、あらゆる宗教は（科学に対しては）邪悪で有害なものとまで言い切るドーキンスは、そうした精神を持たなければアルカイダの行った同時多発テロまでも否定できなくなるとの論理を、この著書においては展開している（僕はまったく同意できないが）。

もしもドーキンスに、「人はどこから来てどこへ行くのか」と訊いたなら、「どこからも来ていないし、どこへも行かない」とあっさりと答えるだろう。その発想自体が非科学的であって、考える意味すらないと叱責されるかもしれない。

利他行動も「利己的遺伝子」で説明できるか

そのドーキンスを自分の考えかたのベースであると言いながら長谷川は、ならば利他行動も利己的遺伝子から説明できるのかとの僕の問いに数秒だけ沈黙してから、「そこのところは微妙で……」とつぶやいた。

「もしも他の個体と協力的な遺伝子があって結果としてのWin-Winになるのであれば、その協力行動は進化します。あるいは協力が結局は搾取されてしまうのならば、そんな行動は残らない。

協力行動の進化理論に関しては、伝統的には「血縁者は助けよう」との血縁淘汰があげられます。さらに七〇年代には、非血縁で一時的にはどちらかが搾取されるだけの場合であっても、将来には大きなお返しがあって結局はWin-Winになる場合には、互恵的な利他行動がなされているとの理論が提案されました」

「血縁が近い場合には遺伝子も近いから、利他行動にはある程度の合理性がある。でも血縁関係もないのに利他行動する場合には、現在ではなくて将来的に利益を受けることを期待しての行動だと考えればよいですか」

「そうです。一九七一年にロバート・トリヴァース（アメリカの進化生物学者）が「互恵的な利他行動」を提唱して、二者間の持ちつ持たれつの関係を説きました。これは、人間の友情の機能も説明するんです。友情が高まれば高まるほど両者は互いに助け合って、結果としてＷｉｎ‐Ｗｉｎになる。でも二人だけの関係ならば社会全体には広がらない。ならばなぜ利他行動は進化するのか。

これに対しての有力な説明概念が、間接互恵性という考えです。つまり「情けは人のためならず」ですね。良きふるまいをすることが、社会的なシグナルになっているとの考えです。ある人に僕が良いふるまいをしたとする。それだけでは当然損なわけですけど、そこに「良い人フラッグ」が立ったとする。その評判が巡り巡って多くの人から協力者として選ばれるならば、その人は最終的には得をすることができるわけです」

長谷川のこの説明については、少し補足が必要だろう。というのも、「情けは人のためならず」を、「情けはかえってその人のためにならない」とか、「情けはその人にとって仇（あだ）になる」などと解釈する人が多いからだ。文科省の統計では半数以上の人がこう思っているらしいが、このことわざの本当の意味は、「情けは人のためではなく、いずれは巡って自分に返ってくるのであるから、誰にでも親切にしておいたほうが良い」が正しい。つまり間接互恵性とは、誰かに対する利他行動が直接には報われなくても、その行為が回りまわって別の他者から報われるという理論だ。

ならば他者に対して利他的にふるまうことは、結果的に利己的にふるまうよりも、自らに有利な帰結をもたらす合理的な選択となる。ＡがＢに対して利他的にふるまったとき、そのＡの行動を知った第三者であるＣが、Ａに対して利他的にふるまい、結果的にはＡの利他行動は報われる。第三者は複数の可能性があるから、その場合はより大きな益が返ってくる。

とここまで書きながら、この発想はある意味でマルチ商法的だと気がついた。現実社会では非合法ぎりぎりだけど、遺伝子にはもちろんそんな逡巡はない。徹底して数学的であり、利己的であるがゆえの利他行動だ。その意味ではドーキンスは揺るがない。ただしこの互恵性が成り立つためには、利他的な者を利する環境が実現されていることが前提だ。もしも利己主義者ばかりの社会であるならば、他者に為した益が回りまわって自分に報われる前に消えてしまうからだ。長谷川が言った。

「そのときのフラッグがニセの信号の場合、つまり良い人のフリだったりする場合がある。結局は搾取することしかしない。そういう人をどうやって見極めるかといった研究があります」

「それはもう進化生物学ではなく、範疇としては人間行動学のような気がします。それにその方向で進化が進んできたことを前提にするのであれば、人類は将来的に、悪を見抜く力がさらに身についてくると考えてよいのでしょうか」

「ホモ属が誕生してからの二〇〇万年という期間にわたって、人類はコミュニティベースの助け合いを営みの基本とする霊長類に進化しました。僕自身はかつてチンパンジーを研究していましたけど、ヒトはチンパンジーとは明らかに異次元の霊長類になっている。そのベースにあるのは他者への協力、それから他者への理解、そして他者への共感とかですね。ですから「(悪を見抜く力が)さらに身についてくる」というよりは、むしろ過去二〇〇万年の間に、僕らはそういう性質を身につけてきたと考えたほうがいい。ロビン・ダンバー(英国の人類学者)は、コミュニティベースの営みを約一五〇人規模で想定しています」

「群れの理想的な単位ですね」

「そうした規模の伝統社会(トラディショナルソサエティ)では、他者への思いやりや他者に対する見極めは非常にうまく機能しています。しかし一万年くらい前から、人類の進化は別のステージに入ります。文明が生じ、テクノロジーによって新しい環境ができて、もはや僕らはトラディショナルソサエティに住んでいない。地域コミュニティには部分的に残されているけれど、一般的なビジネス社会などでは、伝統的な社会で培われた善意や人への信頼だけでは機能しなくなり、制度や明文化された契約や規範、法、制度を使うしかない」

「つまり人類は文明を手に入れたことで、本来の進化に新たな変数を、とてもたくさん入れてしまった」

「はい。人間の本性として、仲良く暮らすというベースを、私たちは自ずと備えている。でもかつてとは違う次元に入ってしまっているので、この先どうなるかは予測がつきません。「私たちはどこから来たか」（あるいは私たちは何ものか）とのテーゼに関して、進化学をやっている人たちは、伝統社会における相互扶助の中で、人間の心の基本はつくられてきたと考えています。けれども、進化的な環境と現代環境のズレが生じています。ならば今後は何が人間に新しい変化をもたらしつつあるのかということへの研究が、人間行動進化学の大きな課題になっています」

人間と動物の群れは何が違うのか

「少し自分の考えを話していいですか」と言ってから、「最近の日本社会について気になる動きが集団化の加速です」と僕は続けた。

「例えば同時多発テロ以降のアメリカが典型だけど、不安と恐怖を与えられたとき、人はとてもネイティブな集団化、つまり群れの属性を表し始めると僕は考えています。いや正確には、考えているというレベルではなくて、観察したうえでの結論です。

四四〇万年前に樹上から地上に降りてきた人類の祖先は、直立二足歩行を始めると同時に群れることを選択した。その帰結として人類の現在がある。ならば今のチンパンジーと人類とは、群れることを選択したかしなかったかで、分岐したのではないかとすら時おり思います。チンパンジーも群れますが、人の先祖はもっと大規模で社会的な群れをつくったのではないかと。……この考えは極端すぎるかもしれませんが」

「基本的に合っています。社会脳仮説では、脳の進化の原動力は社会性にある、というのが基本的な了解事項です」

「ただし群れる動物は他にもたくさんいます。人間とは何が違ったのでしょう。例えばアフリカのサバンナに生息するヌーは、あれほどに多くが群れるのに、結局のところ社会脳は発達しなかった」

「例えばヌーやバッファローよりは、シマウマやゾウのほうが脳は進化しています。でも確かに、人間とはコミュニケーションの質が違いますね」

そう言ってから長谷川はしばらく考える。

「ヌーの場合には、おそらく群れの仲間のほとんどを個体識別していません。周囲の多数があっちへ行くから自分も行く。皆が止まるから自分も止まる。ゾウの場合には、全員が相互に、誰が誰かをわかっています。例えば長老のゾウが持っている知恵を若い個体が頼りにするとか、子供を育てるときに誰と誰がこの子の面倒を見るかを決めている。群れの生活でお互いを個体識別して関係性を認知しているんです」

「そういえばゾウはマークテスト(鏡に映る自分を自分と認識するかどうかの自己認知テスト)をクリアしますよね。でもイヌやネコはできない」

「はい。チンパンジーはできます。ゴリラやオランウータンも、たぶんできます」

「もちろんヌーはできない。ではなぜ、ヌーは集団をつくりながら、個体識別ができるような進化をしなかったのでしょう」

「ヌーにとって集団生活をすることのメリットは、たぶん他の捕食者からの防御ぐらいです。でもゾウやオオカミや霊長類などの場合、集団でいたほうが資源獲得の上で有利になる。さらに、集団でいるほうが、繁殖成功率も上がります。つまり子育てが上手くいく。マーモセットなど新世界ザルの一部とヒトの場合、母親以外の個体が子育てに積極的に関わります。ラミダス猿人などは森林環境に棲息していたと考えられていますが、森林が寒冷化して乾燥化し、さらに対捕食者への対抗もあって群れ生活を始めた。集団で採食行動をして、集団で食べ物を分けあい、集団で子供を育てる。これは共同繁殖――コミューナルブリーディングといいます。ヒトの場合は、おそらくホモの時代に入った頃に、サバンナに出て直立二足歩行も完成して、道具も使いコミュニティの基礎ができて、互いに助け合わないことには生きていけなくなりました。

　例えばチンパンジーは他者を出し抜こうとするとき、その他者が何を考えているかということを一所懸命に見抜こうとはします。でも他者が困っているときとか苦痛を訴えているとき、その気持ちがわかるかというと、ポジティブな証拠はほとんどないんです。だからこそチンパンジーに教育はない」

「教育しないんですか」

「チンパンジーは道具を使いますよね。でも親が積極的に子供を手助けするかというと、それはしない。寿司屋の職人が「俺の背中を見て覚えろ」というような感じです。でも人間だったら、「そっちじゃない、こっちを使いなさい」「こう叩くんですよ」などとお節介なぐらいに教える。何に困っているかということがわかるから手助けする。他の生物ではほとんど見られないことです」

「チンパンジーの場合、群れの仲間が病いに伏して水が欲しいと思っていたとしても、周囲はほとんど関心を示さないと聞いたことはあります」

「関心はあるでしょうけど、手助けはしないですね。「いつもと違うなあ」ぐらいには思うでしょうけど。

足の爪のなかにスナノミというノミの一種が入ってしまい、痒くて痛がっているチンパンジーを野生状態で見たことがあります。周りの仲間が来て覗きこむけれど、治療行為や手助けはしない。興味を示すだけです。血縁の場合でもしない。もちろん、子供が欲するものを与える、ミルクを与えるとかはしますけれど」

「でもチンパンジーは食物を分配しますよね」

「はい。でも人間だったら、お父さんやお母さんはいちばんおいしいところを子供にやるじゃないですか。ところがチンパンジーは、子供が齧り取ることを許すとか、あるいは分配するとしても最後のいちばん悪いカスを与えるとか。とにかく自分が中心なんですね」

「ならばゾウはどうですか？」

「ゾウは微妙ですねえ。うちの研究室でもゾウを研究していた院生はいたんですけど、積極的な利他行動をやるというのは……。そうそう、YouTubeにドロの中に埋まった子ゾウをみんなで引き上げている動画があるんです。あれは完全に救助行動ですよね」

「チンパンジーにはできない？」

「どうでしょうか。親は助けに行くこともあるでしょうけど、いずれにしても人間ほどではありません。人間は瞬時に相手がなぜ困っているのか見抜きますが、チンパンジーは相手の表情を見抜くほどではなくて、共感もほとんど示さない」

「いずれにせよ共感は、ホモ・サピエンス、つまり人類の大きな特徴であるということですね」

「間違いないですね」

「ヌーが共感を獲得できなかった理由は、やはりコストとベネフィットの帰結と考えればいいのかな」

「人間の脳は体重のわずか二パーセントですが、一日に消費するカロリー量は二〇パーセントです。つまり神経系はとてもコストがかかる。燃費が悪い器官です。だから食生活に余裕がある動物じゃなければ、神経系は進化しない。つまりよほど条件が良くなければ、脳は進化できないんです。ならば人間はどうして、脳を進化させるだけの資源の余裕が生まれたのか。これについて僕たちは、やっぱり共同繁殖社会だからだろうと考えているわけです」

「ああ。そこに回帰するわけですね」

「チンパンジーの場合、赤ちゃんはお母さんから授乳されますけど、離乳後は自力で食べるしかない。でも人間の場合は、一〇代半ば、あるいは二〇歳を過ぎても、親の庇護を受けることができる。現代社会だけじゃなくて伝統社会でもそうです。

人間とチンパンジーの食べものを比較したとき、チンパンジーの食べもののほうがはるかにイージーなんです。つまり口に入れるまで加工する必要がない。だけどヒトの五歳の食べものは、掘り出したり調理したり解毒したりしないといけない。だから人間の五歳の子供は、自分で自分の食べものをつくることができない。けれども、共同体社会のなかでギャザリング——採集活動と狩猟活動で得られた食物資源を共同体のみんなで平等分配することを選択したわけですよね。そうすると人間の子供は自分ではなにも寄与していないのに、非常に栄養価の高いものを摂取可能になるわけです。これはチンパンジーではありえない。

脳が進化した理由には腸もあります。ヒト属では調理して消化の良い食事になった。すると腸の長さが一気に縮むんです。腸は脳と同じようにものすごくエネルギーを必要とする器官だけど、その分だけ脳に振り替えることができた。やはり人間の脳の進化は、共同体社会の中で育まれたというのが最近の考え方ですね」

群れるからこそ人の集団は暴走する

人は他者を必要とする。一人では生きられない。地域共同体に学校に会社。ＮＰＯに宗教集団に趣味のサークル。その形態は様々だけど、多くの人と繋がっているという実感を人は求める。

なぜ群れるのか。弱いからだ。樹の上から肉食獣が多くいる地上に降りてきたとき、人類の祖先は群れることを選択した。

群れる生きものは数多い。前述したヌーやトナカイやヒツジなどの草食獣、イワシやサンマやメダカなどの魚類、カモやスズメやムクドリなどの鳥類。いずれも弱い生きものだ。いつも天敵の存在に脅えている。強い動物は群れない。例えばトラやワシ、クマやフクロウ。彼らに天敵はいない。だから群れる必要がない（シャチやライオンは家族単位で集団を形成するが群れとは違う）。

人は群れることで社会脳を発達させることができた。でも群れで生きるからこそ、人は過ちを犯す。なぜなら集団は暴走する。

暴走する群れの中にいるヌーは、何のためにどこへ向かって走っているかを考えない。このときにヌーの意識にあるのは、おそらくは周囲と同じ速度で同じ方向に走ることだけだ。取り残されたらあっというまに天敵に捕食される。だから走る。必死に走る。

人とヌーは違う。でも群れが暴走を始めたとき、その行動はあまり変わらない。結局は人も走る。周囲から取り残されることは怖い。

特に日本人は、その傾向が少しだけ他の民族よりも強い。言葉にすれば一極集中に付和雷同。他者の動きをとても気にする。だからこそベストセラーが生まれやすい。

何かのきっかけで誰かが小走りになる。周囲の何人かも小走りになる。やがて多くの人が走り始める。この積み重ねで集団は少しずつ速度を上げる。なぜ走っているのかわからない。でも遅れたくないから必死に走る。こうして暴走が始まる。

集団化の帰結として人は「私」や「俺」などの一人称単数の主語をなくす。代わりに与えられるのは「我々」などの一人称複数か、「うちの会社」や「我が国」などの集合代名詞だ。つまり主語が大きくて強いものになる。だからこそ述語も連動して変わる。一人ではできないことができるような気分になる。要するに威勢が良くなる。ゆけゆけどんどんになる。集団と相性が良い日本人は、この傾向が強い。一人ではできないことが集団になるとできてしまう。

もちろん悪いことばかりではない。核兵器を二つも落とされて首都は焼け野原となった敗戦からたった十数年で、世界第二位の国民総生産をこの国は達成した。あらためて考えれば奇跡に近い。

これ自体は明らかに集団の力がもたらした恩恵だ。戦時に皇軍兵士だった男たちは、戦後は企業戦士となった。共通する要素は滅私奉公だ。天皇のため国のため会社のため、私を滅して帰属する共同体に奉公し続けた。でも集団の力が強いからこそ、その副作用は大きい。経済という指標を見失ったとき、日本の混迷は一気に加速した。先進国では異例なほどに多い自殺も、集団の強さと個の弱さのアンバランスが大きな要因になっていると僕は思う。

集団化と相性がいいということは、同調圧力が強いということでもある。だから日本人は他者の動きをとても気にする。つまり随波逐流（ずいはちくりゅう）（自分の考えや主張がないまま、波に流されるように世の大勢に従うこと）。同じ動きをしようとする傾向が強い。

あなたはタイタニックのジョークを知っているだろうか（知っていると言われても無視するけれど）。沈没する直前、救命ボートに老人と女子供を乗せることを船長は決断する。ボートの数には限りがあるので、乗客全員を乗せることは無理なのだ。壮年の男たちには自力で泳いでもらおう。

でもタイタニックのデッキは高い。五階建てのビルの屋上から飛び込むようなものだ。簡単には飛び込めない。だから実は、国別のマニュアルを乗務員たちは持っていた。

アメリカ人乗客には、「今飛び込めば、あなたは英雄になれますよ」と耳元で囁くだけでいい。彼らはあっさりと飛び込んでくれる。イタリア人男性に対しては「海面に女性がたくさんいます」。次の瞬間に彼らは甲板から消えている。そしてドイツ人には、「海に飛び込む法案がお国で可決されました」。ならば仕方がないとドイツ人はダイブする。さてならば日本人には、何と言えばよいのでしょう?

正解は（もうわかったかもしれないけれど）「皆さん飛び込んでますよ」。これを耳元で囁けば、早く言ってくれよとばかりに日本人はあっさり海面へと飛びこんでゆく。

こうしてスタンピードが始まる

念を押すけれど、これは日本国内ではなく、世界の人々が口にしているジョークだ。つまり日本人は世界の人から、そのように思われているということになる。悔しいけれど事実だと思う。自分の感覚よりも多数派の動きのほうが気になる。できるだけ多くの人と一緒に行動したい。その傾向が最近は、さらに加速している。

集団は少しずつ速度を上げる。なぜ走っているのかわからない。どこへ向かっているのかもわからない。でも遅れたくないから必死に走る。こうしてスタンピード（群れの暴走）が始まる。取り返しのつかない失敗をする。

「……人類はこれだけ進化したのに、なぜ未だにテロや戦争などで殺し合うことをやめられないのでしょうか」

僕のこの質問は少しだけ気恥ずかしい。自分が小学生になったような気分になる。でも訊かないわけにはゆかない。「その質問に答えることができればとても嬉しいのですが……」と長谷川は微笑んだ。微かに苦笑のニュアンスもある。

「かつて人間は、伝統的な共同体社会で暮らしてきました。そこに実現された社会は、基本的には平等でユートピアのような状態だったかもしれません。でもこのときですら、集団間抗争の死亡率は、現代社会の殺人と同じか、それ以上のレベルで高かったようです」

「つまり集団間抗争も伝統的だということですね」

「はい。人類は有史以前から、事あるごとに戦争をしてきました。その多くは資源をめぐる争いですが、心理メカニズムとしては内集団の結束と外集団に対するディスクリミネーション（差別）が基盤にある。そこのところが現代社会での内集団と外集団の関係、あるいは現代の民族紛争をどう捉えるかってことと関係すると思います」

「まさしく現在にもそのまま当てはまります」

「内集団に対しての凝集性や贔屓（ひいき）する傾向は、多くの研究者が認めています。でも、外集団を差別的に扱うことが適応的な性向として人間のなかに組み込まれているかは、すごく意見が分かれているところです。

内集団贔屓と外集団に対する差別的なふるまいは、人類史においてはずっと繰り返されています。ジャレド・ダイアモンドは人類にのしかかる暗い影として、「民族間紛争」と「環境のオーバーユース」を挙げています。特にこれからは、資源配分をめぐって他集団を差別的に扱うことが多くなり、なおかつ人間は核のような新しい（破滅的な）ウェポンを持ってしまっている。だから人間の未来には陰りがあるということを、彼は二〇年前ぐらいから言っているわけですね。僕もある程度はそうだろうと思います。

ただそれと同時に我々は、もしかしたらぎりぎり最後の段階で、理性的な社会制度を発明するかもしれません。結局のところ民主主義という政治体制が生まれたのは、やっぱりここ二〇〇年の話じゃないですか。それがまだ成熟していないならば、民主主義という制度の限界を乗り越える方法を、今の社会科学者は一所懸命に考えていると思うんです。そのときにたった二〇〇年くらいを見てもわからないから、「人はどこから来て……」という根っこの部分の研究を、進化人類学の知見と現代の社会科学を融合させながら進めて、次の社会の制度設計をしていくべきだろうと考えています。

社会科学者、特に経済学者にとっては、一〇年だって長い話ですから、(彼らは)根源的な問いは苦手なんです。でも本当は、数万年、数十万年のスケールで考えないといけない問題です。ただし、そこにはまだ、学問の間のギャップがあるけれど」

なぜ人類は未だに不完全な生きものなのか

言い終えてから長谷川は少しだけ間を空けた。じっと僕の顔を見つめている。質問を待っているのかもしれない。僕は言った。

「……たしかに社会学的に言えば、たかだか数百年の歴史しかない社会制度や規範、デモクラシーや資本主義は、これから成熟する過程に入るのだと言われればそうかなという気もします。でも生物学的には、人類の祖先が樹上から地上に降りてきてから、もう何百万年も経っています。社会制度や政治のイズムはともかくとしても、もう少し進化してもよいのでは、と思うのです。

ダーウィニズム的な自然淘汰と突然変異で進化の方向が決まるならば、もっと高潔で冷静で完成された人格をホモ・サピエンスは獲得できているはずじゃないかと思います。ところが現実はまったく違います。どう考えても非合理で生産性のない感情に突き動かされています。戦争や虐殺はなくなりません。憎悪や報復は連鎖し続けている。なぜ人類は未だに、これほど不完全な生きものなのでしょう」

「人間の行動を動機づけるのは、他者に対する良きふるまいだけじゃないからです。例えば人間の配偶行動は、乱婚的なチンパンジーのように「できるだけたくさん」というモードでは、もはやなくなっています。そうではあるけれど、例えばいい彼女をゲットしようとするときに、男だったら顕示的にカッコよくふるまうとか見せびらかしたりするというのは、自然なことでしょう。ひけらかしをできる男とできない男では、女性に対する魅力度はやっぱり随分と違うでしょう。つまり人間社会における競争原理は、性淘汰の部分でも常に働いていると思います。時にはそれが社会的な問題にもつながります。僕らも殺人行動の分析とかやってきましたけど、どうして殺人はなくならないんだろうかと考えると、殺しの基本的な動機は繁殖をめぐる競争があるから、ということになるんですね。決してゼロにはならない。もっとも、減らす方策はいろいろとあるとは思いますけどね」

あなたもテレビなどで見たことがあるかもしれないけれど、南米やパプアニューギニアに生息する鳥の多くは、雌に対する雄の求愛行動として、お尻をくねらせたり枝の上を横這いに移動したり首の周りの羽毛を逆立てたりするなど、とても個性的で奇妙なパフォーマンスを繰り広げる。そもそも鳥全般は、（クジャクを筆頭にして）雌よりも雄のほうが華美で派手な羽毛を持つ場合が多い。

ダーウィニズム的な見地からは、派手な色彩は天敵に目立ちやすいのだから、とっくに淘汰されて地味になっていなければならない。でもそうはならなかった。特に鳥においては、危険を冒してでも派手で目立つ方向へと進化してきた。なぜならそのほうが雌に選ばれる可能性が上がるからだ。だから派手な色彩はおおむね雄だ。

これらの生態や現象は、突然変異と自然淘汰だけでは説明できない。でもここに性淘汰のメカニズムを加えれば、とりあえずは腑に落ちる場合が多い。敵に襲われるリスクと雌に好まれる可能性。この二つの方向がせめぎ合って(もちろん他にも多様な方向があるが)進化は進行する。だからこそ合理性だけではないとする考え方だ。僕は訊いた。

「でも性淘汰だけでは説明のつかない場合も少なくないですよね。例えば眼球です。これについてはダーウィンも相当に悩んでいたと聞きました。精密なパーツが複雑に組み合わされてできている眼球が、本当に淘汰であったり自然の圧力であったり突然変異だけで形成されたと説明できるのでしょうか」

「眼に関しての進化は、かなり進化学のなかでもいろんな研究があって、文字通り『眼の誕生』という本もあったと思います。最初は非常にプリミティブな眼があって、移行系の眼というのはいろんな動物が備えていました。光受容細胞に光が当たって、その先の神経細胞を光源側に流すのか反対側に伝えるのかによってちがってくる。人間の眼の場合と軟体動物の眼でいちばんちがうポイントでもあります。最初に神経細胞を前に出すか後ろに出すかによって変わってしまう。完成形としての眼そのものは、人も軟体動物もよく似ています。だけど根本的な構造を見れば、最初に枝分かれした痕跡は残っています。

そういう例からすると、やっぱり生物器官というのは、少しずつ漸次的に進化してきたと思うんです。進化が合理的でなく時にはとてもバカバカしいことになることの喩えとして、G・C・ウィリアムズというアメリカの進化生物学者が、「庭師の喩え」を示しています。庭にホースがあって大木がある。草花に水をやるために庭をぐるりと回って水をかけていくのだけど、最後にはホースの長さが足りなくなってしまう。このとき最も合理的な方法は、蛇口まで戻って反対側から回ることなのだけど、どうしても無理矢理に同じ方向で回ろうとする。

こういう不合理が進化に残っている実例が、人間の精巣と輸精管だとウィリアムズは説いています。男性の輸精管は、精巣からペニスの先に至るまでに尿管をまたいでいて、すごく遠回りしているんです。最短距離で直結した方が余計な病気も起きないし合理的なのだけど、それは進化の過程で徐々に伸びたことなので、後戻りできないんです。少しずつ適応的なものがあって、屋上屋を重ねるような形で最終形ができていった。

この例も含めて人間の身体は、非常によくできているように見えて、不合理なものもたくさんあるわけですよね。私たちの身体は精巧だと思いがちですけども、エンジニアが最初から設計すれば「なんでこんなものを」という器官はたくさんあります。ですからある意味において我々も、無駄の塊みたいなものを抱えながら生きている、ということになります」

「……眼球も精密機械のように見えるけど、実はそういうことでもないということですか」

「そうでない部分もあると思います。眼球については解剖学者ではないので具体的に言えませんけれど、もしかしたら本当にエンジニアが基本から設計したら、違う設計をしたほうが合理的になるかもしれないです。けれども、我々の視覚は未だにエンジニアがつくる人工眼球よりも優れている。いくらデジカメの解像度が上がっても、我々の捉える質感のようなものはなかなか出せないですよね」

「シュモクバエはどうでしょうか？　あの形態を見るたびに、進化論を疑いたくなるんです。ほとんど漫画のような形です。悪ふざけにしか見えない」

「シュモクバエの長い眼柄に関しては、やっぱり性淘汰だって言われています。雄同士が出会ったとき、眼柄の長さを測り合うらしいです。要するに自分と相手との体格差を査定するときの指標なんですね。短いほうは負けましたといって引き下がり、長いほうは強気になったりする。つまりより多くの雌を獲得できる。これも雄間競争の産物だと言われています」

「でもあれほどに伸長してしまうと、明らかに生存には不利ですよね。性淘汰のレベルを超えているような気がします」

「ご説明したように、そういう無駄な形質はたくさん残されています。生存上の不利さと繁殖上の有利さのコストとベネフィットで決まります」

「ランナウェイ仮説（雄の飾り形質と雌の選択に遺伝相関があり、共に増進する方向に共進化するという進化生物学の理論）でしたっけ？」

「まさにそうですね」

もう一つ例を挙げる。南米のジャングルに生息するツノゼミだ。カメムシの仲間であるこの種は、とにかく形状が奇天烈（きてれつ）なことで有名だ。身体より大きい瘤（こぶ）をもつ種も珍しくない。これもまた性淘汰の産物と考えたくなるが、ツノゼミの場合は、奇天烈な形状は雄だけに特化した特徴ではない。雌も奇天烈なのだ。だからこの奇怪な形状は（あまりにも背中の瘤が大きすぎるため、飛翔の際には身体がひっくり返りかける種もいる）、性淘汰とはほとんど無関係であるとの説もある。

ツノゼミ以外にも実のところそんな例は少なくない。だからまたわからなくなる。進化とは何なのか。ある程度の定理や公式はダーウィニズムで納得できるのだけど、どうしても例外が現れる。

「ツノゼミを観察している範囲では、あの奇妙な形が雌の気を引いているとは思えないです」

「かつて適応的だったものが、まだ消えないで残っている可能性がありますよね。僕らの研究の始まりはクジャクです。最初はクジャクの雄のきらびやかな飾り羽がモテる雄の鍵だと思って先行研究の追試から始めたのだけど、論文に書いてあること、つまり目玉模様の数が多いほど繁殖成功率が高いことが全然再認できなくて、結局はあんまり羽がキレイでもない雄がモテたりする。

最終的に僕らは、クジャクの鳴き声のほうが正確な指標だということを明らかにしたんですけど、「じゃあなんでキレイなのよ」ってことになるんです。おそらくそれは、かつて進化の過程においては、きらびやかさが重要な時期があったということなのでしょう。実際に雄の飾り羽は重要です。雌を引き付けています。でも飾り羽にある目玉模様の数は、どうやら雌のターゲットになっているわけではない。今、キジ科という分類群のなかでクジャクの近縁種の配偶行動と飾り羽の関係がどうなっているかを種間比較して、そのキレイな飾り羽の進化の枝分かれの道筋を、うちのポスドクが解明しようとしています」

「つまりツノゼミの場合も、かつてはあの形状が性淘汰に関係していたと考えれば理に適うということですか。……まあ確かにそうですが、現状では何となく苦し紛れ的な仮説という印象もありますね。でも長谷川さんは、ダーウィニズムに対しての疑問は持っていないのですよね？」

「科学者なので、それに代わる別の説明があれば十分検討するし、いざとなったら乗り換えるつもりですよ」

ダーウィニズムと「私たちはどこへ行くのか」という謎

少しだけ挑発的な僕の質問に、にっこりと微笑みながら長谷川は答える。いわば筋金入りのダーウィニストとしての余裕。おそらく内心は、ダーウィニズムに代わる説など出てこないと考えているのだろう。でも僕もそれは同意見だ。まだまだ修正や補足の余地はあるにしても、確かにダーウィニズムは、生物学のフィールドでは今もなお、人類が到達した究極の定理といえるだろう。環境という外的要素で生きものは変わる。それはほぼ真理と言ってよい。だからこそ気にかかる。これから「私たちはどこへ行くのか」が。

「どこへ行くのか。……そこは特に難しいんですよ、本当に。あまりに現代の環境は人為的な変化が速いので。とくにこの一〇〇年単位で、生活の質は格段に良くなったけれども、使っている資源の量も環境破壊もとんでもない速さで進んでいるので、予測不可能の変数が多すぎる。

重要なことは、この先どういう意思決定を我々がすべきかです。昭和の日本では、まだ伝統社会の匂いが残っていた。三世代家族でおじいちゃんおばあちゃんが子育てを手伝い、貧しいながらも大家族で暮らす。そんな時代を少しは僕らも記憶に残しているわけじゃないですか。だからこそ消費を是とする現代社会の核家族への一方向的な進展は、絶対に行きづまるだろうという感覚を持っています。月並みだけど、じゃあどういうふうにサスティナブル（持続可能）な社会を構築できるのかってことですよね。

この先、僕らが地球上で生きていくうえでのリスク要因に関しては、常にセンシティブになるしかない。エネルギー問題なんかもそうかもしれませんけど、十分コントロール可能でないものに飛びついちゃったのが、結局は原子力利用だったりしたわけですよね。ものすごいパワーがあるものだけど、（原子力は）檻の中で管理できる獣だったかというと、結局檻を破られたわけですから。僕らがサスティナブルかどうかというのは、自分たちが管理できるかどうかということにかかっているんじゃないでしょうか。非常に月並みな答えで申し訳ないんですけども」

「私たちはどこへ行くのか」について長谷川はそう説明してから、自分たちのジャンルの未来についても言及した。

「分子生物学のメカニズムはハッキリわかりますから、それはそれで面白いんですが、それだけで終わったら不十分です。生きものの多様性や適応性と分子のレベルがつながっていることを実感できれば、分子生物学はもっと面白くなるし、ミクロとマクロの生物学の相互的な理解がもっと広まります。この先はマクロな研究とミクロな研究をどうやって橋渡ししていくかということで、研究を進めていきたいと思っています。

僕らは人間という生物を総合的に理解しようとしていますが、それはもうナゾだらけですから、まだまだ何が出てくるかわからないし、そう簡単にわかることじゃないと思っています。最近では分子レベルの神経科学がすごく進んでいますが、人間の微妙な感情とか、非合理的な意思決定の理解までには、まだまだ相当の距離があります。ジグソーパズルで喩えていうと、端々のピースはわかってきて全体像が見えかけているのだけど、真ん中の中間領域がまだほとんど埋まっていない。この領域の研究が、いちばんエキサイティングですよね」

「逆に言えば、これがジグソーパズルだとわかっていて、ここになんらかのピースを埋めれば完成するという見込みがついているということですか?」

「その見込みがないとダメだと思いますね。方法論的にはいろんなアプローチが生まれて、異なる階層をつなごうとしている。ミクロとマクロの間でいろんな橋をかける。最初はロープを渡すわけですけど、そういうのはいくつもできていますので、そのへんがこれからはいちばん面白いんだと思っています」

第4章

生きているとはどういうことか

団まりな（生物学者）に訊く

「率直に言ってしまえば腑に落ちないのです」

「例えば生命発生については、「三八億年前に原始のスープの海の中でタンパク質が云々」的な説明を前提にしているけれど、率直に言ってしまえば腑に落ちないのです。理屈はわかるけれど本当だろうかという感覚です。他にも意識のメカニズムや進化の理由など、腑に落ちないことだらけです。ならば第一線の分子生物学者や進化学者は腑に落ちているのだろうか。まずはそれをお訊きします」

「それはもう、腑に落ちませんよ」

そう言ってから、団まりなはにっこりと笑う。今回の対談はこうして始まった。場所は千葉の館山。駅からはタクシーで約二〇分。途中で見えるのは青い海。そして緑の濃い小高い山。周囲は畑。まだ二月だというのに、畦道には菜の花が咲いている。団の住居兼研究所は小高い丘の一角にあった。

渡された名刺をポケットにしまいながら、彼女の肩書きである「階層生物学研究ラボ責任研究者」の意味について僕は訊いた。「フリーの生物学者という意味です」と団は即答した。

「普通は大学や研究所に所属して、退職と同時に引退するわけです。私は大学を少し早く辞めたけれど、それは「引退しても別に学問をやめるわけじゃなく、大学が嫌で辞めるんですよ」という意味でした。「責任研究者」にしたのも、研究所をつくったときに「俺は所長だぞ」と言わんばかりに「研究所所長」という肩書きにする人が多いけれど、それと混同されるのが嫌だったからです」

「つまり教授とか所長とかではない」

「ええ。研究をするだけのヒラの研究者ですよ、というつもり」

にっこりと微笑みながら、団はさらりと言う。口調は穏やかではあるけれど、言葉の使いかたは歯に衣着せぬという感じが強い。研究者としての彼女のここまでのキャリアは、ある意味で既成のアカデミズムに喧嘩を売り続けてきた歴史の積み重ねといえる。つまり「腑に落ちない」自分を誤魔化そうとはしなかった。あるいは「Ｈｏｗ」ではなく「Ｗｈｙ」にこだわり続けた。

「階層生物学も聞き慣れない言葉です」

小船井が言った。団が視線を向ける。

「非常に大きなスコープで自然界を眺めると、素粒子・原子・分子と、細かいところから大きいところへと組み上がっていますよね。その階層です。ただ、私の場合はそれを生物学の範囲で研究します。これをもっとさかのぼると発生学になり、さらにさかのぼれば進化学になります。私が学生だった頃の発生学は「何がどう変わって、どこがどう出っ張って……」と非常に細かな記述をしていました。でも発生とはそれだけではないだろう。卵から人間になることは、見かけや機能が変わっていくだけではなく、何かを積み上げているはずだと。つまり、なだらかではなく段階的に何かが積み上がっていくことで成り立っているはずだと、直感で思っていました。それまでの記述的な発生学じゃなくて、何がどうなってどういう段階を踏んでということを知りたかった。ただ、こうした階層性という発想は、当時の生物学ではまだ皆無でした。

最初は血液のメカニズムを最先端の分子生物学的な手法で研究して、次にウニの生きた細胞をそのまま観察するという方法に転向しました。分子的な研究は生きものを殺してから始めます。でも細胞は生物ですから、生きていないものをいくら調べてもわかることの限界があります。確かに生きたままだと観察は難しいけれど、それが生物学の仕事なんです。

例えばウニの発生過程には、単細胞である卵と多細胞である胞胚（ほうはい）という時期がありますす。これが同じ複雑さのレベルであるはずがない。卵に何が起きてどのように複雑化するのかを知るためには、その過程を今までとは違うように見せなければいけない。今までだと「二つに割れました、四つに割れました、胞胚になりました」という絵を描いて、「ウニやヒトデ、ナマコの場合はこうです」と説明すれば良かったんです」

「卵が分裂する過程のイラストはよく目にしますね。あれだけを見ると、確かにとても単純でオートマティックな変化のように思えてしまう」

「発生中の細胞を他の細胞から隔離して顕微鏡下に置いて観察したら、一個の細胞から多細胞になる過程で何が起きるのか、細胞たちがどうやってその変化を起こすのか、どこでどのようにレベルを上げて多細胞になるのか、そうしたことがわかるはずですよね。でもそういう研究を始めたものの、「今さら五〇年も昔の研究をしている」という風当たりがかなりありましたね」

「つまりグラデーションの生体変化をそのままに観察するということですね。でもそのイメージを多くの研究者は持っていなかった。ならば若いころの団さんは、なぜ誰も着眼していなかった発想を持てたのですか」

「例えば歌舞伎の人たちを見ていると、小さなときから親の近くにいることで身についていることは決して少なくない。私の場合もそれに近いのかなと思っています。ただし（発生生物学者の）両親と学問の話をしたことはありません。親って子供がわからないとイライラするじゃないですか。自分のわかっていることについてアホな質問をするから。大学の三年生ぐらいのときに少し話したら「なんでそんなこともわからないの！」という感じだったので、もう一切そういう質問はしませんでした。ただ、幼いころから研究の雰囲気には触れていたことと、母がアメリカ人であるために日本の研究者の雰囲気と全然違っていたことは、私にとって幸運だったのかもしれません」

「具体的にはどこが違うのですか」

「両親が研究者同士として議論を闘わせている姿を見ることができたんです。そうした環境で、「生物に興味を持つということがどういうことか」という感触を、私は手に入れることができたんじゃないかと思っています」

「日本的な文化だと、師がいたり先生がいたり教授がいたりとヒエラルキーがしっかり確立されている。下は上になかなか反論できない。「先生ごもっともです」がとても多くなる。でも欧米の場合は、ボスであってもファーストネームで呼んだりとか、そういう文化が確かにありますね」

「だから大学を出て就職してからも、本当に軋轢がありました。例えば「先生こんにちは！」って軽く言ってしまったとき、嫌われるっていうよりも、どうやら傷つけてしまっているんです」

「研究内容で、団さんが周囲からいちばん批判された部分はどこですか」

「分子や遺伝子をやらないことでしょうね」

「でも、生物行動学とか生態学とか、分子や遺伝子をやらない生物学者ってたくさんいますよね」

「分子や遺伝子を専門にしている人から見れば、生態や行動は学問じゃないんです。できるだけ物理化学に近い手法で機械などを使って精密な数値を出すことが、彼らにとっては学問なんです。例えば階層性についても、そんなこと考えたからどうなるの、と言われてしまう。要するに証明できないし、再現性も語れない。ならばサイエンスじゃないと判断されてしまう」

「ならば進化論はどうなるんですか？　再現できるはずがない」

「そういうところは目をつむるんです。そのうえで遺伝子の相同性を調べるために、数学や統計の手法などについて話し合う。つまりＤＮＡです。ＤＮＡを比較する手法を研究するのが進化学。ＤＮＡ以外のものは「はあ？」みたいな感じです。

〝モデル生物〟の問題もあります。ヒトデをやっていたら、なぜウニやマウスじゃないのかって言われるんです。ウニやマウスのように遺伝的バックグラウンドが充分に研究されている〝モデル生物〟ならば、研究に対して余計な雑音がない。もうきれいにわかっていますから。そんな彼らからみれば、ヒトデの階層性なんか研究してどうするの？という感じなんです。ところが私は「分子だけやっていても生命はわからないよ」「遺伝子だけじゃ生きものはわからないよ」と反論するから、向こうは全否定されたと感じるわけです。だから（私とは）二度と挨拶しないっていう人がいっぱいでてくる」

「……痛いところを衝かれたって感じがあるのかな」

「そうだと思いますよ。男って単純」

「研究者の性差があるんですか」

「ありますね。男は単純で競争好き」

擬人化を排除したら生物はわからない

「例えば細胞のふるまいについて記述するとき、団さんは擬人化をよく使いますね。でも科学者の多くは擬人化を嫌う」

そう言う僕の顔を、団はじっと見つめ返す。もちろん僕のこの断定には理由がある。団の著作『細胞の意思――〈自発性の源〉を見つめる』（ＮＨＫブックス、二〇〇八年）のタイトルが示すように、細胞のふるまいを描写する際に、団は擬人化を厭わない。むしろあえて使っているかのような印象すら受ける。細胞の「機能」ではなくて「意思」と明言する。

科学と擬人化は相性が悪い。これは実感だ。この連載が始まる前にも、多くの科学者たちと対話する機会が何度かあった。時おり擬人的な表現をする人がいる。そして彼らの多くは口にした後に、「これは擬人的すぎる表現ですが」と必ずエクスキューズを加える。つまり（彼らの意識としては）反則なのだ。

それはそれでもっともだと思う。前近代の人たちにとって天災は（神の）怒りであり、豊穣は慈悲であった。神が人の似姿であるかぎり（逆かもしれないが）、神話は究極の擬人化であるといえる。だからこそ神話や伝説を否定することを自同律とした近代科学の歴史は、擬人化への抗いの過程と重複する。擬人化は前近代そのものなのだ。でも団は擬人化を回避しない。むしろ積極的に活用する。

「擬人化すべきとまでは言わないけれど、擬人化を排除したら生物はわからないというのが私のスタンスです。物理の言葉で生物は語れません。当たり前のことなのに「サイエンスとは再現性がなくてはいけない」とか「証明できなくてはいけない」という物理や化学の手法が、生物学に押しつけられている。こうした流れに沿って今は爛熟期にある分子生物学も、実は生物学じゃなくて生物分子学とよぶべきなのです」

「確かに擬人化が批判されるならば、今の科学全般は擬物化しているとの見方もできますね」

「細胞が培養皿の中を歩いているとき、別の細胞と出会うと止まります。そしてしばらくすると離れたり、くっついたりする。くっつく性質の細胞は次から次へとくっついて大きなシートになりますが、あるものは出会っても動いて逃げる。それを分子の言葉で語ってしまうと、「接着分子やリセプターがどうした」とか「やりとりの結果でリジェクトした」とかのフレーズになってしまう。でもそうじゃない。出会ったり別れたり、一緒にやろうって協働することを「合意した」と記述したとしても、それは擬人化でもなんでもない。だって細胞レベルの合意とは「離れていかないこと」ですから。実際に電子顕微鏡で見れば、ちゃんと一つのつながりになっています。（細胞が）出会ったら、まず自分たちが何者かを互いに探って、相手を認識する。同じシートをつくる性質を持っていれば「お前と俺とでシートをつくろう」となり、違うのが来ると「お前と俺とは違うな、じゃあね」と退いていくわけです。出会って、触れて、認識し合って、同族かどうかをチェックして、そして何かの合意で次のステップに行く。それとも違うやつだなと思って別れる。それを擬人化で説明することに、何の不都合もありません」

一連の著作などの内容を踏まえながら補足するが、細胞のふるまいを擬人化することの正当性だけを団は主張しているわけではない。もっとラジカルだ。細胞は実際に人のように意思を持ってふるまっていると団は主張している。でももちろん、団のこの姿勢に対しての風当たりは強い。僕は言った。

「合意という言葉を使った瞬間に、「合意するからには合意に至るまでの自由意思が存在しているはずだ、ならばその自由意思はどこにあるのか、あるいはそもそも細胞のどこに脳があるのか」などの反論が立ち上がります」

「それ（意思）は細胞の中にあるんですよ。だって実際に協働の構造までつくるんだから、出会ったときに何かを認識し合って合意したんです。合意という粗っぽい言葉だけではメカニズムまでは示せないけれど、細胞のふるまいをより深く論じるためにはそれでいいんです」

バクテリアは一つの人格を持っている

「特に近年の生物学が機械論的な発想に硬直してしまった要因は、大きくは二つあると思います」

言葉を選びながら僕は言った。「一つは進化論の影響。ダーウィニズムです。ポイントは突然変異と適者生存。とてもメカニカルなロジックで説明する。もちろん進化論は今もいろんな形で揺れてはいますけれど、高校時代にはとても合理的で機械的なメカニズムなのだと教え込まれました。あの記憶というか刷り込みは大きいような気がします。もう一つはＤＮＡ。二重らせんとか塩基の接合とか、これもとてもメカニカルですよね」

「わかりやすいでしょう、絵にも描けるし」

「この二つが、学校教育や一般レベルの生物学に対する基盤ですから、どうしても物理的なイメージに傾斜してしまう。でも同時に、それで説明できているのだろうかと時おり不安になる」

「絶対に説明できません。ＤＮＡは細胞の部品です。自動車で言えばエンジンです。でもエンジンだけでは自動車は語れない。他の部品すべてを合わせても語れなくて、やっぱり走らせてみないと自動車の本質はわからない。いろいろな分子がわかることによって細胞の理解も深まるから、(分子細胞学を)無駄だと言っているのではありません。「細胞みたいな混ぜこぜのシステムを扱うのは少なくともモダンな科学ではない」などの下らないことを言いさえしなければいいんです」

「でも、最近ちょっと風向きが変わってきたなっていう感じはありますよね」

「そうそう、少し変わってきた。iPS細胞の発見は大きいですね。もう分子の言葉だけでは語れない。大事なことは細胞が最小の生きている単位であるということです。バクテリア(原核生物)だからとバカにしてはいけない。バクテリアがいなかったら私たちは存在しない。ある意味では最高の擬人化ですが、バクテリアは一つの人格を持っている。外部環境をきちんとモニターして食べるものを探し、さらに敵を見分ける能力がなければ死んでしまいます。そういう意味での人格です。つまりバクテリアは最も原初的でありながら、私たちと同じ感覚をすべて持っている。私たちと何も変わらない。それぞれのメカニズムで、努力して一所懸命生きている。生きていくための基本的なことすべてを、彼らは自発的にやっています」

「何度か粘菌を飼育したことがあります。シャーレの中の寒天培地の上に菌核を置いてアメーバ状の変形体になってから、いろいろな餌を与えたりしました。好物はオートミールです。ヨーグルトとか発酵系の有機物もよく食べるのだけど、納豆はダメです。納豆菌ってとても強い菌らしいですね。なぜか彼らはそれをわかっている。遠巻きにして近づかない。視覚や嗅覚はないはずなのに、傍目では自由意思があるようにしか見えない」

「そうですよ。そうしなかったら死んじゃうもの」

「でも不思議です。彼らに脳はないのに」

「私たちと同じです、生きているってことですよ。そういう判断力がなければ、とっくに種が絶えています。バクテリアは外から分子を取り入れるとき、細胞膜に埋め込んだ輸送タンパク質により、ＡＴＰ（アデノシン三リン酸。生物のエネルギーの蓄積・変換・放出に関与する化学物質。アデニン、リボース、三分子のリン酸により構成される）を消費して取り入れます。人間と同じです。例えばアミノ酸やお砂糖は大事だから、「来たぞ」って思ったらどっこいしょって入れるんです。それは私たちが、宅配便が来たら「ありがとう」って受け取るのと同じ動作ですよね。実に忙しくそれをやっていて、それを止めたらあっというまに死んでしまう」

「例えば自発性という言葉ではだめですか？　意思というと喜怒哀楽があるんじゃないかと思ってしまう」

僕のこの折衷案を、団は「だけど意思なんです」とあっさり一蹴する。

「自発性だけじゃない。だって状況判断みたいなことをするわけです。発生学でおもしろい実験があります。そこらへんに泳いでいる胚をばらばらにして、ちょっと工夫した海水に戻します。細胞たちは衝突して団子になる。ところが団子のままでは、まだちゃんとした生きものではないから、構造になるのを待たなくてはならない。自分たちで自分たちを仕分けして、外にいるべきものは外に出て、内にいるべきものは内に入って、途中の筋肉とかになるべきものはそのあいだに入る。そうした過程を経て、内胚葉と中胚葉と外胚葉とに分かれる。指示する存在はどこにもいない。状況判断がないとできません。

ところが現代的な〝科学〟を信奉する人たちは、「細胞の種類によって接着の強さが違う」などと数学的な仮説を無理矢理に立てようとする。たまたま内胚葉の一部が外胚葉の被いの外に出てしまっているとしましょう。生物的には内胚葉が外に出ている状況は許されないから、外胚葉の細胞は自分たちがどんなに薄くなってでも、必ず全部を包みます。教科書では「こうやって三種類の細胞がベタベタの性質の違いによって集まります」などと書かれているけれど、それだけではこうした現象を説明できない。「本当に知りたかったのはなんだったたか」を忘れちゃう。大体「きれいに分かれた」と嬉しくなって誰々の説とか名づけて……。そうすると、みんな説は大好きだからそっちに行っちゃう。わからないファクターを正直に入れて話したら、「キレイでないからダメだ」「擬人的だ」と言われてしまいます」

団の話を聞きながらふと、代表的な食虫植物であるハエトリソウのメカニズムを思い出した。縁に多くの刺を生やした二枚の葉を閉じることで、ハエトリソウは虫を捕獲する。葉の内側には三本か四本の短い感覚毛が生えていて、獲物が立て続けに二回、または二本以上の感覚毛に同時に触れると、瞬間的に葉を閉じる。でも最初に触れてから約二〇秒以上の間隔が空くと、もう一度触れても葉は閉じない。

一度で閉じない理由は、雨水などの刺激に反応しないためと推測されている。とてもメカニカルで合理的だ。でも実のところ、ハエトリソウがどのように時間や回数を記憶し、またリセットしているのか、そのメカニズムはまったく解明されていない。

子供の頃からハエトリソウの捕食のメカニズムは知っていた。でも時間や回数の記憶やリセットの仕組みがまだ解明されていないことを知ったのは最近だ。だから驚いた。これほどに分子生物学や遺伝子工学が発達しているというのに、こんな基本的な仕組みすら解明できていないことに。

ならば解明する方向が違うのではないか。そう考えるべきなのかもしれない。もしもキッチンに大型のゴールデン・リトリバー犬がいないのなら、冷蔵庫や棚の隙間を探すのではなく、違う部屋や屋外を探すべきなのだ。つまり発想を変える。

確かにハエトリソウのこのシステムに意思を代入すれば、いろいろなことが腑に落ちる。もちろんそれは人の喜怒哀楽とは違う。個体差はほとんどないし気分の波もない

(と思う)。でも一つの方向を目指すという意味では意思だ。その解釈でよいのだろうか。

細胞は身体全体を脳のように使って生きている

「団さんは進化論をどう解釈されていますか? 論をどう解釈するかっていうより、そもそも進化をどのように解釈されますか、と言い直したほうが良いかな」

僕のこの質問に対しても、団はほぼ即答した。自宅を訪ねてから今まで、考え込んだり黙り込んだりする団を一度も見ていない。

「根源的に、物質はだんだんとまとまっていく性質がある。そのまとまり方の一つのセクション——というか、一つの分野かなと思っています」

……しばらく間が空いた。直截に書けばまったくわからない。「突然変異と適者生存だけで説明しきれるものではないということでしょうか」と続けて訊ねれば、「ないない」との答えが返ってきた。親戚のおばちゃんと世俗的な会話をしているような気分になる。僕はさらに、福岡伸一に訊ねた疑問を口にした。

「心臓には弁があります。これは高校時代に習いました。でも中途半端な弁では意味がない。突然変異と適者生存を満たすためには、心臓に完璧な弁を持つ子供が、ある日生まれたと考えるしかない。でもそれはどう考えても無理がある」

　そこまで言ったところで（まだ話し終えていないのに）団が、「細胞が血流を理解していると考えればどうですか」といきなり言った。

「細胞が血流を理解している？」

「そう解釈すべきです。心臓、血管、血流というシステムを構築し、それを実際に使ってみて、一定以上の血液を循環させるには、要所要所で逆流を止めなければ効率があがらないということを経験的に知って、その結果として弁という工夫を思いつき、そこから初めて流すべき血液の量に応じた弁の洗練（進化）が始まると、私は考えています」

「でもその場合には脳は……」

　そう言いかけた僕に団は、「細胞レベルでの脳は全体だと思います」と言った。

「システム自身が思考している。いろんな細胞現象をみればそう考えざるを得ないんです。細胞は身体全体を脳のように使って生きている。そういう言葉で語っていいし、それでどんどん合意していけたらいいのだけど……」

　そう言ってから団は、言葉を整理するかのように少しだけ考え込んだ。この日初めての沈黙だ。

「……階層性で考えれば、『この機能はどの複雑さになったらできるようになるのか』という設問に答えを出すことができる。例えばプラナリアは非常にプリミティブな多細胞生物ですけど、私たちと同じ遺伝子の並び方をしている脳がある。でもプラナリアに何ができるかというと、バクテリアがやっていることとあまり変わらない。もちろん生殖などの複雑なこともできるけれども、生活そのものは「餌を探して食べる」「毒物から逃げる」「明るいところに出てしまったら葉っぱの下に逃げ込む」など、とても単純で基本的です。ならば鳥はどこまで考えているのか。何を感じているのか。ならば次に犬はどうか、サルはどうだとなりますが、脳の機能にもやはり階層性があるんです。

例えば情動を司る部位は、私たちの脳のうんと奥深くにある。何がどれだけ積み重なってこうなったのか。ニワトリに情動はあるのだろうか。つかまえると鳴き叫んだりしますから怖いという気持ちはあるんでしょうね。ではカエルに情動はあるか。脅かしたらびっくりしてピョンピョンと逃げていくから、やはりおそらくあるのでしょう。

このように階層的に考えると、情動の捉えかたが大分違ってきますよね。情動の起源は、おそらく魚のあたりでしょうね。無脊椎動物になると情動とは言えそうにないから。ここには明らかなギャップがある。ここに一つの階層の上昇があると思われます。これまで使っていた何かを集めてある形に組み合わせたら、これまでとは違うレベルの高いものができた。この魚の脳に何を加えたら猫の脳になるのか。サルやゴリラやチンパンジーは人と近いですよね。でもやはり何かが違う。どこがなぜどのように違っているのか。その考察が人の脳を明らかにする。これが階層性です。

私は以前、生きものの体には七段階の階層性があることを示しました。それだけでも、ものすごく大変でした。なぜなら生きものの身体は、いろいろな機能が重層的に重なってできているからです。それを一つひとつはがして、分析して示すというやり方をしていかなければなりませんから」

最も大きな境界は死と生のあいだにある

団の説明を聞きながら考える。階層とは境界でもある。そして最も大きな境界は、死と生のあいだにあるのではないだろうか。そしてそれは間違いなく、「私たちはどこから来て、どこへ行くのか」のタイトルが示す境界と重複する。団が言った。

「最も単純で最小の生きている単位である「細胞」には、三段階の階層があります」

「えーと、原核とハプロイド（染色体が単体一セットの細胞）とディプロイド（染色体が二倍二セットの細胞）ですね？」

「はい。この三者のうち原核細胞とハプロイド細胞は、細胞分裂で無限に増える。一つのシステムをまったく同じ二つにできる。ところがディプロイド細胞は、二つのハプロイド細胞が組み合わさってできている。いわば構築物なんですね。ただ、このユニットがちゃんと細胞分裂できる。だからややこしいけれど、これがまた二つに分かれるんですよ。そこがものすごく難しいところです」

確かにここはややこしい。団の書籍などを要約しながら、以下に（できるかぎりわかりやすく）記述する。およそ三八億年前の地球の海で、さまざまな有機分子が偶然的に集合して最初の生命である原核細胞が誕生した。やがて原核細胞のうち、炭酸ガスと太陽光を利用してエネルギーをつくり出すことに成功した光合成細菌が現れる。しかし彼らが代謝の廃棄物として放出する酸素は、当時の生物にとっては猛毒だ。DNAもダメージを受ける。原核細胞たちは身を寄せ合い身体を大きくして、細胞質で包んだDNAを身体の内部深くに隠し始める。また同時に、酸素を利用してブドウ糖からエネルギーを取り出す代謝経路を持つ原核細胞（ミトコンドリア）を自分たちが構築した細胞内に取り込むことにも成功した。こうして大きくなった身体の内部を、彼らはいくつかの区画（コンパートメント）に切り分けて、その一つがDNAやRNAを収納する「核」となった。こうして真核細胞が誕生する。

この真核細胞はDNAを一セットしか持っていない。これをハプロイド細胞と呼ぶ。彼らに死はない。永遠に分裂し続ける。やがてDNAを二セット持ったディプロイド細胞が出現して、より複雑な生命活動が可能になった。しかしディプロイド細胞には致命的な欠陥があった。分裂回数に制限があることだ。この欠陥を乗り越えるために、ディプロイド細胞は自分の身体をいったんはハプロイドに戻し、合体して新規のディプロイド細胞をつくり上げる。つまり有性生殖だ。

「ハプロイド細胞の生殖は単純です。ひたすら分裂していく。そしてディプロイド細胞にはオスとメスという性差があって、ハプロイドだった細胞をミックスして新たな個体をつくる。そこまではわかる。でもならば、僕たち二倍体の生きものの身体を構成するディプロイド細胞は、なぜ分裂に制限を与えられてしまったのでしょう」

「そこが難しいんですよ。今のところは観察事実としか言えないんです」

「その理由はわからない？」

「正確にはわからない。でも私は今、『組み立てたものだから』と考えています。組み立てたものだから劣化する。それは避けられない」

「つまりどこかでミスが重なったりバグが出たりするからですか」

「組み立てられたものはときどきリニューアルしないと、間違いや劣化が蓄積してしまいます。だから組み立てられたものは無限に続いてはいけない」

「そのままではミスが分裂とともに拡大再生産されてしまう。だから、その個体は終わらせて、一回一回リフレッシュさせなければいけないってことですか。……そう言われると確かに合理的だとは思うけど、実際に二倍体の生きものとしてこの世界に生を受けた身としては、余計なルールを考案しやがってと思わないこともない」

　軽口めかして言ってはみたけれど、実は本音でもある。遺伝子は残ると言われても、遺伝子は自分ではない。自分の設計図だ。しかも遺伝子は代を重ねるごとに今の自分からは遠ざかる。やっぱりどう考えても、自分がやがて死ぬ（この世界から消滅する）ことに、ああそういうことだったのかと納得することはできない。

　でもならば、自分は誰に、「余計なルールを考案しやがって」と悪態をつくべきなのだろう。ディプロイド細胞だろうか。自然の摂理だろうか。それとも造物主の意思だろうか。

「私たちは組み立てられたものだから、変なところで軋みが出たりします。仮に糊でくっついているとしたら、糊はいずれ劣化しますよね。剥がれてはいけないから、一定期間しか存続させない。細胞は自分たちが元に戻らなければならないことを初めから知っているわけです。元に戻るのはものすごく大変なことだけど、本人たちは自分たちが二つのものの寄せ集めだということをわかっているはずです」

「……えーと、この場合の「本人」は細胞ですね」

　思わず確認した理由は、団が（当然のように）駆使する細胞の擬人化に、どうしても一抹の気後れを払拭できないからだ。つまりその意味では、僕も旧態依然の科学の文法から、やはり逃れられずにいる。静かにうなずいてから、団は「ディプロイド細胞です」と答える。

「一個のディプロイド細胞は、自分がちょっと前に二つのハプロイド細胞からできたということを、絶対にわかっているはずです。そしてこんな状態を無限に続けたら、いずれ自分のシステムがだんだん変な矛盾をきたしてくることもわかっている。だからリニューアルしなくちゃいけない。日本家屋だって五〇年で建て替えなくちゃいけないですね。そんな感じです。私たちの身体を構成している細胞は、「何回くらい分裂したら止めたほうがよい」ということを知っています。こうして私たちは捨てられて、次の世代が出てくる。人間自身のリニューアルです」

「でもやっぱり、細胞の潔さをどうしても引き受けられなくて、「何だよ八〇年で終わりなのか」って思ってしまいます。それは細胞どころか自分自身のアポトーシスですから」

どうしても最後の一線を承服できない僕に、団は「いいんです」と言いながら、にっこりと笑う。

「だってリニューアルの方法が組み込まれているんですよ。「私がまた私になる」のではなく別の個体になるのではあるけど、このとき「私」ということはあんまり重要ではない。自分のシステムをもう一度つくれるのだから、いまあるものが解消してもかまわない。そんな感じで、あっさりとしているのだと思います。

でも（細胞たちも）、「生きたい」という意思があることだけは明確です。絶対に死ぬのはいやだ。そのために工夫する。その工夫の結果として、いろいろと複雑になってきたわけです」

「ハプロイドからディプロイドになるときに、大きなターニングポイントになったのはミトコンドリアです。酸素の有毒性で多くの細胞が参っているときに、酸素を利用するバクテリアがそばにいることに気がついて、これを取り込もうと考えた。要はそういうことですか？」

「この過程を私は二段階で考えています。ミトコンドリアの元となったバクテリアを取り込むための第一段階として、いくつかの細胞同士が集まって自らを大きくした。次の段階で、いちばん大切なDNAをタンパク質で包みこもうと考えた。酸素の毒でダメージを受けたタンパク質はつくり直せばいい。

私は、細胞というものがこういうことを、彼らなりの何らかの方法でわかっているのだと思います。そうこうするうちに、酸素を利用できるバクテリアを見つけた。そのバクテリアに寄り添っていれば、酸素を消費してくれるので体内を酸素濃度の低い状態に保てます。しかし、だんだん大気中の酸素濃度が高くなるので、より多くのバクテリアと寄り添わなければならなくなります。

こうして鎧（よろい）のようにミトコンドリアを身にまとう状態になった。ところが今度は、その鎧が邪魔をして、ものを食べられなくなってしまう。そこでミトコンドリアを消化せずに体内に取り込む。これがディプロイド細胞です。今の私たちの細胞も、そういう過程でミトコンドリアを細胞中に取り込み、状況によってはその数を好きに増減させて、自分の身体の大きさも好きに変えて、内部の酸素濃度を低く保っています」

「既成の生物学もしくは一般人の感覚でいえば、ミトコンドリアが取り込まれたってことはわかるんです。けれど具体的に、どう取り込まれたかっていうと……」

「マーギュリス（アメリカの細胞生物学者であるリン・マーギュリス）が言っています。食べたんです」

「でもそうなるとミトコンドリアは……」

「うん。食べてはみたものの、消化しないで持っておいたほうが有利だと気がついた。そしてミトコンドリアを消化することを止めた細胞たちが、その後の競争に勝って繁栄した」

「それはメタファーで言ったのではなくって、実際に「食べる」という意思がかつてはあったと解釈して良いんですよね？」

「そうですね。食作用です」

「でもやがて、「食べる」のではなく「取り込む」ことにした。ならばその場合にミトコンドリアの意思は？　お互いに合意形成があったと解釈してよいのですか」

「そうそう。だから最初に、ミトコンドリアをどのように騙したかを考えなくてはならない。たぶん栄養をあげたんです。ミトコンドリアは原核細胞だから固形物は食べられない。水に溶けた小さな分子を食べるしかないのだけど、融合して巨大化すれば、小さい粒子を食べることもできるし、水に溶けた大きな分子を飲み込むこともできる。こうしてハプロイド細胞がミトコンドリアに栄養を分けてあげるようになった。その代わり離れないでここにいてね、というわけです。彼ら（ミトコンドリア）はそこにいるだけで栄養をもらえて有利なので、異存はないはずです」

「つまり合意があった。強引ではない」

生物は闘いではなく深い協力関係にある

そう言ってから、合意にしても強引にしても、意思の存在を前提にしているのだと気がついた。どちらも擬人化なのだ。でも合意に比べれば強引のほうが、多少は口にしやすい。自由意志のニュアンスが薄いからだろう。そんな僕の内心の葛藤を見透かしたかのように、「現代の生物学は、強引にやったとのイメージが大好きです」と団が呼応した。

「『自然淘汰』と『適者生存』。どちらもある意味で強引ですよね。しかも万能主義なので、『生物は闘いだ』というイメージが刷り込まれる。男の学問がそう思いたがるのだと私は考えています。だけど今のハプロイド細胞同士の有性生殖に見事に現れていますけど、協力は両方で完璧に合意しなかったらできないことです。だってお互いに（細胞の）壁まで取っ払っちゃうんだから。何であれ、いやしくも「単位」と呼べるものが、互いに溶け合って、また元に戻るなんていうことは、いわばルール違反ですよ。すごく深い協力関係。互いに意思を持っていなければできませんよ」

「人は闘う本能を持っているとよく聞くけれど、これは男性原理に偏った見方であるということですか」

「まったくそう思っています。女の人を見てごらんなさい。そんなこと誰もしていないでしょう。戦場を見たら本当に男ばっかりが鉄砲を持って、女の人は夫や子供を撃たれて泣くだけです。自分で子供を産んでいるのに、それを殺そうとは思わないですよ。「この人を殺したら母親がどんなに嘆くだろう」ということは忘れられないじゃないですか」

「でも男だって、父親がどんなに嘆くだろうって思って良いはずなんだけど」

そうつぶやく僕に、団はあっさりと「男はもっとジコチューですから」と答える。

「そして不完全でもある。細胞レベルから見なくても、性の形成だって女の身体が基本です。アダムの肋骨（ろっこつ）から女ができたんじゃなくて、女の身体の二階に男の身体ができている。本来は女だけいればいいんだけど、有性生殖で有利だから男がつくられた。しかも二階部分だから、弱いし壊れやすいし地に足がつかない。男の短所の多くはそこに理由があると思いますね」

団の男性批判は容赦ない。でもそれは、長く男性原理が支配してきたアカデミズムの場に身を置いてきたからこそ、彼女の実感として形成された論理なのだろう。そういえば団が名前を挙げたリン・マーギュリスは、進化は競争ではなく共生によって進行するとする細胞共生説(共生進化論)を主張した女性生物学者だ。じっと話を聞いていた小船井が、「あの、……「細胞の意思」ということは、言葉としては納得できますけれど」と言った。

「けれども、やっぱり「脳じゃないところでどうやって意思を持って判断しているんだろう」と不思議になります。例えば団先生は、宗教みたいな方向には行かないのでしょうか」

この質問に対して、団は「全然違う」とあきれたように言った。

「私はさっきから、ちゃんと答えを言っています。意思を持つ理由は生きるためです。身の危険を感じたとき、あわてて後ろを向いて逃げるのか、あるいは逆に反撃するのか、その判断を細胞は、当たり前のように行っています。生きるためです。人間の子供だって、友達が近づいてきたら喜んで一緒に遊ぶし、危なそうな犬が近づいてきたら、逃げるなり撃退するなりの状況判断はしますよね。それとまったく同じです。細胞も状況判断を常にしています。そこで判断している主体は細胞しかいない。ならばメカニズムがどうであれ、「そこには意思がある」と言えるんです」

少しだけ考えてから、小船井が小さな声で訊く。少しおどおどと。

「……でも、その親しくしようとか逃げようとかの原初的なモティーフは、脳がなければどこから発生してくるのでしょうか。どうしても腑に落ちないのです」

「絶対に死ぬわけにはゆかないという事情の中から生まれています。例えばバクテリアはのんびりと生きているように見えるけれど、実はとても忙しく生きています。のべつ外からさまざまな物質を取り込み、危険をいち早く察知して対処するなど、そのエネルギーは凄まじい。なぜそんなに忙しいかというと、そうしないと細胞そのものが壊れてしまうからです。自ら膨大なエネルギーを使って自分の体を成立させるというシステムが生命ですから、そのシステムの存続そのものが、生きるモティーフそのものなのです」

沈黙する小船井の横顔に視線を送ってから、「生きものすべてが必死に生きようとしていることはわかります」と僕は言った。おそらくは彼女からすれば、とても愚鈍で頑迷な二人の男に見えるはずだ。

「高等な生きものなら、そこに生への欲求やモティーフが存在していることは当然です。でもやっぱり、脳がない生きものや細胞については、確かにふるまいは同じように見えるにしても、どうしても同列には考えられないのです。意思やモティーフはどこにあると思えばいいのですか」

「お二人とも代謝がわかっていない」

たまりかねたように団は言った。

「特別な場所は存在しないんです。細胞の中はタンパク質やRNA、他にもそれらの複合体が混然と存在する坩堝のような状況です。その坩堝の中に、エネルギー源となる糖の分子がものすごい勢いで入ってきて、酵素群の機能的ネットワークを経過して、最後にこれ以上は役に立たない尿素やクエン酸となって坩堝から外へと放出される。この他にも細胞の中では、タンパク質や核酸を作り直す反応や細胞膜の素材を合成する反応など、何千、何万もの化学反応がネットワークを形成しながら、同時並行で行われています。

このスピードが遅くなると、システム全体が壊れてしまう。そしてひとたびエネルギーの流れが低下すれば、すべてがほとんど同時に瓦解してしまうのです。これをほんの一例をあげます。青酸カリです。これをほんのちょっと飲んだだけで、私たちは即死する。でも青酸カリの作用は、酸素の流れを一瞬乱すだけなんです。ところが身体全体が壊れてしまう。

細胞を家みたいに屋根や壁がある固い構造だと思うからわからなくなるのであって、細胞構造の成立そのものが、自らのメカニズムや機能に立脚した抜き差しならないバランスの上に成り立っているものだということを理解していただけると、生きるモティーフが細胞そのものに内在することを、わかっていただけると思うのですが」

言い終えてから団はしばらく沈黙した。僕も小船井も無言だった。つまり団は、生命活動の本質は絶えず代謝を繰り返すシステムであると言いたいのだ。福岡伸一の言葉を借りれば、動的な平衡状態を保とうとするメカニズム。消化のために胃腸があり、生殖のために生殖器があり、そして意識活動のためには脳がある。それはそれでもちろん間違いではないけれど、いってみれば機能局在（脳は部分的に違う機能を持っているとする説）的な方向に硬直しすぎると、これらがイコールの関係になってしまう。

私たちにできて細胞にできないことは何もない

書くまでもないけれど、消化と胃腸とは同じ要素ではない。学問と学校も同じ要素ではない。映画と映画館も似て非なるものだ。そして意思と脳も、きっとイコールでは結ばれない。〝≒〟ではあっても〝＝〟ではない。そのように頭の中を整理しながら、僕は「団さんはご著書で、原核細胞の原始的な一つの細胞が、初めに生まれた生命の源だと書いていますね」と言った。「ここに記述された「一つの」についてお訊きします。同時多発的に複数の細胞が発生したわけではなく、実際に「たった一つの」細胞が、多くの偶然の集積によって生まれたと考えたほうがいいのですか？」

「原初の細胞がその時期、複数できていた可能性はあったかもしれません。だけど今も生き残っているのは一つだけなのです。他のものはうまくいかなかった。つまり子孫を残せなかった。どうしてそんなことがわかるかというと、今生きているすべての生物で、遺伝子のコドン（遺伝暗号の最小単位）は共通しているからです」

「A（アデニン）とT（チミン）とG（グアニン）と、……あとは何だっけな。C（シトシン）か」

「そう、それだけ。そしてこれはすべての生物が同じ。私たちのコドンも、いちばん最初の細胞から次々と細胞分裂を重ねながら、ここまで運ばれて来たのです」

「……それが事実なら、ちょっとした畏怖感に打たれます。生きものはすべて同じなんだなって」

「すごいですよねえ。植物でも何でもみんな一緒なんだから。つまり生命はすべて、一個の原初の細胞から分岐して、一度も新しく付け加えられることもなく、私たちまで運ばれてきたといえるんです」

言ってから団は、テーブルの上に置かれたクッキーと紅茶を勧めてくれた。リビングのすぐ横の大きなガラス窓の外は、静かに暮れる房総の夕暮れの景色だ。それまでじっと三人のやりとりを聞いていた団の夫で素粒子論研究者でもある惣川徹（そうかわとおる）が、「彼女は若い頃から、私たちにできて細胞にできないことは何もないと、ずっと言い続けています」と、ゆっくりとした口調で話しだした。

「この言説の意味するところを、僕もずっと考え続けています。例えば彼女が「細胞に意思がある」と言うときに意味しようとしていることは、「人間レベルの意思」がそのまま細胞にもあるという意味ではないのです。「細胞のレベル」ですでに「原初的意思」とでも言うべきものがあるからこそ、「人間の意思」という複雑なものが媒介されて出てきているのではないかと言っているにすぎないんです。その過程には何層もの数えきれない媒介過程があったに違いなくても、あくまで出発点は細胞にあり、それ以外にはあり得ないのだ……というのが、彼女の言説の意味することだと思います。

物理学においては、あらかじめ想定される配位空間というものがあります。その空間内を物の状態がどう動くかを記述する微分方程式が、最終的な法則として確定されます。これに対して生物学では、あらかじめ想定される配位空間がありません。それは未来永劫考えられない。だからこそ生物学における最終的認識の表現は微分方程式のようなものではなく、一種の物語のようなものになるのではないかと、カウフマン（スチュアート・カウフマン、アメリカの理論生物学者）は言っています。そこが生物学と物理学の認識の本質的な違いになる。

例えばある時、追いつめられた一匹のガートルード（カウフマンが喩えに使ったリスの名称）が咄嗟（とっさ）に広げた足と手で飛んで危機を逃れたことでムササビに進化したのだとしたら、その現象の可能性をガートルード時代に予定しておくことは、いかなる物理的法則をもってしても不可能である。つまりこの筋道は、「物語」以外のことばで記述することはできないだろうとカウフマンは言うわけです。この意味で生物進化は、「出来事の記憶をずっとつなげてきた現象」ということであって、「複雑系」というより「記憶系」と呼ぶほうが的を射た捉え方だと思うのです。ではその「記憶でつなげてきたもの」とは何だったのか。それこそが「細胞にしかない生命」という現象に他ならなかった……ということではないかと思います。

これほどに批判され続けながら彼女が多用する「擬人法」も、癖のある一女性生物学者の「非科学性」に根ざしていると決めつけて済む問題ではなく、「生命現象に根ざした深い問題」に由来していると理解するべきだと考えています」

「……そういえば、コペンハーゲン解釈を含む量子力学についての解釈においても、意思と観察の問題は古典的な命題ですね」

僕は言った。重ね合わせが前提となる量子力学においては、観測する「人間の意思」が量子の状態を決める（波束が収束する）と解釈することも可能だ。物理的な力ではなく意思によって変化するのなら、観測される側の粒子にも、その意思に呼応する意思があるとの前提も成り立つ。決して荒唐無稽ではないと僕も思う。ただしこの論には理論的裏付けがない。実験による確認もできない。

いずれにせよ量子力学における解釈については、あくまでも思考実験と考えるべきかもしれない。でもその融通性が生物学にはない。意思の主体である生物を対象とするジャンルだからこそ、意思の介在を過剰に忌避してきたと考えることは可能だろう。

「実のところ、私たちは細胞に意思があることを知っているんです」

じっと考え込んでいた団が言った。「それを私たちが合意すれば解決です。難しいことではない。でもそういう概念の合意形成が細胞に対してはできない。その原因は、物理や化学のような先駆的な学問が、〝科学的〟手法を押しつけてくるからです。研究における お金も場所もポストも分子生物学に奪われてしまった。特に細胞レベルの研究は、ほとんど壊滅的です。系統分類学もそうです。生物学全般では、細胞がいちばん割りを食っています」

「でも、生物はいちばんわくわくする主題ですよね」

そう言いながら惣川が微笑み、僕はうなずいた。そこにはまったく異存はない。

「当たり前だけど、根源だと思います」

「細胞は強烈なスピードの代謝によって安定が保たれています。でも、例えば浸透圧のバランスがちょっと崩れただけでも、一瞬のうちに分解してしまいます。地球上の環境のフラクチュエーション（変動）に対応してバランスの幅を広げるために、代謝の経路をたくさん持って生きているけれど、その幅を一歩越えたら簡単に終わります。そしてこのことは細胞もわかっていると思います。もしも私たちが雨に打たれて溶ける存在だとしたら、雨に打たれないようにと考えるでしょう。細胞も同じです。日々刻々と対応しているはずです」

生命はなんでこんなに脆いんだろう

「こんなに貪欲に生に執着するのに、同時になんでこんなに脆いんだろうという気もします」

小船井が言った。団はうなずいた。

「それが複雑さということなのです。猛烈に複雑であるからこそ、分子たちが離れられない格好でまとまっている。でも脆い。細胞膜は油の分子が二層になって水に押し込まれた状態の液晶ですが、小さな穴が開いただけで瞬時に破けてしまいます。それなのに今の状態を保つどころか、細胞分裂なんてとんでもないことをよくやるよという感じで、むしろそっちを強調すべきなのです。

このような状況下では、生きるための意欲がなくなったら、ただちに壊れてしまう。自分の活動や代謝そのもので自分という構造体が成り立っているのだから、これを脅かせば、あっという間に消滅してしまう」

数秒の間を置いてから、惣川が団の言葉を補足する。

「それと「そんな小さなものが考える力を持つはずない」と人はよく言いますけれど、DNAは物質それ自身の構造が意味を持っているわけではなくて、細胞がその構造を記号として使っているわけです。あんな小さなものを記号として使っているって、めちゃくちゃ不思議なことですよ。そのレベルを実践しているのだから、そのレベルの意思がないと断定することはできないはずです」

交互に話す二人の話を聞きながら、僕と小船井は曖昧にうなずくばかりだ。ある程度まではわかる。同意できる。でもどうしても越えられない一線がある。

「……どうしてもそこで、「いったい誰が」と思いたくなる。蓋然的な誰かの存在を思い浮かべてしまう。でも確かに、細胞そのものなんだと思えば、話の筋道がとても明快になることとは理解しました」

「そう、それしかない。どこを見回しても、その一匹の細胞しか、こんなことをできそうなものはいないんです。ということは、やっぱり意思でしょう。それで誰が？　って言われても、私としては「だからこれだと言っているでしょう」という感じなんです」

言ってから団はにっこりと笑う。惣川も微笑を浮かべながら、「出版業界の方も、そういう意思を持たれたら、大きな力になると思いますよ」と小船井に言う。おそらくは軽口だろうと判断した僕は、「仕事にあまり関係ないと思うけれど」と笑いながら返す。

でも惣川は真顔になって、「いやあ。関係は大いにあると思いますよ」とつぶやいた。

「だってNHKのドキュメンタリーなんかでも、CGでDNAが泳いでいるような映像を使うじゃないですか。わかりやすくしすぎている。ああいう映像が子供に与える誤解は大きいと思います」

団が大きくうなずいた。

「DNAがウナギみたいにくねくねと泳いでいる。その映像を見れば、「やっぱりDNAは生命の本質なんだ」と思ってしまうでしょうね」

「例えば携帯電話で、どこそこで何日にお会いしましょうって誰かと約束して、その日時にその場所で二人は実際に会うわけです。約束をかわすために使ったのは電磁波です。でもそれは手段であって、記号がことを決めているわけです。これを物理現象としてみてみたら、めちゃくちゃ複雑なことですよ。「時計を見て、路面を歩いて、次に電車に乗って、こういう力が働いて……」なんてやったって、この現象の本質は説明できない。記号論の世界というのは、絶対ああいう物理とは違いますよ」

「上空から見たら不思議でしょうね。どうやってあの個体と個体はまた出会ったのだろうって」

「しかもその細胞の中を拡大したら、東京とかニューヨークの街よりも複雑だというわけです。鉄道が走っていたり郵便配達がいたりというような感じで、ちゃんと然るべきところに然るべき器官があって、その間をタンパク質が人間みたいに走り回っている。そこに意味を認めないっていうのは絶対におかしい。

例えば神経細胞が伸長するとき、その伸長の先端には細胞質が平べったく広がった成長円錐が作られます。この成長円錐には必ず細い突起が何本も出ています。成長円錐が前へ移動するとき、この細い突起を左右に動かして、あたかも前を探るような様子を示し、実際に筋肉細胞や他の神経細胞に触れると、円錐を解消してシナプスを作ります。いつまでも標的に会えないと、退縮してなくなってしまいます。この過程はしばしば、「神経細胞は手を伸ばしてシナプスをつくる相手を探す」という言い方で表現します」

「擬人化ですね」

「でも実際にそうふるまうのです」

そういってから団はにっこりと笑う。まさしく研究者の笑顔だった。

追記

このインタビューから一年二カ月後の二〇一四年三月一三日、団まりなは急逝した。ご冥福を心からお祈りします。

第5章

死を決めているのは誰か

田沼靖一（生物学者）に訊く

生を解明するためには、死から考えねばならない

約束の時刻に二五分も遅れた。道が予想以上に混雑していたのだけど、そんなことは言い訳にはならない。かなり焦る。おまけに到着した東京理科大学野田キャンパスでは、車を駐める場所がわからずに右往左往した。最終的には四〇分遅れたことになる。家が近いから車にしたのだけど、馴れないことをするべきじゃなかった。やっと探し当てた研究室の扉をノックする。いくらなんでも遅すぎると怒鳴られても仕方がない。でも扉を開けると椅子から立ち上がった田沼靖一(たぬませいいち)は、にこにこと微笑みながら椅子を勧めてくれた。

東京理科大学薬学部教授と同ゲノム創薬研究センター所長を兼任する(二〇一五年当時)田沼は、細胞の生と死を決定する分子メカニズムを専門分野としている。著書は多い。『死の起源――遺伝子からの問いかけ』(朝日選書、二〇〇一年)、『ヒトはどうして老いるのか――老化・寿命の科学』(ちくま新書、二〇〇二年)、『ヒトはどうして死ぬのか――死の遺伝子の謎』(幻冬舎新書、二〇一〇年)など――(タイトルだけでも一目瞭然だが)まさに老いと死のメカニズム研究については第一人者だ。

「私の専門は生化学・分子生物学という分野です。つまり、細胞がどのようにして生き

ているかを解明するための研究です。遺伝子が傷ついたときにどのように修復されるのか。そのメカニズムを調べるために、放射線や紫外線を当てて遺伝子に傷をつけます。でも時には傷つけすぎて、細胞が死んでしまうことがあります。あるとき思いました。この程度なら修復できるとか、ここまでダメージを受けたら修復できないから死んでしまうとか、その判断を細胞はどうやって決めているのかと。つまり修復の限界点です。それは生きる方向からの研究だけではわからない。死の方向から考えねばならない。

特に現代は、遺伝子を起点に死生観や生命観を考える時代になっています。例えば人の身体を遺伝子からみれば、「遺伝子の夢の宿屋」ということになります」

「……夢の宿屋？」

「人という遺伝子のプールのなかで、それぞれ個別の人間が生まれてくる。もちろん遺伝子にはいろいろな組み合わせがあり、いろいろな人間が地球上にいます。どういう組み合わせで生まれてくるかは、遺伝子自身も知らないで出てくるのです。こうして遺伝子はどんどん宿から宿へと移り住んでいく。だからこそ夢としか言えないのではないでしょうか」

うーむと僕は考える。家ではなく宿屋なのか。あるいはドーキンス的な語彙を使えば、ヒトは遺伝子の乗りものだ。宿にしても乗りものにしても、そこには本質はない。本質はここに乗ったり泊ったりする遺伝子にある。でも「夢」という言いかたは初めて聞いた。そう言う僕に田沼は、「遺伝子の夢の表現型が私たちなんじゃないかなと思っています」と言った。

「遺伝子から「人はどこから来たのか」という命題を考察すれば、「人は遺伝子プールの産物として偶然生まれてきた」ということになるでしょうね。遺伝子の組み合わせは多様です。人口はどんどん増えていますけれど、人を構成する二万数千の遺伝子の組み合わせはランダムです。そのシャッフルされた遺伝子から選び出されて、二度と同じ個体は生まれないシステムのなかで膨張している。それが今のホモ・サピエンスの世界です。その遺伝子の産物が個人の多様性をつくっていくわけです。その多様性も、個体が死ねばそれは一回限りで終わって、また新しいものが生まれていく。それがすごくエクスパンド(拡張)しているのが今です。ですから「人はどこへ行くのか」との命題については、エクスパンドが行き着くところまで進み、遺伝子はどんどんミューテーション(突然変異)を起こしていくということですね。江戸時代の遺伝子と平成の私たちが持つ遺伝子は、ミューテーションの積み重ねで微妙に変わっています。顔の形も細くなっているし体格も違う。ですから一〇〇万年の単位で考えれば、もう少し小さな身体になりながら、結局ホモ・サピエンスは消滅していくでしょう。一応一〇〇万年と言われていますけれど、今の地球の環境の悪化からすると、もっと早まるかもしれません」

「身体が小さくなるんですか」

「そう言われています」

「でもひと昔前、例えば江戸時代よりは、間違いなく大きくなっていますよね」

「それは栄養学的なことだと思います」

「ダーウィニズムや性淘汰的な解釈としても、女性はどちらかといえば背の低い男性より背の高い男性を好むと思われるから、小さくなるというのは不思議です。いずれにせよ一〇〇万年ぐらいが過ぎたとき、今のホモ・サピエンスは形状的にはまったく違う生きものになっている」

「そうですね。ただし、それをホモ・サピエンスと呼ぶのかどうかはまた別になります。ダーウィニズムの話に戻せば、進化は環境に適応するだけではないと私は思っています。つまりゲノム外の進化です。例えば言語もそうですね。人はゲノム外の進化が相当に大きな生きものです。私はだいたい中立進化説のほうが正しいと思っているんです。そんな簡単に環境に適応したから残るということでもないと思っています」

そもそも、どのように遺伝子は発生したか

「ここまでの話を要約しますが、遺伝子的に言えば「私たちはどこから来て、どこへ行くのか」という大命題もわりと明快に答えることができると解釈していいですか」

「まあ、一応はいけるのかなと思いますね」

「でも、どうしても「そもそも」がわからない。ならばなぜ、どのように遺伝子は発生したのですか」

うなずきながら田沼は、テーブルの上に置いていた本を開く。

「地球ができて四六億年と言われています。まず水の中にいろんな元素があった。大気中には今みたいなオゾン層はないため、紫外線や宇宙線によって化学反応が促進されていた。特に干潟みたいなところには金属があり、金属に紫外線が当たると元素同士が反応して、アミノ酸や塩基、糖や膜をつくる脂質などが、六億年ぐらいかけて海に溜まってきた（図表6）」

「いわゆる生命誕生のスープですね」

「はい。生命の条件の一つは、自分と同じものをつくる、つまり増殖することです。それと外界から自分を区別する膜がある。その膜を境界にして、増え続けるために外界から栄養をとりこむ。つまり複製／合成／代謝の三つが、生命をつくりだしているわけです」

自己複製すること。膜があること。代謝すること。これが生命の三つの基本要素。これを言い換えれば、もしもあなたが今手にしているこの本が、自己複製して膜を持って代謝しているなら、それは本の形をした生きものであるということになる。

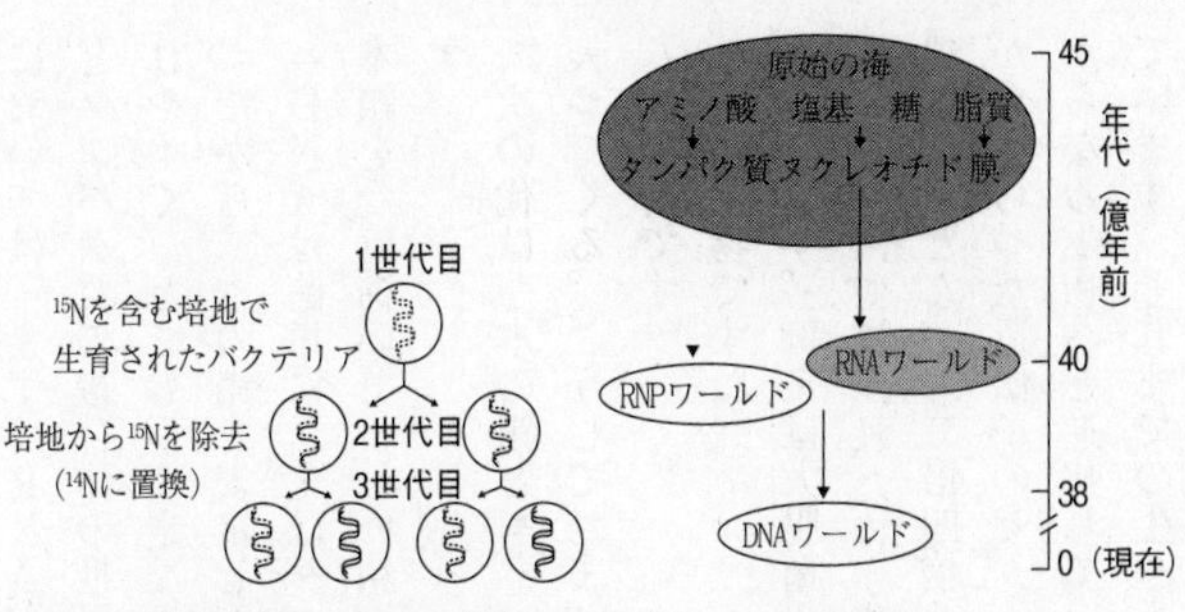

図表７　半保存的な DNA の複製（田沼靖一『生命科学の大研究』より）

図表６　生命の誕生（田沼靖一『生命科学の大研究』より）

「同じものを複製するためには、鋳型が必要です。それがＤＮＡです。こういう遺伝子の海のなかで、私たちのＤＮＡのもとであるアデニンなどの塩基ができてきた。それらが五億年ぐらいの期間で溜まった後に、ＲＮＡワールドができた」

「この場合のワールドは、文字通りＲＮＡ全盛の世界と解釈すればいいですか？」

「そうですね。遺伝子が親から子に伝わる物質がＲＮＡです。セントラルドグマという言葉は知っていますか？」

「遺伝情報はＤＮＡからＲＮＡを経て、そしていろいろなタンパク質がつくられる。生きものの基本原理です」

「そのタンパク質が、生命のさまざまな営みをする。それをつくるＲＮＡはフロッピーであり、ＤＮＡはハードディスクです。これがセントラルドグマ。生命誕生の初期段階であるＲＮＡワールドにおいては、まずはＲＮＡができて、そのＲＮＡからタンパク質がつくられて、ＲＮＡとタンパク質の複合体の世界ができるという流れです。でもＲＮＡは一本の鎖なので切れやすく、とても不安定な世界でした」

「だから二本の鎖で安定しているＤＮＡが誕生した」

「ＤＮＡは簡単に言えばダブルストランド（二本鎖）で、二世代目というのは、親の一本鎖を受け継いで新しい鎖ができて、同じものをちゃんと複製してくるという仕組みです。

次の代は一本の鎖ともう一本の鎖とがつながって生まれます。ここに少しずつ変異が入ってくる。こうしてさまざまな生命が発生する。ＤＮＡを持つ簡単な生物の誕生は三八億年前です」

「原核生物ですね」

「そうです。例えば大腸菌のような、遺伝子のセットを一つしか持たない一倍体生物です。この円で描かれたのが遺伝子のセットです（図表７）。これを二倍にして細胞が分裂して、どんどん二倍四倍八倍と増えていく。一方で私たち二倍体生物は、父親と母親からもらった遺伝子のセットを二つ持っています。つまり一倍体生物が、二倍体の細胞からなる生物へと進化していったのです。ここまででだいたい二十数億年ぐらいかかっています。それまでの生きものは一倍体細胞で単なる分裂で増えますから、親と子で同じ遺伝子しか持っていない。そこから二倍体細胞のまま生きられるような試みをした生物が生まれ、さらにそれを親から子に伝えられるようなものが、今から一五億年ぐらい前に誕生した」

「今もいる生きものでいえば、ゾウリムシやミドリムシ、ボルボックスなどがそうですね」

「そうした生きものから次の進化が始まりました。大腸菌のような細菌類は、少しずつ遺伝子も変化してはいますが、ずっと三八億年生き延びていますね」

有性生殖から「個体の死」が始まった

田沼のここまでの説明を要約する。原始の海のスープに紫外線や宇宙線が降り注ぎ、アミノ酸や塩基などが化学反応によって形成され、さらにそれから何億年も経つうちに、外界と膜の内部とに分かれながら自己複製をする物質が現れた。これが最初の生命（RNAワールド）だ。やがてより安定度の高いDNAが形成され、一五億年前には二倍体の単細胞生物ができ、そして一〇億年ぐらい前から多細胞化が起きた。このあたりから、僕たちが図鑑や博物館などで目にする生きものが地球に誕生する。

「特に爆発的な進化がカンブリア紀に起こり、植物・動物・きのこ類が出現して、今現在に至ります。そのなかでホモ・サピエンスはいちばん上に位置しています（図表8）。ほんの数百万年前のところにいるのです。

私たちは二倍体細胞の生きものです。受精卵が分裂して最終的には六〇兆個ぐらいの細胞になりますが、そこでも体をつくる細胞と子孫をつくる細胞に分けられています。子孫をつくる生殖細胞は、減数分裂をして卵子または精子という一倍体になるという大きな特徴を持っています。その精子または卵子が、別の個体の精子または卵子と合体して受精卵ができます。これが有性生殖です」

「ここから個体の死が始まった……」

「はい。オスとメスが遺伝子を合体するという過程で、死が出現したと考えられています」

「なぜ有性生殖が死を誕生させるのですか」

「合体した遺伝子が別な遺伝子になり、存続にとって不都合なものができる場合がある。それを排除することが種を残すために必要だったのではないか、と言われています」

「えーとつまり、……一倍体細胞の生きものは基本的に不死で、事故とかは別にして死がプログラムされていなかった。でも二倍体細胞になった瞬間、つまり生殖を獲得した瞬間に死のプログラムが導入された。その理由としては、生まれた子供が環境にそぐわない場合に、消滅させなければいけない……という解釈でよいですか？」

僕のこの質問に、田沼は縦と横が曖昧な動作でうなずいてから、「まずはそういうことなんですけれども……」とつぶやいた。つまり微妙だ。僕は言った。

「すみません。一応はいろいろこのジャンルの書籍を読んだりはしています。でもいつも、いまひとつ納得しきれていないんです。今日はできの悪い学生に講義するように教えてもらいたいのですが……」

少しだけ微笑みながら田沼はうなずいた。「市民講座などで話すときも、なぜ生きものは死を与えられたのでしょうと僕から質問すれば、「死ななければ食べものがなくなっちゃうんじゃないか」とか「人口爆発して住むところがなくなっちゃうんじゃないか」「人が多くなりすぎて戦争が起きるんじゃないか」などの答えが返ってきます」

「かろうじてそのレベルよりは勉強はしています。一倍体だって増えすぎたら食べものがなくなってしまうわけですから」

「食べものや住むところは本質的な答えではないですよね。ならばもし、私たちが一個の個体だと

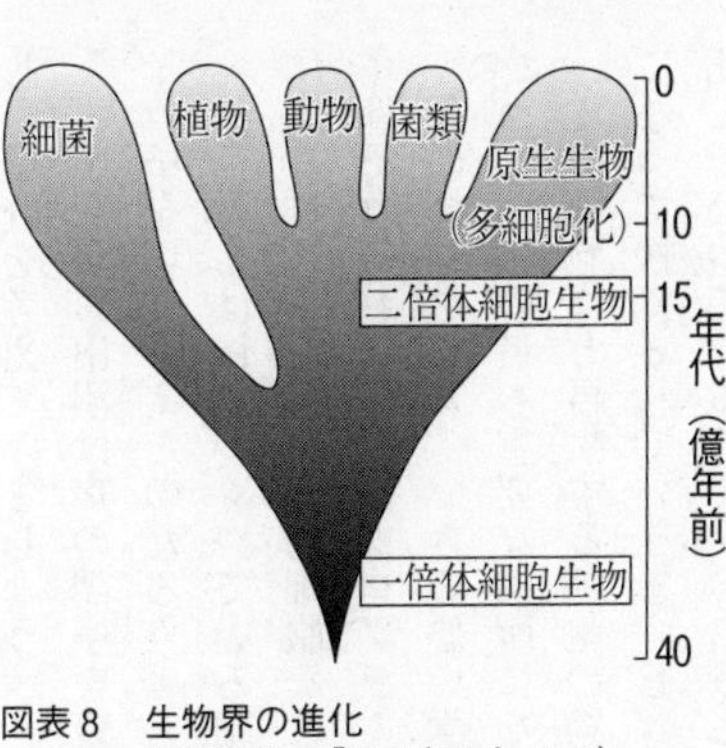

図表8　生物界の進化
（田沼靖一『死の起源』より）

した場合を考えてみましょう」

言いながら田沼は声の調子を変える。できの悪い大学生に講義をするときの回路にスイッチを切り替えたのだろう。

「体細胞とは体をつくっている細胞ですが、皮膚や肝臓といった再生する細胞と、中枢にある神経や心臓の心筋細胞など再生しない細胞に分かれています。そしてこの二つの集団それぞれに、死がプログラムされています」

死のプログラム。できの悪い学生は自信なさそうにうなずいた。ここからが今回のインタビューの最も重要な個所になるのだろう。

「皮膚細胞など再生する細胞の場合は、二八日周期でどんどん分裂して、古いものは垢になって捨てられていきますし、肝臓の細胞は少し遅くて、一年前に生まれた細胞が今死んでいっているのです。こうしてリニューアルされながら、それぞれの機能を保っています。分裂の回数には制限があって、人間の細胞――例えば再生医療でよく出てくる幹細胞は、だいたい六〇回ぐらい分裂する能力を与えられています。生まれたときに回数券をもらうようなものです。一回分裂するごとに回数券を切っていって、六〇回分裂してしまえばもう回数券が終わって分裂できなくなる。その細胞群が老化して増えなくなって、そこで肝臓なら肝臓の機能が終わり、個体が死んでしまう。だから酒を飲みすぎると回数券を切る速度が速くなるわけです。他の臓器が元気でも肝臓が悪くなっちゃえば、個体としては死んでしまう。

死はかなり不完全なものですが、そうした死の回数券がプログラムされている。神経細胞や何十年も拍動している心臓の心筋細胞も、延々と同じことができるわけではなく、定期券みたいに使用回数が決められていて、それが尽きれば死んでいくのです」

なぜ人間には「死の回数券」がプログラムされているか

できの悪い学生はそこで手を挙げる。先生、仕組みはわかりました。でも僕が知りたいのは、「どのように?」ではなくて、「なぜ?」なのです。

「なぜ回数券や定期券の仕組みをプログラムされなくてはならないのですか。使い放題のチケットだってできたはずです。あるいはそもそもチケットなどという発想をしないという選択もあったはずです」

「生きていくあいだには常に、ストレスで活性酸素が出るとか食べものから発ガン性物質が入ってくるとかで、生命のもとである遺伝子=DNAに傷がつけられています」

田沼は言った。

「一分一秒、こうやっているあいだにも、休むことなくDNAには傷がついています。もちろん酵素を使って毎日修復していますが、一〇〇パーセント完全無欠には直せない。

これはよく車に喩えられますが、新車を買ってうまくメンテナンスしながら使えば長くもつけれど、使わないで放置していれば錆びるし、乱暴に使えばあっという間にガタがきちゃう。人間にも機械論的な擦りきれ説があって、メンテナンスをしながら使っても、傷が少しずつ残っていくわけです。生殖細胞に傷が入る確率も当然あるわけで、それが子供に影響を与えてしまう可能性がある。

ただし生殖細胞に傷が入っていても、発現するかどうかはわかりません。私たちは父親と母親の二つの遺伝子をもらっていますから、一つがダメになっていても、もう一つが良ければ表現としては現れてこないのです。例えば親の傷が入ったまま子供が生まれてくるとします。そして、親の傷が入った生殖細胞と子の傷が入ったものが合体する可能性も、生物としてはあり得ない話ではありません。そうすると、ダブルでダメな傷を持つ生物＝個体が生まれるわけです。そして、そういう傷を持った個体が残っていくと、ダブルで傷になる確率がどんどん高くなる。それを「遺伝的な重荷」というのですが、それを回避していかないと、遺伝子プールはやがて絶滅してしまう」

「だから近親相姦は本能的に忌避される」

「それを回避して生き延びるためには、ある傷を持った親というのを、ある時間内で遺伝子ごと全部消去しなければならない。個体ごと消去すれば、古い遺伝子も全部消去されますから、悪い遺伝子がどんどん下に蓄積していく状況を回避できる。死がプログラムされた理由を、私はそのように解釈しています」

田沼は車に喩えたけれど、僕はパソコンに喩えよう。使っているうちにキャッシュやクッキーも含めて不要なデータが溜まり、ストレージの容量が残り少なくなって動作が遅くなる。時にはウィルスに感染してプログラムに傷を受ける。それらを修復しながら使い続けることもできるけれど、一定以上のダメージを受けたときには、修復するよりもストレージのデータを新しいパソコンにコピーしたほうが安上がりだ。そして古いパソコンは廃棄する。つまり天寿をまっとうさせる。そこまではわかる。でもパソコンの場合には、それを所有している僕が廃棄を決める。ならばそれぞれの命については、誰が死を決めるのだろう。

「例えばダウン症の子供が生まれてきますよね。あれは遺伝子にとって、別に悪いことではないのです。人間社会ではハンデがあるかもしれませんが、遺伝子から見たらそんなことはかまわないわけです。「個体として生まれる」ということは、それは不良品じゃなかったことを意味している。でもロバとウマを交配したラバは、次の世代には生まれない。とりあえず一代だけは認められるわけですけど、次の世代にはいけないわけです」

「その「認める／認めない」の主体は誰でしょうか」

「それは受精卵自身でしょうね。私たちの細胞も、傷を受けたときには自分で判断して、死ぬか生きるかを決めています。私たちの研究室のいちばん大きなテーマは、そうした「死ぬか生きるかを細胞がどうやって決めているか」ということにあります」

私たちには二つの死がプログラムされている

「先ほども話しましたが、私たちの細胞には、再生する細胞としない細胞があります。再生する細胞には元の幹細胞がある。再生医療のキーワードで、造血幹細胞や皮膚の細胞などがある。例えば肝臓の細胞ならば、機能を果たしてやがて老化してアポトーシスでクリーンアップされて死んでいく。でも同時に（肝細胞に対して）「またここに増えなさい」との情報が届くので、肝臓は一定の機能をリニューアルしながら、一定の期間は働き続けるわけです。神経細胞など非再生型の細胞は、胎児のときにはどんどん分裂して増えますけれど、生まれたときにはもう神経回路網が繋がっていますから、あとは（増えないまま）ずっと何十年も生き続けている。私たちは高度な精神活動を行いますから、神経細胞は少しずつ少なくなっている。歳をとると物覚えが悪くなりますが、それは神経細胞の量が少なくなっているわけです。神経細胞が少しずつ死んでいって、数が一定以下になると統制が保てなくなる。つまりスレッシュホールド（閾値(しきい)）です。

私たちの細胞には二つの死がプログラムされています。一つはいまご説明したアポトーシスで、もう一つは私が命名したアポビオーシスです（図表9）。アポトーシスは個体が生きていくために、個々の細胞が消去されてゆく現象です。再生しないアポビオーシスの場合は、個々の死であると同時に個体の死をも意味します。つまりこの二つの細胞の死は、個体に対しての意味合いが全然違います。

再生型の細胞に備わっている死であるアポトーシスは、生きていくために古い細胞をきちんと消去して、また新しい細胞をつくるための循環に戻していくシステムです。けれども再生しないほうの細胞、——神経細胞とか心筋細胞の死であるアポビオーシスは、個体の死に直結します。つまり個体を消去する機能であって、個体を自然の循環のなかに戻していくとの見方もできます。

このプログラムのどちらかが尽きることによって、人を含めて生きものは死ぬようになっています。これは二重の死であって、それによって進化していく。これを遺伝子から見ると、私たちの身体の中をめぐりながら、自分たちが続くために（身体を）移り住んでいるという生命

細胞死の生物学的意義

アポトーシス（apoptosis、自死）
○再生系の細胞に備わった**細胞消去**の機能
○**個体の循環**のなかに戻る

アポビオーシス（apobiosis、寿死）
○非再生系の細胞に付与された**個体消去**の機能
○**自然の大循環**のなかに戻る

図表9　生物の2つの死

観が芽生えます。そうしたダイナミックな循環のなかに私たちはいるわけです」

「細胞の自死と訳されるアポトーシスは有名です。自死する目的は他の細胞を生かすため。アポビオーシスはより大きな循環に個体を戻すための死であるということですね。ある意味で宗教的であり哲学的であり、循環のなかに戻るというのは納得しやすいというか、実際そうなんでしょうし、そのあたりで折り合いをつけるしかないと思いやすい部分ですね。個体の死を考えるとき、人類という種を残すために、個がアポビオーシスしていくという言い方もできますよね」

「そうですね」

「でもそこでもやっぱり、個には意識があるという問題に立ち返ってしまうわけです。循環のなかに戻るとはいうけれど、意識としては消えちゃうわけです。やっぱり承服しきれない。ならばまあいいかとは思えない。だからこそ大昔から、人は不老不死を夢見てきました」

「そうですね」

少しだけ困ったように田沼はうなずく。

「二つのメカニズムがあることはわかりましたけど、特にアポトーシスのほうは、やっぱりテロメアが関わっているわけですか」

「そうです。私たちのＤＮＡには、縄跳びの紐みたいに外側にグリップがあります。そ

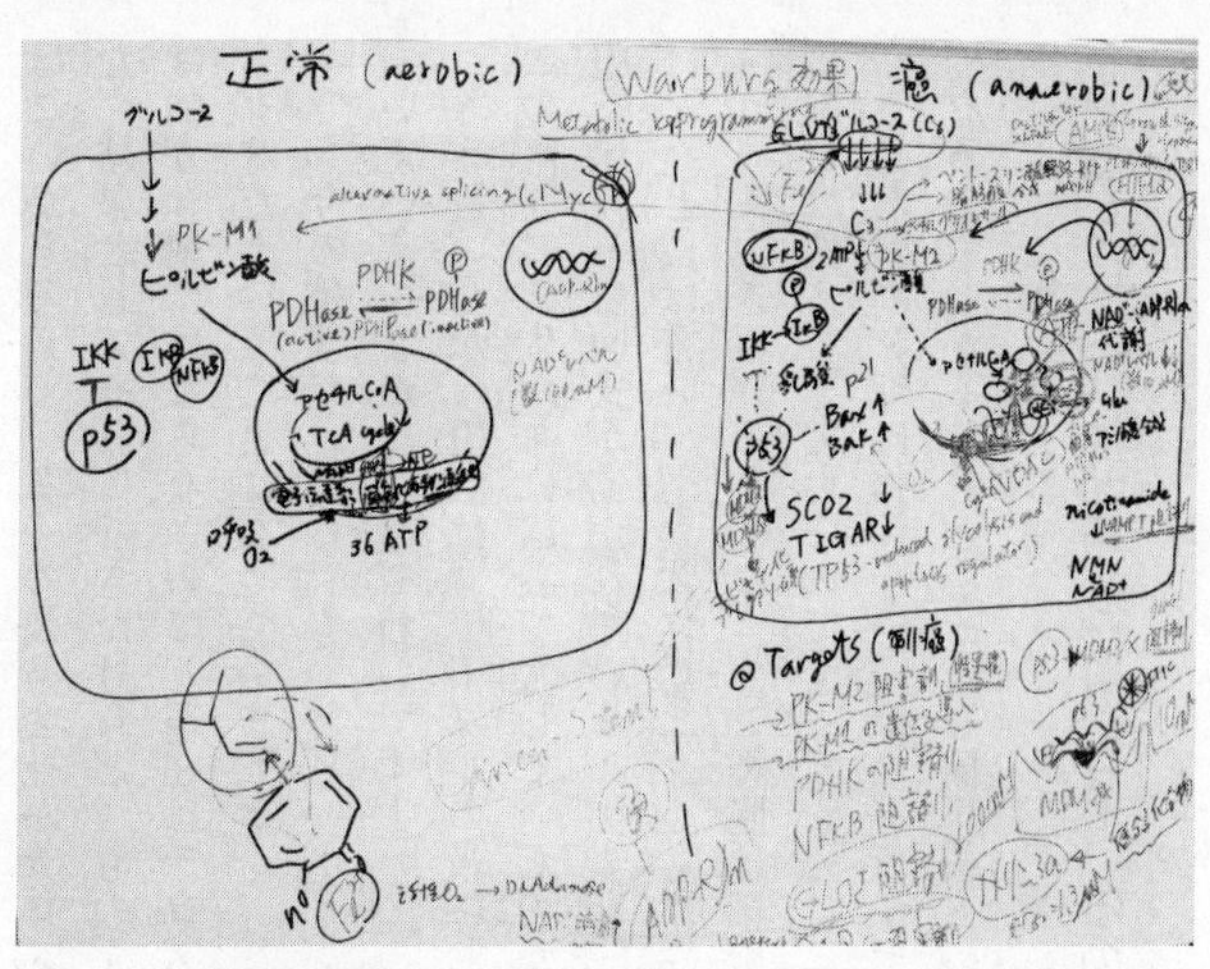

図表10　（研究室のホワイトボードに記されていた）正常な細胞とガン細胞の比較図式

こに二本の鎖がつながっていて安定しているわけです。細胞が分裂するたびにグリップが少しずつ短くなって、最終的には二本鎖がグチャグチャになって、そこで終わります。分裂の回数は最初から決められている。それがテロメアです」

「テロメアによって細胞の寿命は決められている。ところが生殖細胞とガン細胞だけは例外的にテロメアが再生する。ならばなぜ今の医学は、これを普通の細胞に対して応用できないのでしょうか」

「ガン化しちゃうんです。これを逆に言えば、ガン細胞が持つテロメラーゼというテロメアを伸ばす酵素を阻害すればガン治療に結びつくのではないかと考えて、多くの製薬会社がテロメラーゼを阻害する薬を開発しようとしました。結果としてそれはできたけれど、ものすごい副作用があることがわかった。それでは制ガン剤にはならないので、現在はテロメラーゼを制ガン剤開発のターゲットにしてもダメだということになっています」

「でも今の科学だったら、もっとピンポイントにする方向にできそうですよね」

「いえいえ。なかなか手ごわいですよ」

そう言いながら田沼は、テーブルの横におかれていたホワイトボードに視線を送る。この直前に学生たちに講義でもしていたのか、そこにはびっしりと正常な細胞とガン細胞を比較した図式が描かれている（図表10）。「ガン細胞のほうがすごく複雑に見えますけど」と僕は言い、「実際に複雑です」と田沼はうなずく。

「うまく生き延びるように、ガン細胞は細胞一個一個のなかのエネルギーの代謝を正常細胞とは変えてきているのです。だから、これを俯瞰的にちゃんと理解しないと、きちんとした制ガン剤は作れない。テロメラーゼだけを阻害すればいいじゃないかと考えたくなるのもわかるけれど、そんな簡単なものじゃないんです」

なぜ僕らはこれほど巧妙にできているのだろう

僕は腕の時計に視線を送る。遅刻したうえに予定の終了時間を大幅に過ぎている。そろそろ終わりにしなければ。でも最後にこれだけは訊いておきたい。

「今のガンの話にしてもそうですけど、これだけ複雑なシステムを僕らは持っているわけですよね。僕は特定の信仰は持っていないけれど、なぜこれほど複雑に、そして巧妙にできているのだろうと不思議になります。何らかの意思のような存在を夢想したくなる。田沼さんにはそういう瞬間はないですか」

いわば定番の質問。それもこのときはかなり剝きだしに訊いてしまった。だから当然ながら田沼からは、「それはないですね」と否定されるだろうと思っていた。でも田沼は、少しだけ考えてから、「確かにありえないほどに高度なシステムで私たちはできている。何かがちょっと狂うだけでいろんな病気が発生しやすいのに、うまく修復しながらやっている。他の生物に比べて（人間は）、段違いにうまく統制が取れている生物だと本当に思いますよ」と言った。

「いくらなんでもできすぎじゃないかとは思わないですか」

僕は言った。要するに誘導だ。白状しろ。殺ったのはおまえだろ。目撃者もいるんだ。白状してさっさと楽になれ。認めないとひどい目にあわせるぞ。でも追い詰められる前に、田沼は拍子抜けするくらいにあっさりと首を縦に振る。

「時おり思いますよ。……例えばそれこそ人間の体だけじゃなくて、地球と太陽の距離とか、いろんな物理定数なんかもできすぎなんですよね」

先を越された。僕はあわてて「人間原理ですね」と言った。「この宇宙や世界は人間が誕生するために存在しているとの仮説。ある意味でオカルトです。でも確かに、この世界はできすぎなんじゃないかなと思いたくなる」

「水がそうですね。なぜか凍ると質量が小さくなる」

「他の物質なら凍ると分子の結合が密になって重くなるけれど、水は分子の形が独特なので隙間が空いて体積が増えるとの説がありますね。でも水の分子がなぜそのような形になったのか、それは誰にもわからない。でもとにかく氷は軽くなるので水に浮く。だから地球の水は液体のままでいられる。そして生命が発生した」

「あるいはこの地球上に私たちが立っていられる理由の一つである万有引力は、距離の二乗に反比例している。なんで三乗じゃないのか。これも誰にもわからない。数式で理解はしているけれども、なぜかとの疑問に関しては答えられない」

そう言ってから田沼は、言葉を探すように視線を宙に漂わせる。

「……例えば視覚については、「どのように見えるか」との問いかけはサイエンスになります。けれども「なぜ見えるのか」という問いについては、本質的に答えることができない。それはサイエンスのフィールドではないとされてきたけれど、死に関してはそうはいかない。Ｗｈｙを解明しなくては前に進めない。アポトーシスの研究を二〇年ぐらいやってきましたが、どのように細胞が自分の死を決めているのかは、いまだによくわかりません。

特に私は薬学部という実社会に近いところにいます。がんセンターに行けば、余命いくばくもない方にたくさん会わなければいけない。それを抑える薬もない。手術もできない。困ったなと思っても、本人にはなかなか言えない。本人は仕事がしたいと言っていても、あと数カ月しかないのに……と思いながら、話を聞くしかない」

そこまで言ってから、田沼は深く息をつく。「早くなんとかしないと……と本当に思います」

「誰がその決定をしているのでしょうか。いま田沼さんは「どのように細胞が自分の死を決めているのか」と言ったけれど、それはもちろん比喩ですよね」

「はい。そのメカニズムはまだ解明されていません。それが私たちのテーマです。でも言えることは、そうした判断を誰がやっているかということではなく、そういう仕組みを持った生物が生き残ってきたということです」

「そういう仕組みを持たない生物もいたけれど、それは繁栄しなかった。つまり残されていない。だから我々は残った自分たちを見て、これは偶然ではありえないと思っている。その可能性もありますね」

言いながら考える。男性が一回で放出する精子の数は数億だ。要するに我々は誰もが、宝くじどころではない気の遠くなるような確率を突破して、この世に生を受けている。でもこの抽選から外れた人は生まれない。ならば比較の対象がない。だから人はこのありえない確率を実感することができない。そんなことをつぶやく僕に、田沼が大きくうなずいた。

「進化もそうですね。遺伝子をいろいろ組み合わせてバラエティをたくさん作っておいて、そこから環境に適応したものが繁栄して生き残った」

「その末裔(まつえい)が僕たちです」

「だから誰が決めたというよりも、その時代の環境にセレクションされ続けてきたと考えるべきだと思います」

そこで気がついた。受精も進化も、結局は多めに作ってほとんどが犠牲になるという意味では、広義のアポトーシスということになる。「念のため確認しますが」と僕は言った。「田沼さんはそう考えることで、完全に納得されているんですね」

細胞の意思決定のシステムは解明されていない

少しだけ間が空いた。時間にすれば数秒だけど。

「……まあ、とりあえずはねえ」

言いながら田沼は、少しだけ顔をしかめている。その困った顔を見ながら、僕は何となくサディスティックな気分になる。

「とりあえず、なんですか」

「うーん」

「そうした留保がつくということは、すべて納得しきれていない部分があるんですか」

「……少なくとも、すべてではないです」

そう言ってから田沼は、「ある程度矛盾がなければ、よしとするしかない」とつぶやいた。僕は訊く。

「よしとするしかないという言葉の意味は、矛盾に対して仕方なく目をつぶるということですね。本当はそれでいいのかな、という気持ちもあるのですね」

顔を上げた田沼は、授業に大幅に遅れてきたくせに不意に攻撃的になった生意気な学生の顔を正面から見つめ返す。

「それはあります。細胞に放射線を浴びせると遺伝子に傷が入る。傷が一〇〇個入ったら細胞は死んでしまう。でも一〇個の場合は生き延びる。じゃあ三〇個ならどうなるかとか、少しずつ放射線の強さを変えてスレッシュホールド(閾値)を調べるわけです。ここまでは修復するけど、ここからは死に向かうということがわかる。でもならば、どうやって傷の数から生死の判断を決めているのか。その判断は細胞がしているはずです」

「ところが細胞の意思決定のシステムは解明されていない」

言いながら、もしもここに団まりながいたら、男二人で何でそんな低レベルなことを悩むのかしらと一喝されるだろうなと考える。

「それが私のテーマです。それがうまく応用展開していくようにしないと、研究費は入ってこないのです。死から修復を見る。すると疑問が生じる。なぜ細胞は死ぬことを決めているのか。そしてそれを決める基準はどこにあるのか。まあ最近は、この分野が大事なことと認知されるようになってきました。でも昔は、「それやって何になるのか、結局は袋小路だぞ」ってよく言われました」

「そもそもの話に戻ります。最初の生命の発生は、子供向けの図鑑なんかにも「シトシンがあってアデニンがあって初期のＲＮＡができました」というようなことが書いてあるけれど、それは偶然と考えるべきなのですか？　偶然にできたいくつかの塩基がたまたまつながって自己複製を始めたと解釈するほかないとは思うんですけれど」

「そうですね。再現はできないので、どうしても類推になってしまいますけど」

「でも、ならばビーカーの中でも再現できるはずですよね」

「たまたま海の干潟（ひがた）のようなところに器のようなくぼみがあって、鉄鉱石のような鉱物が触媒として働いて、そこにさまざまな物質が溜まって化学反応が起きてつながっていって、いい配列のときにこれを情報にしてアミノ酸とタンパク質ができる。生命はそのようにして発生したと考えられています。その配列の試行錯誤には何億年もかかっています。ビーカーでは無理ですね」

「今の科学では再現できないほどの途方もない確率が、自然にできたということが不思議です。もしも確率の問題だけならば、スーパーコンピュータを使って演算すれば、条件設定ができるような気がします」

「そうですよね。でもそれが今のところ、教科書的な前提です」

そう説明する田沼の声の調子が心なしか低い。明らかに困惑している。僕は質問の角度を変えた。

「例えば生命の発生について、あるいはアポトーシスについて説明されるときに、田沼さんは時おり擬人化されますよね」

「本当は使うべきではないのです」

「でも使っています。独断を承知で言いますけれど、説明しながらも自分で納得しきれていない、どこか腑に落ちない部分があるんじゃないかと勝手に解釈しているんですけど、それは間違っていますか」

田沼が小さく吐息をつく。

「……間違ってはいないです。そのとおりです。でもそれは、公式の場ではなかなか口

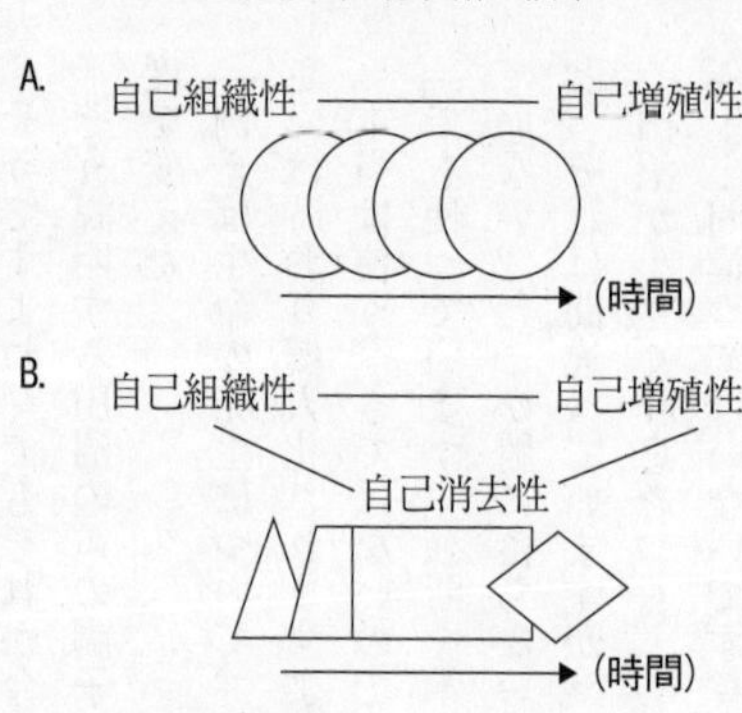

図表11　生命の特性
（田沼靖一『生命科学の大研究』より）

にできません」

言ってから田沼は口を閉ざす。多くの人が読む印刷物に掲載されることが前提のインタビューで、公式の場では口にできませんと口にする。その矛盾に気づいていないはずはない。でも田沼はごまかさない。逃げない。質問されれば答える。とても誠実だ。

「最後に一つだけ、リチャード・ドーキンスの「利己的な遺伝子」についてどう思いますか」

僕は訊いた。特に予定していた質問ではなかったが、田沼と話しているうちに、どうしてもこの質問をぶつけたくなったのだ。田沼は即答した。

「さきほど言ったバクテリアのような一倍体の生物についてなら、利己的な遺伝子の考えは該当するかもしれません。でも二倍体になった生物は、利己的な遺伝子だけでは子孫を残せない。むしろ利他的な遺伝子です」

「それはパートナーを見つけなければいけないから、ということですか」

「というより、自分を消去していかなければならないから。だからこそ集団の遺伝子プールが成り立っている。これ（図表11）を見てもらえればわかりますが、自己組織性と自己増殖性という二つが生命の基本です。Aの生物は大腸菌のようなバクテリアです。だから利己的な遺伝子です。しかし自己消去性というものを持っているのが、Bの二倍体生物です。つまり私たち。老化した自分自身を消去して次の新しい生命の更新をしていくことによって、ホモ・サピエンスの遺伝子プールが成り立っている。これは利他的な遺伝子でないと成り立ちません」

「……でもこれは、要するに遺伝子の配列ですよね。ということは、コピーは残しているわけです。自分自身を形成する遺伝子は消えたとしても、そのコピーが残るんだから、やっぱり利己的なんだっていう言い方もできなくはないですよね」

「でもまったく同じコピーではないですよ」

今さらだけど言われて気がついた。有性生殖をする生きものは同じ遺伝子を残さない。配偶者と融合しなくてはならない。

以前に喩えに使ったパソコンの場合は、寸分違わず同じデータを次世代のパソコンに渡せる。つまりコピーだ。でもこれは有性生殖とは根本的に違う。利己的な動機だけでは説明できない。

確かに遺伝子は利己的だ。でも利他的でもある。相反する二つの要素が共存している。

第6章

宇宙に生命はいるか

長沼毅（生物学者）に訊く

「地球以外にも生きものはいるか」という問題

ＪＲ田町駅から徒歩五分の距離にある広島大学東京オフィスの瀟洒なロビーで僕を待っていた長沼毅は、名刺を交換しながらの自己紹介の際に、以下のフレーズを口にした。

「生まれは一九六一年四月一二日。つまり人間が初めて宇宙に飛んだ日に生まれました」

地球レベルで極地や僻地でのフィールドワークを中心とする研究を行う長沼は、テレビ出演時にはしばしば「科学界のインディ・ジョーンズ」などと紹介されている。

確かにその雰囲気はある。そして雰囲気だけではない。かつて長沼は宇宙飛行士に憧れ、宇宙開発事業団（現ＪＡＸＡ）が募集する宇宙飛行士採用試験に応募して、二次選考まで残った過去がある。ちなみにこのときに最後まで残ったのが、後に国際宇宙ステーション（ＩＳＳ）に五カ月間滞在した野口聡一だ。

「幼稚園児の頃、滑り台からすべってきて下に着地したとき、ふと「自分はどこから来てどこへ行くのだろう」と思ったんです。その瞬間に、自分が宇宙空間にふわっと浮遊しているイメージが浮かんで。とても怖いのだけど、同時に懐かしいような気分もあって、これは何だろうと考えました。とても古い記憶です。それがずっと心の中にありました。

その後に小学校、中学校、高校と進んで、なんとなく大学を選ぶときに、「自分はどこから来てどこへ行くのだろう」という命題にいちばん近い学問は、生物学だと思ったんです。それで、生物学を勉強できる大学に進みました。その頃は面白い時代で、私の高校時代に海底火山のまわりに群がっている深海生物「チューブワーム」が発見されたり、その変な生きものの住む地球の海底火山は、我々の知っている太陽に端を発する生態系とはちょっと違うということがわかってきました。チューブワームは我々の知っている世界とは違った世界の住人で、「もう太陽はいらないよ、その星の内部が熱くたぎっていれば、その星の内部のエネルギーで生きていけるよ」という、ちょっと変わった生きものです。そういうことがわかってきた。

ほぼ同時期に、木星の衛星で火山活動が発見されました。そこになぜ火山活動があるのか、その理由はここでは詳述しませんが、それと同じ理由で、その隣の衛星にも火山があると考えられています。しかし、それは見えません。なぜなら、お隣の衛星は全体が氷で覆われているからです。でも、その氷の下には必ずや火山があって、その火山の熱によって氷の底が溶けて、液体の水や海があるかもしれない。ならば地球以外の星の、氷の底の海底火山に、チューブワームのような生きものがいてもいいいんじゃないか。高校三年の頃に、そんなことを考えていました。

たぶん「自分がどこから来て、どこへ行くのか」という問題と、「地球以外にも生きものがいるだろうか」という問題は、実は一つの根っこから発していると思ったんです。でも、そんなことを教えてくれる大学の学部はないし、先生もいない。結果論で言えば、大学院を出るまで、ほとんど独学で勉強をしてきました。ところが「海底火山になぜこのような特異な生物がいるんだろう」と考えると「海底火山とは何だろう」とか「なんで海底火山から太陽に変わり得るようなエネルギーが出てくるんだろう」とか「それをもっと太陽系に普遍的に広げられるのかな」などの疑問が出てきて、とても生物学の範疇だけでは収まらないんです」

そこまで言ってから、長沼は少しだけ沈黙した。こうやって文字にすると一気呵成にしゃべり続けたかのような印象を与えてしまうかもしれないが、長沼は決して饒舌なタイプではない。むしろ自分が何を今求められているのかを考えながら語るタイプだ。ところがこのときは、「人はどこから来てどこへ行くのか」から話が始まってしまった。いきなりストライクゾーンだ。このままでは短時間で終わってしまう。少し話を横に逸らしたほうがいいかなと僕は考えた。

「長沼さんが大学生の時期は、分子生物学とかがすごく脚光を浴びだした頃だと思うのだけど、そちらに興味は湧かなかったんですか？」

「分子生物学は「生物学が普遍性をもつ」という意味ではとても面白いですね。でも、なんとなく文字列にすぎないと思ったんです。今のところ人間の場合、文字列が三〇億あるとわかってはいるけれども、結局は文字列だよねと」

「塩基の配列のつながりということですね」

「そう。その文字列の中に人間の本質は書かれているとの解釈であるならば、それは少し力技だよなと思ったんです。私が知りたかったのは、もうちょっとその上というか、「たまたま地球生物はＤＮＡというもので文字列／インフォメーションをつくって、そこに生命の本質や原理を書き込んでいるけれど、これは本当に（宇宙全般に）普遍的なのだろうか」ということです。だから地球上の生物よりもむしろ、「地球外生物もやはりＤＮＡを必然的に使うのか、他の物質でもいいのか」というところに興味がいってしまったんです。

地球生物の普遍性を理解するうえで分子生物学はすごく有効ですけれども、では宇宙全体は？　と考えたときは、分子生物学だけでは限界があると思いました。もう少し幅広く、生物界というか生命というものを見たいと思ったので、分子生物学には深入りせずに地質学とか天文学のほうに（フィールドを）広げたんです。

生物というのはやはり物質ですから、物質の世界のことを深く知る必要がある。だからＤＮＡや文字列だけではなく、電子とか原子とか分子について、もっと深く知りたいと思ったんです」

チューブワームという不思議な生きもの

「その後はずっと生物学者としてフィールドワークをなさっていますけれど、自分の中で最も大きかった発見はなんでしょう？」

「やはりチューブワームですね」

「ということは初心のままずっと」

「はい。大学から大学院を経過してプロの研究者になって、初めて手がけた研究です。海洋科学技術センター（現・海洋研究開発機構）の深海研究部という部署に入って、「しんかい2000」とか「しんかい6500」という潜水船に乗って調査することができた」

……いいなあ。思わず嘆息する。深海の探索は、子供の頃からの果たせない夢の一つだ。深海生物の図鑑は何冊も持っている。

「六五〇〇メートルでは、さすがにチューブワームは生息していないですよね？」

「深くても三〇〇〇から四〇〇〇くらいですね」

名前が示すようにチューブワームは、一本のチューブ（管）のような身体で海底に根を張っている。だから植物のように見える。でも植物ではない。和名はハオリムシ。ハオリの由来は、管の先端の赤い鰓の下にある小さな羽織のような器官からきている。和名はムシ（ワーム）だけど、チューブワームは虫でもない。分類は環形動物門多毛綱シボグリヌム科だ。つまり動物。ところが動物なのに口がない。ものを食べないのだ。

「とても矛盾に満ちた存在です。ただしもちろん、生きものであるかぎり栄養は必要です。植物の場合は、太陽の光を浴びて自分で栄養をつくります。これを専門用語で「独立栄養」と言います。チューブワームは動物なのに、植物と同じように独立栄養でデンプンなどをつくります」

「でも深海には光がない」

「はい。光がないのに、どうやって栄養をつくるのか。海底火山から出る硫化水素を使います。チューブワームのチューブ状の身体は白くて硬い。チューブの中にはミミズのような細長いウニョウニョした軟体部があり、その先端に赤い鰓があります。これでまわりの海水から酸素と硫化水素を取り込み、軟体部に送り込みます。チューブワームには口も胃腸も肛門もありません。消化管がまったくないんです。軟体部の中はソーセージのようにグチョグチョで、そのほとんどが微生

図表12　チューブワーム　AFP＝時事

物です。

これらの微生物は(鰓から取り込まれた)酸素と硫化水素からデンプンをつくり、自分たちのエネルギー源としています。そして余剰のデンプンをチューブワームが利用します。つまりチューブワームと微生物は、完全にＷｉｎ－Ｗｉｎの関係です。これに匹敵するものがあるとしたら、私たちの身体の中にあるミトコンドリアや、植物の細胞内にある葉緑体くらいです。この二つも、かつてはチューブワームと同じように細胞内共生だったと考えられています。チューブワームの中にいる微生物も、実はチューブワームの細胞内に入り込んじゃっています。だからあと一〇〇万年とか一〇〇〇万年とかすると、ミトコンドリアや葉緑体と同じように、(細胞内で)同化してしまっているかもしれないですね」

言ってから長沼はうれしそうに僕の顔を見る。本当にチューブワームが好きなのだろう。でもここはもう少し緻密な説明が必要だ。少し重複するが、チューブワームについての説明を、長沼の著書『世界をやりなおしても生命は生まれるか？』(朝日出版社、二〇一一年)から引用する。

チューブワームの体のつくりを見てみましょう。体を覆っている白い管(チューブ)は、カブトムシやクワガタの殻、カニやエビの甲羅と同じように硬い物質でできています。キチン質という物質です。その硬いチューブの中に軟らかいミミズのようなものが入っています。軟体です。
内部の軟らかい部分を上手に引き出すと、チューブワームの身体が3つの部分からなっていることが分かるでしょう。いちばん上の赤い部分、これはエラですね。魚のエラと同じように周りの海水から酸素を取り込みます。と同時に硫化水素も取り入れます。硫化水素と言うと難しく感じますが、まあ、なんとなくイオウの化合物だと思ってください。温泉、あるいは火山の近くに行ったとき、そこで「卵の腐ったようなにおい」と言われるもの、あれが硫化水素です。毒ガスなのでたくさん吸うと死にます。（中略）総体重の半分以上が微生物となると、もうどっちが本体なのか分からない。まさに「庇を貸して母屋を取られる」です。この体内微生物の名前は「イオウ酸化細菌」。細菌のことを英語で「バクテリア」と言うので、「イオウ酸化バクテリア」とも言います。チューブワームのために栄養を作って提供しているのは、このバクテリアなんですね。

要するに細胞内共生。大ヒットしたコミックの『寄生獣』（講談社、一九九〇～九五年）は文字どおり寄生（パラサイト）だが、共生とは少し違う。寄生と共生が違うことはわかるけれど、細胞内共生については、実のところよくわからない。何か腑に落ちないのだ。「ミトコンドリアのDNAは次世代に引き継がれますよね」と僕は言った。

「つまりミトコンドリア・イブですね。要するに人間の細胞には、生まれたときからミトコンドリアが共生している。葉緑体も同じですね。でもチューブワームの次世代は、このバクテリアを持って生まれるわけではない?」

「自分で海水から新たに集めるわけです」

「そして体内で一気に増える?」

「そうですね。メカニズムとしては感染症と同じです。だから今、チューブワームは人間の感染症を研究するモデル生物としても注目されています」

一九九九年、テレビ・ディレクターだった僕は、『1999年のよだかの星』というタイトルのテレビ・ドキュメンタリーを発表した。テーマは動物実験だが、宮沢賢治が書いた童話『よだかの星』をアニメ仕立てでサイドストーリーにした。生きるために虫を食べる自分の業に葛藤した心優しいよだかは、最後には空に輝く星となる。でも僕たち人間は、同じように多くの生きものの命を犠牲にして生きながら、よだかのように星になることはできない。だからこそ知らねばならない。家畜たちはどのように屠畜されているのか。実験動物たちはどのように利用されているのか。……この作品のテーマを無理に言語化すれば、そんな感じになる(そもそも映像作品のテーマを言語化すべきではないと思っている。絶対に違和感が残る)。

植物は太陽光のエネルギーを利用することができる。でも動物にはそれはできない。肉食や雑食動物だけではなく、草食動物だって植物という生命を自分の生のために摂取する。

ところが地球上の動物すべてが逃れられないと思われていたこの定めから、深海で生きるチューブワームは解き放たれている。とても画期的な生きものだ。

「そもそも、チューブワームの寿命はどれくらいですか」

「よくわからないんですよね」

「けっこう大きいと思ったけれど」

「サイズが大きいものは一メートルを超えて、最長だと三メートルと言われています。そのサイズになるまでに、硫化水素と酸素の供給が多いところなら、一年くらいで一メートルを超すようです。でも極端に少ないところだと、一メートル育つのに一〇〇〇年かかるという推計値もあります」

「じゃあ寿命は数千年の可能性もあるということですか？　ゾウガメの比じゃないですね。ヤクスギやセコイア杉だって一〇〇〇年は……」

「最も長寿な動物という説もあるくらいです。実際のところはわかりませんが」

「深海の熱水噴出孔に生息する生きものは、チューブワーム以外にも、コシオリエビやユノハナガニなど、貝類も含めてたくさんいますけれども、硫化水素と酸素から栄養を取るのはチューブワームだけですか？」

「チューブワームは、栄養の一〇〇パーセントを微生物からもらっています。他の生きものはこれほど完璧ではないですね」

「例えば？」

「シンカイヒバリガイは鰓の細胞内に微生物が共生していて、チューブワームと同じようなことをやっています。それからカニなんかだと、自分の体の表面にペタペタと微生物がくっついてくるので、それをなめるように食べてしまう。いくら食べてもまたすぐに微生物がくっつくので、またどんどん食べるというわけです。チューブワームも体内にいる微生物を食べているといえなくもないけれども、実際にどのように栄養のやりとりをしているのかは、まだよくわかっていないんです」

「牛など草食動物の多くは、胃で草を消化して栄養を吸収していると思われがちだけど、でも正確には、胃の中にいる微生物が、セルロース（炭水化物の一種）も含めて草を消化・吸収して、その増えた微生物を次の胃で消化・吸収している。つまり草食動物も結局は肉食であるとの見方ができるとの説がありますね」

「そうですね。その見方はできます」

「それにそもそも草食動物とはいうけれど、草だって生きものであることには変わりはない。結局のところ動物は、他の生きものの命を殺めないことには生きてゆけない。ところがチューブワームは唯一の例外です。自然に存在する化学物質だけを利用する。そもそも消化管を持たないのだから」

実のところ自分で言いながら自分で納得できていない。つくづく不思議な生きものだ。その生態にはまだまだ不明な点が多いにしても、特異で画期的な動物であることは間違いない。

この宇宙に生きものは存在するか

でもいつまでもこの話ばかりをしているわけにもゆかない。時間は限られているし、長沼に訊きたいことは他にもたくさんある。その一つは宇宙の生きものについてだ。

「先ほど長沼さんが言った木星の衛星はエウロパですよね」

「そうです」

「表面の氷層の下には数十キロメートルの海があるかもしれない。しかもエウロパには酸素もあるらしい。ならば生きものがいる可能性は相当に高いと思っていいですか？」

「表面が全部氷なので中は見られませんが、とりあえず表面の氷の上に有機物はないようです」

「でも、氷の下の水の中には、生きものがいるかもしれない」

「その確率はかなり高いと言う人もいるけれど、私はそれほど高くはないだろうなと思っています。いずれにしても進化はしていないでしょうね」

「進化はしていないと推測できる理由は？」

「進化を促すためには、あるいはたくさんの生きものが生息するためには、酸化するものと酸化されるものの二つの物質が、ほどほどの量で存在しなければいけないのです。片方が多くても片方が少なければダメです。地球が特異な星である理由は、酸素のほとんどが植物の光合成によってつくられていることです。でも他の星では地球の植物に相当するものがないので、酸素が大量供給されない。

もともとは地球には酸素は存在していなかった。でも（二七億年前に現れた）シアノバクテリアが酸素を吐き出した。それはその時代においては、グローバルな環境汚染です。ほとんどの生物にとって酸素は猛毒です。ところがミトコンドリアの祖先になる微生物が登場して、逆に酸素呼吸で難をしのいだんです。それどころか酸素呼吸によって、これまでの一〇倍以上のエネルギーを得られるようになった。そのたった一つのバクテリアを、他の生物が取り込んで自分の身体の一部にしてしまったわけです。これで酸素の毒性に耐えられるうえに、一〇倍以上のエネルギーが得られることになった。この広い宇宙を見渡してみても、酸素呼吸は最も効率の良いエネルギーの生成法です」

「でも地球にも、酸素を使わない呼吸をする生きものはいますよ」

「たくさんいます。酸素を使わなくても、硫酸とかが酸素の代わりになるんです。代わりになるから、酸素がない時代には硫酸で物を燃やすとか、硝酸を使うとかしていました。燃やすというのは非常に比喩的な表現なんですが。でも燃やす側からすると、酸素を使うほうが効率的です」

「つまり地球の生きものは酸素呼吸を手に入れることができたからこそ、これほどに進化できた」

「そうですね」

「生命の定義は、「自己増殖」と「代謝」すること、そして三つめが、「膜で囲まれている」ことですね。この定義は地球を出ても同じと考えるべきでしょうか」

「そこはかなり難しいと思っています。例えば人間の感覚からすると、全然数が増えないように見える生きものがいるかもしれない」

「寿命が長ければ増殖や代謝が極度に遅いかもしれないですね。細胞膜はどうですか」

「液体の中にいる生命体を考えたとき、それも難しい。地球最初の生命体は水中で生まれていますから、細胞と外を油っぽい膜で仕切っていました」

「脂質ですね」

「細胞膜はほとんど脂質で油です」

「その脂質に区切られた細胞の中味の主体は水ということになる」

「そう。やはりいろいろな反応をする生命活動に、水はあったほうが良いですから。でも油の中ならば膜はいらない」

「例えばメタンの海とか?」

「メタンの海、ありますね。タイタンの表面」

「その海に浮遊する生きものがいるとしたら、膜がない生きものかもしれない」

「ただ問題は、タイタンは温度が低すぎて水が凍っているんです」

「水以外の液体ならば?」

「そうですね。ホスファン、あるいはホスフィンと呼ばれる物質ならば、けっこう低温でも液体でいられます」

タイタンの海に漂う膜のない生きものは何を食べるのか。どのように運動するのか。どんな色と形をしているのか。そして何を思うのか。生殖はどのように行われるのか。知性はあるのか。自分はどこから来てどこへ行くのかなどと考えるのか。

そこまでを考えてから、僕は長沼に「その生物にもDNAはあるのでしょうか」と訊いた。長沼は「情報を次世代に伝達するためには……」と言ってから、少しだけ考え込んだ。

「DNA的な仕組みは、全宇宙でも普遍的なものではないかと思っています。けっこう便利ですから。ただし地球外生命の場合、DNAの向きが逆巻きである可能性はありますね。地球上に存在する生きもののDNAはすべて右巻きですが、これに必然性はないと私は思うので」

地球の生きもののDNAは右巻き螺旋。バクテリアもカラスもタヌキもヒトもマグロもシイタケもヒマワリもヤモリも右巻きだ。これに例外はないと言われている。理由は諸説ある。でもまだ正確にはわかっていない。というか明確な理由などなく、そもそもはランダムであったけれど、長い時間をかけて少ないほうが淘汰されたとの説もある。長沼は言った。

「私も右巻きは偶然だと思っています。でも必然であるとの主張もありますね。実は今、逆巻きのDNAでできている生きものを探しています。もしも発見できたら、それは我々とは違う系統の生きものということになります。宇宙生物の発見に匹敵するんです」

「見つかる可能性はあるんですか」

「わからないです。よくクレイジーだとは言われます。なぜなら地球の生きものは、みんな単一系統でできていることが前提になっているからです。全生物に共通のご先祖様という存在を想定すると、生きものは全部つながっているんです。進化論で本当に大事なことはそこなんです。だからこそ、ご先祖様が違う生きものがいたら、むちゃくちゃ面白いと思ってしまう。私は専門がバクテリアなので、とりあえずはバクテリアを培養して、アミノ酸のDNAを調べるという地道な方法しかないんですけれど」

「地中の細菌やバクテリアの総重量は、地表の動物すべてよりも大きいとの説がありますね。つまり、まだ発見されていない種はとても多い。ならば地中とかを掘れば、新しい種が見つかる可能性は高い」

「別に深い穴を掘らなくても、新種はたくさん見つかります。私もいろいろ発見していますよ。もうすぐ論文を投稿するんですが、最近はサハラ砂漠の端っこにある穴居住居の壁から採取しました。これは相当に高いレベルでの超新種です。私たち微生物ハンターは、とにかくあちこちでサンプルを採るんです。今興味があるのは、お風呂とか洗面台のヌルヌルしたところ。高いレベルの新種は、よく活性汚泥から見つかります。下水処理場なんかにも活性汚泥があるんです。その環境は、例えば「有機物は大量にあるけれど、酸素は少ししかない」など、地球で言うと二五億年前に近かったりします。だから下水処理場から二五億年前のバクテリアが見つかる可能性があるのです」

私たちは死ぬ、けれど卵子だけは死なない

夢中になって話す長沼の顔を見つめながら、おそらく長沼の本質は、滑り台で遊びながらふと「自分はどこから来てどこへ行くのだろう」と思ったという幼稚園時代と、ほとんど何も変わっていないのだろうと考える。いやこれは失礼か。でも本当にそう思う。人は自分が思うほどには成長しない。「……そういえば僕も子供のころ」と僕は言った。死ぬことがとても怖くなって眠れなくなった。だから両親の布団に潜り込んで泣きながら眠りました。あのときに自分が感じた不安や恐怖は、結局は今もほとんど変わっていないような気がします。眠るようなものだからとの両親の説明に、当然だけど納得はできなかった。仮にそうだとしても、なぜ死ななければならないのか。ならば何のために生まれたのか。結局はこの連載も、その意識が原点にあると思います。じっと話を聞いていた長沼が、自問自答するように言った。

「もしも子供にそう質問されたとしたら、私はどう答えるかな。来たところに帰るとしか言わないだろうな。相手が子供なら」

「それをもう少し生物学的に言えば？」

「うーん」

「例えばテロメアとか？」

「それは死のメカニズムの話で、死ぬ理由の説明にはならないですよね」

「確かに。でもメカニズムだってまだ完全に解明されているわけではない。それを解明することが理由の説明につながるかもしれない、テロメアは一つの要素でしかないですが」

「もう一つの要素は老化です。遺伝子にダメージが蓄積される。身体の部位ごと、個々の細胞ごとに遺伝子の傷のタイプや数は違うけれど、（年齢を重ねれば）だいたいどの細胞も、遺伝子に傷がついていきます。パソコンと同じです」

「いろいろバグがたまる」

「プログラムの不具合が少しずつ多くなる。素材そのものも劣化する。我々も同じです。これは防げない」

「ならばこの先も不老不死は不可能ですか」

「我々は死ぬけれど、見方を変えれば、卵子だけは死なない。卵子だけは受け継がれる。だから卵子から見れば、我々は不死なんです。卵子のまわり、つまり外側が入れ替わるだけです」

「つまり本質は卵子にある？」

「ところがこの外側は、特にヒトの場合、妙な意識をもってしまった。だから悩むわけです」

こうして人は悩む。我々はどこから来てどこへ行くのか。我々は何ものなのか。でもいくら考えてもわからない。納得できない。見かねた卵子が横から言う。自分が何ものなのかわからない？　それでずっと悩んでいるの？　バカじゃない。じゃあ教えてあげる。あなたは私の外側よ。

「そうか。利己的遺伝子とよく言うけれど、実際にはむしろ利己的卵子ですね」

「そうそう。我々の先祖はミトコンドリアを得て酸素を利用することができるようになったのだけど、これは酸素呼吸とミトコンドリアの起源であって、多細胞生物の起源ではないんです」

「えーと、つまり」

「なぜ多細胞生物ができたのか。実は謎なんです。生物学界にはいくつかの謎があります。まずは「生命の起源」。それから「細胞核の起源」です」

「真核細胞と原核細胞ですね」

「はい。原核細胞には核がないけれど、私たちの真核細胞にはなぜか核がある。他に謎は、「ミトコンドリアの起源」「多細胞生物の起源」があります。「性/セックスの起源」も解明されていない。たぶん、多細胞生物の性と死の起源は同じだと思います」

聞きながら思う。要するに生命関連の起源はほとんど解明されていないのだ。僕は言った。

「死の起源は酸素呼吸であるとの説がありますね」

「酸素呼吸の結果、細胞内にフリーラジカル（不対電子をもつ不安定な物質。この場合は活性酸素）が溜まる。生命にとってとても危険な存在です。DNAにダメージを与えタンパク質を劣化させる。だから本当は、あまり酸素呼吸をしないほうがいいんです」

「でもそうはゆかない」

「身体全体はそうですね。でも例えば遺伝子を残すとき、その細胞にはあまり呼吸をさせないように工夫することはできます。その細胞の周りに、遺伝子に傷がついてもいい細胞を配置する。つまり遺伝子をガードする層を細胞でつくる。これが多細胞生物の起源です。このときに真中にあった細胞の末裔が今の生殖細胞、つまり卵子として残っている」

「初期の段階では単細胞の生物が集まって、そのときにその一部が、身を挺してフリーラジカルから真中の細胞を守ろうとした。守られた細胞はやがて生殖細胞となり、この層というか単細胞生物の連携が、やがて多細胞生物になった。……ということは、初期の段階では自分を犠牲にする、つまり完全な利他性が働いていたと考えることができますね」

「もともと全部同じ遺伝子を共有していますから」

「ああそうか」と僕は言う。「遺伝子を共有してしまえば、利己性が利他性になるわけですね」

「すべての細胞が全部生き延びようとするよりも、どれかが犠牲になってどれかを残すほうがいいというのが、ダーウィンの進化論です。そういった戦略を選んだ細胞が、ゲーム理論的に、結局より多く残ったということです。この時期に、他にもいろいろな試みはなされたはずです。ただ、この試みをしたものが、結果としてより多く残って、現代の多細胞生物の起源になった」

「その末裔が、今は地球上でこれほどに増殖した。つまり戦略は成功した。でもその一部であるホモ・サピエンスが悩み始めた。我々は何ものなのかと」

「はい。我々はダーウィン進化の帰結として、卵子だけを残して外側は死んでいく運命にある。それだけです」

確かにそれだけだ。とても合理的だ。我々は本質ではない。本質は（団まりなも言っていたように）男性よりも女性にある。アダムの肋骨がイブになったのではない。イブの端切れがアダムになったのだ。

ただし女性においても、手や足や目や口や脳や胃や肺や心臓に本質はない。乳房や子宮にもない。男も女も含めて我々は外側なのだ。卵子を守るための存在だ。そう思えば楽になるだろうか。

……当然ながらそうはゆかない。煩悶は続く。だって命題はこう言い換えることができる。我々はなぜ外側なのか。内側ではないのか。我々はどこから来たのか。我々はどこへ行くのか。そこまでを考えてから、「確認させてください」と僕は長沼に言った。

生命活動とは小さな渦巻きである

「熱力学第二法則によって、あらゆる存在のエントロピーが増大することは実証されています。つまりこの宇宙自体もフラットな方向に向かっている。ここまではいいですか」

「そうですね。熱力学第二法則は、この宇宙を貫く最強の法則です」

「でも、ならばなぜ、その方向に向かおうとするのですか。……向かおうとするという言葉の使いかたがもう擬人的だけど、でもなぜ、この宇宙のあらゆるものは、フラットになりたいんでしょう」

つまりＨｏｗではなくてＷｈｙ。もちろん即答できるはずがない。少しだけ当惑したような表情を浮かべてから、長沼は言った。

「……例えばこの宇宙には、いろいろな力があります。特に四つの力といいますけれど、結局は引力か斥力（せきりょく）しかないわけです。つまり引力で集まるか、斥力で離れるかしかない。重力でいえば、今のところ引力しかないから、とりあえず重力的にはものが集まってくる。集まってくれば反応が起きますよね。太陽では熱核反応が起きてしまう」

「核融合ですね」

「はい。そういった意味でこの現象は、エントロピー増大の法則には逆らっている。でも結局は、いつかはそれも熱核反応の終焉が来て、超新星爆発で吹っ飛ぶか、あるいはゆっくりと消えていくかするわけです」

「つまり、どのピリオド（時点）で見るかで全然違う。でも、ロングスパンで見れば、やはりエントロピーは増大する方向にいくと考えることができる」

長沼は静かにうなずいた。

「そうです」

「でもそう考えると、地球上のこの状況は、現時点において、まさしくエントロピーの法則に反しているわけですよね」

「……といいますと？」

「だって生きものの進化は、無秩序から秩序に向かうわけだから、エントロピーは減少しています。ならば熱力学第二法則に明らかに反しています」

「全体としては増大していますよ。つまり質は落ちています。でもその途中に、少し小さい渦巻きをつくるんです。それを生命活動と考えてもいい」

「渦巻き？」

「はい。水は高いところから低いところに流れる過程で位置エネルギーを失います。でも途中で水は渦巻きをつくる。渦巻きというのはパターンであって、エントロピーというのは非パターンですから、その意味では確かに、水は流れる途中でエントロピーに反していると考えることができる」

「この場合の渦は何のアナロジーと考えればよいのですか」

「私は生命だと思っています。我々はものを食べてものを出す。ある程度ざっくり言ってしまえば、一年前と一年後の今、私たちは物質的には別の人です」

「ほとんど入れ替わっています」

「はい。皮膚や筋肉だけではなくて、骨も歯も変わっています。でもパターンとしては残っている。渦巻きとすごく似ているじゃないですか。水の分子は刻々と入れ替わっているのに」

「……そういえば福岡伸一さんは、入れ替わっているのだから、一年前の約束は守らなくていいって言っていました」

「ああ。それは最初に私が福岡さんに言ったんです。とにかく地球は四六億年続いているから、すごく長命の渦巻きであるとの見方もできる。そして渦巻きがあったほうが明らかに、全体を取り囲む環境も含めたエントロピーが、早く増大していると思われます。渦巻きも含めて、こうした自発的にできる構造を「散逸構造」と呼んでいます。その一つの例は火にかけた鍋の水です。熱された鍋の水を上から見ると、表面に六角形のパターンができてくる。自然界にはどこでも見られるんです」

「蜂の巣穴とか……」

「基本的には円なんですよ。それを押しつけると六角形になる。鍋を下から熱するということは、水面から空気中に熱を逃がすわけですが、普通なら下の水から上のほうに熱が伝わっていく。つまり層状の構造です。ところがこの熱の伝わり方は決して効率がよくない。そこに散逸構造をつくると、ものすごいスピードで熱が伝わる」

「対流の動きと六角形の散逸構造があって、それが効率的に熱を放出する」

「そうです。一升瓶の中に水が入っているときに、逆さまにしてゴボゴボとやるよりも、（瓶を回して）渦巻きを作ると早く抜ける。だから（局所的に）構造をつくることで、熱やものが速く移動するわけです。局所的にはエントロピーが減っているように見えるけれど、全体的には増える速度が増しています」

生命は宇宙のターミネーターである

では見方を変えれば、人類も含めて地球上の生きものは、あるいはこの地球は、この宇宙が早く熱的死を迎えるために誕生して、今も日々の営みを送っているということになるのだろうか。

ならば「我々は何ものか」に対しての答えは明らかだ。熱力学第二法則の帰結。つまり宇宙全体のエントロピーを少しでも早く増大させるために、我々は存在しているのだ。

「我々は渦である。そのうえでもう一度質問します。人はどこから来て、どこへ行くのか」

「私は男だから卵子をもっていない。だから私は卵子から生まれて死ぬ。そこで終わり」

「終わりということは、消えるということでいいわけですか」

「はい」

「この意識もすべて消えてしまう？」

「はい」

「でも消えるならば、エネルギー保存の法則に反しませんか」

「消えるということの意味は、今はエントロピーに逆走して整然と脳内電流の流れを保っているけれど、それがランダムになってしまうということでもあります」

「結局のところ意識は、ニューロンとニューロンをつなぐシナプス間の電流の流れであり、シナプス間の化学物質の受け渡しである。その集積で意識が、感情が、人格が、アイデンティティがある」

「そうですね。だからさっさとブレインサイエンスが進化して、私のニューロンの結合パターン、シナプスのパターンを、シリコンチップに転写してほしいですね」

「理論的にはできるはずですよね」

「はい」

「ではそこにもう一人、転写して実在化した長沼さんがいるとする。これに理論的に矛盾はない」

「意識としては、ですね。私においていちばん大事なのは意識なのですから」

「その場合、ここにいる長沼さんと、そちらにいる長沼さんとのあいだで、齟齬は出ないんでしょうか」

「私はこれからも肉体をもったものとして、いろいろな経験をしていきます。それが考え方に作用してくるので、また違ったニューロンの結合パターンが新たにつくられてきます。シリコンチップのほうも、それなりに経験するだろうけれども、肉体をもたない経験ですから、数年したら違う人格になっていると思いますよ。「その瞬間から二人は別々の道を歩んだね」と言うしかないです。まったく同じ世界時間は歩めないのだから」

「そろそろまとめます。我々は何ものか。今日の話の展開で言えば、宇宙のエントロピーをより増大させるための一つの渦ということになる」

「そうですね。私は生命を宇宙のターミネーターと呼んでいます。終焉を迎えさせるものの」

宇宙を終焉させるために送られてきた存在。でもならば、誰が送ってきたのだろうか。そう思いながら僕は言葉を続ける。

「生きものが渦だとして、人間はその無数の渦の中でも例外的な渦でしょう。これだけの規模の文明を達成して、いろいろな物を排出して、自然を壊してしまった。これらの営みはすべて、エントロピー増大を促進させている。……ホモ・サピエンスはあまりに別格だなと思うことはありますか」

「ありますね。このボディの中で最も多くの酸素を消費している脳も含めて、ミトコンドリアを得て多細胞化することによって、人間はものすごい量のエネルギーを生産して消費することになった。ここまでエントロピーを増大させ得る生きものって他にないですもんね」

「ボディだけではなく、それこそ火力発電所であったり原発であったり森林伐採であったり、いろいろなものを含めてケタ違いですよね、他の生きものに比べて」

「面白い生きものだと思いますよ。今後は知的進化のほうが、生物学的な身体の進化よりはるかに速くなるでしょう。いずれ肉体が邪魔になるんじゃないかと思います。先ほど私はある意味で、細胞や組織の劣化は仕方がないと言いました。でもならば、もう入れ替えてしまおうという話も出てくると思うんです。現実的に私の目はもうレーシックですし、歯にはインプラントがたくさん入っています。では、インプラント的な発想で、心臓を詰め替えようかとなったら、たぶん私はやりますよ。そういう意味では、人間のサイボーグ化が進むと思います」

「理論的には不老不死も可能になる？」

「なりますね。そこは本当にテクノロジーで目指してしまうでしょうね」

そう言ってから長沼はにっと笑う。もちろん（不老はともかくとして）不死はありえない。今から六三億年後、内部の水素を消費しつくした太陽は赤色巨星の時代に入る。太陽系は崩壊し、一二三億年後に太陽が死を迎えたとき、あるいはエントロピーが最大になって宇宙が熱的死を迎えたとき、たとえサイボーグ化されていようとも、渦や外側が生きていることなどありえない。

……でもだからこそ思うのだ。未練がましく。我々の意識はどこへ行くのかと。

宇宙はこれからどうなるか

第7章

村山斉（物理学者）に訊く

宇宙はかつて原子一個よりも小さかった

小船井がレコーダーのスイッチを入れたことを視界の端で確認してから、「最初に、少年時代のことからお訊きしたいんですが」と口火を切る僕に、一瞬だけ不思議そうな表情で村山斉（むらやまひとし）は首をかしげてみせた。

最先端宇宙を研究する素粒子物理学者。著作も多いしテレビにもよく出演する。特に最近は、暗黒物質（ダークマター）と暗黒エネルギー（ダークエネルギー）研究における日本の第一人者として、取材やインタビューの依頼もひっきりなしのはずだ。

だからこそ危惧したことは、いつものルーティンで語られてしまうこと。それでは意味がない。彼の著作を読めばいいだけの話だ。いずれ宇宙の話になることは大前提であるけれど、その前にできるだけ村山のテンポを崩しておきたい。ならば同じダークマターの話でも、違うニュアンスを引き出せるかもしれないと考えたのだ。

「……あまり関係ないところから始めるんですね」と少しだけ考え込んでから村山は、「子供の頃は病弱でした」と言った。

「喘息（ぜんそく）持ちで、学校をしょっちゅう休んでました。体育の時間もあまり出ていませんでしたし。だから今でも泳げなくて」

「勉強はできたんですか」

「興味のある科目はできましたけど、社会科とか興味のない科目は全然駄目でした。例えば白地図を渡されて、そこに川や地名を書いて平野の名前を覚えるとか、ああいうことにはまったく興味が湧かなくて。だから白紙のまま出したりしていました」

「人文科学よりも自然科学のほうに興味があった？」

「単なる事実や知識の羅列よりも、その理由を説明する必要があるもののほうに興味が湧いたんですね。もしくは、まだ解明されていないことについて、自分で考えることのほうが好きだったとか。

学校を休んだとき、よくテレビの教育番組を見ていました。あるとき見た中学・高校の数学の番組では、無限級数の収束について、落語仕立てで説明するんです。長屋の八っつぁんが豆腐を買いに行く。そこでお豆腐を一丁買ってから、豆腐屋を一所懸命おだてるんです。「おたくの豆腐は美味いからね」とか言って。気を良くした豆腐屋は「じゃあもう半丁くれてやるよ」と言う。それからさらに八っつぁんが頑張っておだてると、「残りの半丁の半分もくれてやる」。そうやってさらに残りの半丁というように繰り返していけば、無限にプラスされていくことになりますね。八っつぁんは「これで俺は、一生豆腐に困らないや」とほくそ笑む。でもそうやって全部足していっても、豆腐はたったの二丁に近づくだけです。無限にプラスされていくとはいえ、最終的には二という数になる。それを見ながら、いたく感心したんです」

「そのときはいくつくらいですか」

「確か小学校二年生くらい」

「小学校二年生で無限級数に興味を持ったのですか」

「はい。それで数学にはまっちゃって、解析概論までやりました。でもその一方で、自然への興味というのもやっぱりあって、そういうことを深く掘り下げていくと、必ず突き当たるいちばん根源的なものがある。物理学で言うところの素粒子です。初めから素粒子をやろうと思っていたわけではないんですが……」

こうして村山は、東大理学部で素粒子物理学を専攻、その後に東北大学やカリフォルニア大学バークレー校などで研究者生活を送る。ではどの時点で、極小である素粒子から極大である宇宙へと、興味の範囲を拡大させたのだろう。

「(東京大学)大学院を出てから一年後の一九九二年、COBE(コービー/Cosmic Background Explorer/宇宙背景放射探査機)の観測データから、宇宙のビッグバンに少し皺(しわ)があるということがわかったんです。これはビッグバン、さらにはインフレーションの大きな証拠となるんです。つまり一三八億光年の宇宙全体が、かつては原子一個よりもはるかに小さかったということです。これに非常にショックを受けた。小さいものと大きいものが結びつくんだということを初めて知って、(興味の対象が)宇宙へとつながりました」

「ＣＯＢＥによる発見から現在までの期間は、宇宙レベルでめまぐるしい発見があった時期と重なります」

「すごくラッキーだと思っています。分野にはやはり流行り廃りがあって、停滞期もあれば爆発的発展期もある。自分が興味を持った分野が停滞期にあったらたぶん楽しくないし、論文も書けないし、苦しいだろうと思うんです。でもこの二〇年間で、とにかくめまぐるしくいろんなことがわかってきたので、やはりわくわく感はすごくありますね」

「その最大の発見は何と言っても……」

言いかけて僕は語尾を濁す。このあとは村山に語ってほしい。その意図を察した村山は小さくうなずいた。

「はい。私たちはこれまで、自分たちを形作っている原子が宇宙のすべてだと思っていました。ところが近年、宇宙において原子が占める割合はおよそ五パーセントにすぎないということがわかってきました。宇宙のおよそ二五パーセントが暗黒物質、そして七〇パーセントは暗黒エネルギーでできています。しかもそれが宇宙の始まりや運命を決定している。これはある意味、天動説が地動説に変わったのと同じぐらいに革命的な出来事です」

「確かにコペルニクス的ですね」

「少し歴史を俯瞰します。かつて宇宙は、過去から永遠の未来に至るまで、ずっと同じように存在するものだと思われていた。しかしビッグバン理論の登場で、この常識がひっくり返された。

さらにCOBEによる発見もあって、宇宙は原子よりもはるかに小さいミクロの世界だったと推測されるようになった。その宇宙に星ができて、銀河ができて、人間が生まれてくるわけですが、これはすべて不確定性関係の中で起きる量子力学的なゆらぎによるものです」

村山の説明はかなりハイスピードだ。僕はあわてて、「量子力学的なゆらぎについては、僕もいろいろ読んだり聞いたりはしているけれど……」と口を挟んだ。「でもいまだにしっかりと理解できていないし、何よりも実感できていないです」

量子力学の抱えるさまざまなパラドックス

わかりますというようにうなずきながら、「僕も本当に理解できているのかと言われると、実は自信がないです」と村山は言った。「……量子力学はさまざまなパラドックスを抱えていて、例えば観測問題というのもその一つです」

量子力学（コペンハーゲン解釈）において粒子は、さまざまな状態が「重なり合った状態」で存在するとされている。ところが観測機器によって粒子の現在を観測するとき、この「重なり合った状態」は何らかの状態に収束する。この観測問題を端的に表す思考実験が「シュレーディンガーの猫」だ。

放射性物質のラジウムを一定量とガイガーカウンター、さらに青酸ガス発生装置を入れた箱を用意する。ラジウムがアルファ粒子を出すとガイガーカウンターが感知して、そこにつながった青酸ガス発生装置が作動する。その確率は五割。次にこの箱に猫を一匹入れて密閉する。一定時間が経過した後に蓋（ふた）を開けたとき、はたして猫は生きているだろうか。それとも死んでいるだろうか。

我々の日常的な感覚ならば、蓋を開けないことには生死はわからないし、蓋を開ける前はそのどちらかの状態が半々の確率で共存していると考える。

しかし量子力学においては、ラジウムからアルファ粒子が飛び出す可能性が五〇パーセントであるならば、猫が生きている確率は五〇パーセントで死んでいる確率も五〇パーセントであるから、箱の中で猫は生きている状態と死んでいる状態が1：1で重なりあっていると解釈する。共存ではない。重なり合っている。ここがポイントだ。ただし箱の蓋を開けた瞬間に、どちらかの状態に収束する。

素粒子の多くはこのようにふるまう。常に確率的なのだ。上にあるならば下にある状態と重なり合っている。右回りスピンと左回りスピンも重なり合っている。感覚的にはなかなか（というか絶対に）納得できない。村山の説明を続ける。

「確率はある程度予言できるけれど、一回ごとの実験の答えは予言できないなんて言われても、いまいちピンと来ないですよね。さらに、実験で答えが一つに決まってしまう（収束する）ことの意味もよくわからないから、多世界解釈（量子力学に基づいた世界観の一つ。観測とは無関係に、世界すべてがあらゆる状態の重ね合わせであるとする解釈）などが発想されました」

一九五七年、プリンストン大学の大学院生だったヒュー・エヴェレットが博士論文で、「シュレーディンガーの猫」が生きている状態と死んでいる状態が重なり合っているのなら、それを観察する人もあらゆる状態が重なり合っているはずだとのアイディアを提示した。

あなたは箱の蓋を開けた。猫は死んでいた。ならば重なり合っているはずの生きている猫はどこへ行ったのか。どこへも行っていない。死んだ猫を観察したあなたと生きている猫を観察したあなたも重なり合っているのだ。これが多世界解釈だ。僕は重なり合っている。あなたも重なり合っている。死んだ猫を観察したあなたと生きている猫を観察したあなただけではない。実験室に来る途中に車の事故に巻き込まれて入院したあなたも重なっている。子供時代に水泳を始めてオリンピックで金メダルを獲得したあなたも、応援席で声をあげるあなたも、天文学者になったあなたも重なっている。生きているあなたと死んでいるあなたも重なっている。だって世界が無限に重なり合っているのだから。もちろんこれも思考実験の延長だ。でも理論的にはありうるのだ。村山が言った。

「不確定性で起きていることを、例えばコンピュータでシミュレーションすることはできる。それがこの映像です（図表13）。私たちが何もないと思っている真空は、実はこういうものなんです」

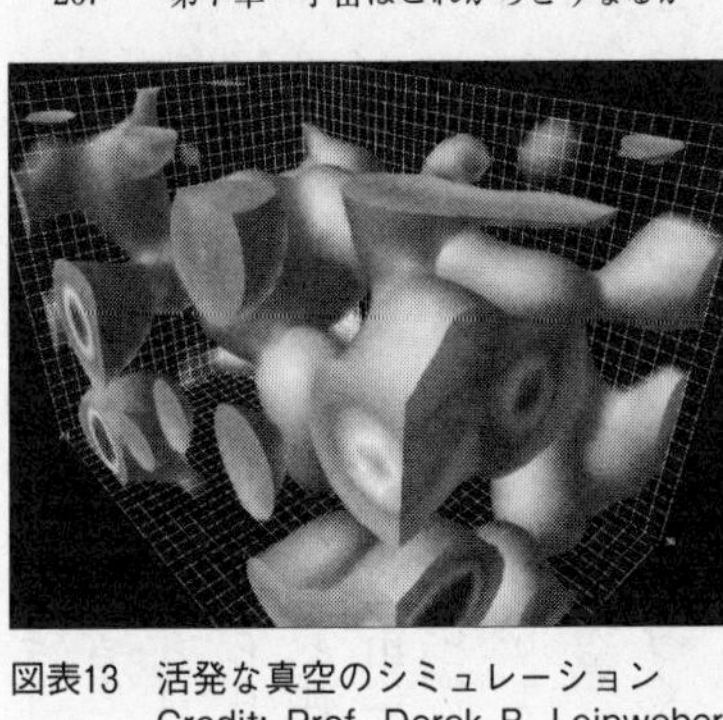

図表13　活発な真空のシミュレーション
Credit: Prof. Derek B. Leinweber, Univ. Adelaide

そう言ってから村山は、テーブルの上に置いていたパソコンの蓋を開けて電源を入れた。ディスプレイに現れたのは、もやもやと動く「何か」だ。つまり不確定性で起きるエネルギーのゆらぎ。しばらくその動きを見つめてから村山は僕に、「真空とは文字通り空っぽで何もないということですが、実はこのように、ふつふつとエネルギーが湧いています」と説明した。

「エネルギーがあるということなら質量がありますね」

「ええ。この真空のエネルギーが、暗黒エネルギーにつながっていくわけです」

「これが量子力学的なゆらぎということですか。ならば真空の空間から、このエネルギーを取り出したり排出したりはできないのでしょうか」

「こういう量子力学的なゆらぎが必然的にあるということが不確定性です」

……いつのまにかほとんど禅問答だ。僕の表情（おそらく困惑の色が浮かんでいたのだろう）を見つめてから村山は、「このゆらぎの効果は観測できるんです」と言った。

「こういうふうにふつふつと揺らいでいるところに、金属板を二枚持ってきます。金属があるところには電気が通りますから、ある境界条件が決まってくるわけです。そうすると金属板がないときの真空と、あるときの真空とでは、真空の性質が違ってくる。しかも、金属板が近づけば近づくほど性質が違ってくるわけです。もちろん、無限に離していけば何も変化しない。ここで金属板が近づけば近づくほど、エネルギーが減るという計算ができる。つまり金属板が近づいたほうが得だから、引力が働くわけです。このように真空がゆらいでいる効果からくる力というのが現実にあって、それが測られている」

「この場合の得という意味は、エントロピーが増大するという意味ですね。ここに素粒子があるとします。でもここにあるということは、確率的には……」

「それとは違うところにあるかもしれない」

「どこにあるのかは確定できない。でも見た瞬間にここに収束する」

「それでいちばんドラマティックなのが、日立製作所にいて二〇一二年に亡くなった外村彰さんが行った次のような実験です」

そう言ってから村山はマウスを操作する。ディスプレイにはほぼ真っ黒な画面。やがて少しずつ白い点が現れる（図表14）。

「まず電子銃から電子を発射して、向こう側のスクリーンに到達させる。その途中は真空になっています。そして、電子の通り道にあたる位置に板を置く。その板には二本のスリット（隙間）があり、電子はここを通らなければスクリーンに到達できない。普通、

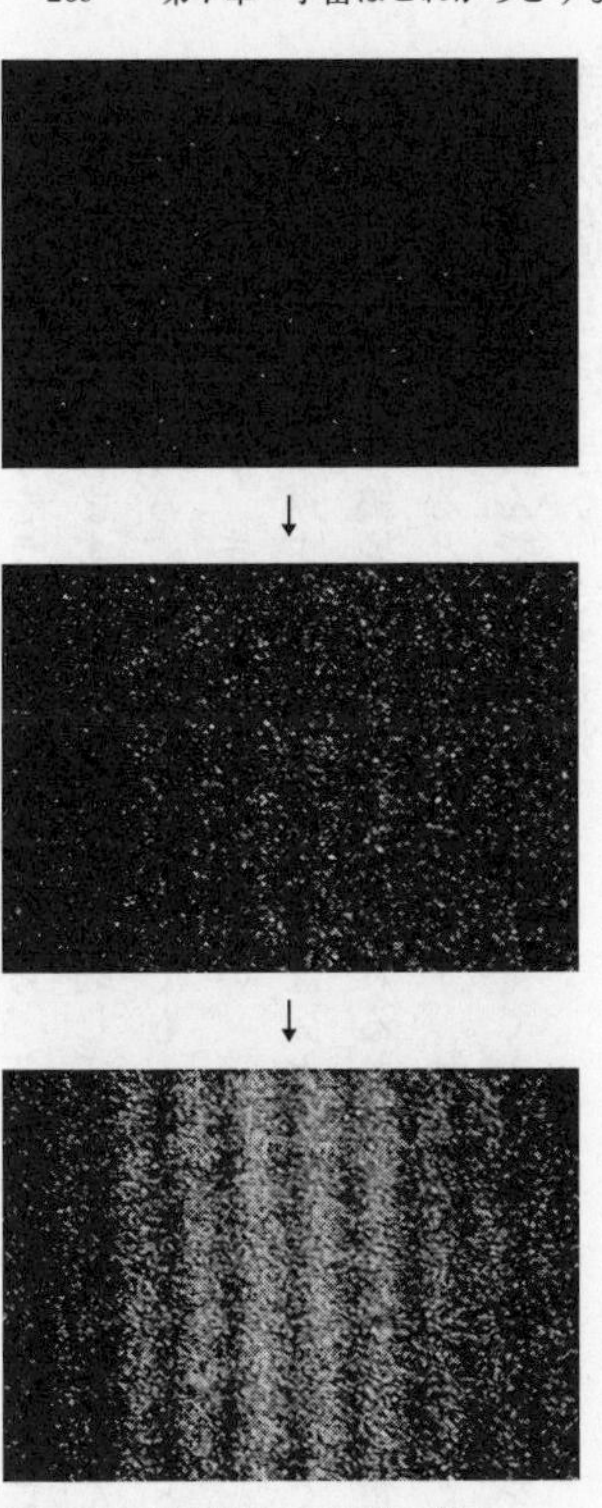

図表14　外村彰氏の実験の様子
Credit: Hitachi, Ltd.

こういう状況で電子をランダムに発射したら、スリットを抜けたところだけに電子が集中するだろうと思いますよね。ところが実験してみると電子はぽつんぽつんと、てんでばらばらに違うところに行く。何度発射しても、そのつど全然違うところに行くんです。だからどこに行くか、まったく予想できない。

これをずっと繰り返すと、スクリーンには徐々に縞模様が現れてくる。つまり、電子による感光で濃淡の縞模様が像として描かれるわけです。これは、電子が粒でありながら波動性を持っているということの証拠です。数が溜まってくればくるほど少しずつパターンが見えてくるんです。今もかなり見えてきてますよね。これをもう少し続けると、縦縞がもっとはっきりしてきます」

「光子でも同じことが起きますね」

「ええ。ランダムではあるけれども、一回一回はちゃんとどこかしらに落ちている。つまり電子は粒子か波動のどちらか一方ではなくて、両方の性質を兼ね備え（重なり合わせ）ている」

一つひとつは何となくわかる。でも何となくだ。だからその一つひとつが集合した全体像はわからない。わからないというか腑に落ちない。

結局のところ最先端科学は感覚を超える。そう思うべきなのかもしれない。そもそも人の感覚は、とても脆弱で狭い範囲のものなのだから。そう思うことにしよう。でなければ話は進まない。

暗黒物質と暗黒エネルギーという大発見

いずれにせよ宇宙における近年の最大の発見は、暗黒物質と暗黒エネルギーであることは間違いない。もう一度そこに話を戻す。

「暗黒物質が発見された経緯を教えてもらえますか?」

「銀河や星の運動を観測すると、ものすごく速いスピードで飛び交っていることがわかります。そこで銀河の運動に基づいて銀河団の全質量を推定し、それを銀河の数・銀河団の全輝度に基づいて推定したものと比べてみると、光学的に観測できる量の四〇〇倍もの質量が存在することがわかりました。つまり、目には見えないけれど引っ張っているものがあるはずだということになりました」

「目に見える星や星間物質、ガスなどの質量を全部足しても、銀河がまとまっていられるだけの重力にならないということですね」

「ええ。だから目に見えない別の物質があって、それが重力を及ぼしていると考えるようになっていったわけです。その問題がはっきりしたのは今世紀に入ってからですね。ただしその正体については、まだほとんどわかってないです。もちろん仮説は枚挙にいとまがないけれど、その粒一つの重さはどれぐらいかとの単純な設問に対しても、答えの開きが七〇桁以上もあります」

「七〇桁も？　まさしく天文学的な開きですね」

「つまり全然わかってない」

「暗黒エネルギーの発見は？」

「先ほど宇宙が大きくなっているという話が出ましたけど、これはアインシュタインの方程式で説明できます。つまりボールを手に持って、地上から真上にえいやっと投げるのと同じです。最初に投げる勢いがビッグバンで、空高く上がっていくボールが、大きくなっていく宇宙です。宇宙の膨張とボールの動きは、実はまったく同じ数式で説明できるんです。

投げられて上がっていくボールは重力で引っ張られていますから、当然だんだん遅くなり、あるところで止まってから落ちてきます。宇宙もあるところまで大きくなったら止まって、潰れはじめて、最後にはぐしゃっとなるのではないかと考えられる。でもロケットで打ち上げたボールだったら、重力を振り切って進んでいくかもしれない。その場合が、永遠に膨張し続ける宇宙です。

いずれにせよ、投げたボールはだんだん遅くなるはずです。止まりそうなほどに遅くなってしまうのか、それとも重力を振り切って逃げていくのか。宇宙の膨張はそのどちらなのか。減速のしかたを調べればわかるはずです。昔よりも遅くなるどころか、むしろ速くなっているところが昔と今の膨張の速さを比べれば、ところが昔と今の膨張の速さを比べれば、

ところが昔と今の膨張の速さを比べれば、昔よりも遅くなるどころか、むしろ速くなっていることがわかりました。一九九八年のことですね。これには誰もがびっくり仰天です。でも膨張が加速していると仮定すれば、宇宙の構造などのこれまでの矛盾が、とてもクリアに解決できることもわかりました。ところが加速している理由については、いまだにわかっていないのが現状です」

「暗黒物質は銀河の運動から推測されて存在が証明されて、次に宇宙の加速を説明するために暗黒エネルギーという発想が出てきた。どちらも目に見えないし観測もできない。目に見えないことはともかくとして、観測できないことが不思議です」

「暗黒物質は光に反応しない物質です。ニュートリノも光に反応しない。だから（こうした物質が）存在しているということ自体は、それほどおかしなことではないのです」

「……この二〇年で宇宙観がずいぶん変わったわけですが、今後一〇～二〇年の研究で、目で見ることは無理にしても、せめて何らかの存在を証明することは可能でしょうか」

「おおいに可能だと思います。ここ数年から一〇年ぐらいで、その正体がわかる可能性は充分にある」

「いずれにせよ暗黒物質と暗黒エネルギーの両方を合わせると、宇宙の九割以上を占めている。その前提のもとで、宇宙の終わりかたを新たにシミュレートすることができる

ようになりました」

「はい。暗黒エネルギーはその体積（空間）とともに今後も増えていくと推測されているけれど、体積よりもゆっくり増えるのであれば、いずれは宇宙の膨張のスピードが減速してゆっくりになる。逆に、体積の増加よりもエネルギーの増加のほうが速い場合にはどんどん加速が進むわけですから、あるところでは宇宙膨張が無限に速くなって宇宙が無限に引き裂かれて、そこで終わりになるという可能性もある」

　つまりビッグリップだ。無限に引き裂かれる宇宙。壮大すぎてまったくイメージがわかない。でも投げ上げたボールが地上に戻ってくるように、膨張しきった宇宙が収縮に転じるということはないのだろうか。そう質問する僕に、「あり得ます」と村上は答えた。

「もしも加速が減速に転じていずれ止まったら、戻ってくる可能性はあります。今のような加速状態が無限にずっと続いていけば、いずれは熱的死という状態になって冷たくなってしまって（ビッグフリーズ）、もう面白いことは何も起きなくなってしまうかもしれない。けれども、これにはものすごく時間がかかります。いずれにせよ体積の増加のほうが速いか、エネルギーの増加のほうが速いかによりますね」

「いまいちばん有力な見方は？」

「とにかく宇宙の膨張は加速していますから、膨張が減速して止まって、落ちてきて潰れるという説は間違いです」

「ということは、惑星や恒星だけではなく、宇宙全体の分子や原子までも引き裂かれて素粒子になって、空間だけが膨張し続けるビッグリップですか」

「ビッグリップか、あるいはリップせずにずっと加速しながら膨張し続けるか」

「でも永遠に加速すれば光速を超えてしまいます」

「いいんです。たしかにアインシュタインは、ものの運動が光速を超えてはいけないと言っている。けれども銀河は宇宙に乗っかっているだけで、基本的には止まっているわけですよ。つまり宇宙自身が膨張してきているから速く動いているように見えるだけで、銀河そのものは止まっている。この現象は、光速を超えてはいけないということと矛盾しない。これはあくまで見かけの速度なんです」

……つまり空間の膨張は、速さとは違うということなのだろう。言われればそうなのかと思う。そうなのかと思いながらも、何となく腑に落ちない自分がいる。何かを言いくるめられている感覚。どうしてもこれを払拭できない。でもこれをいちいち気にしていては先に進めない。「もしも原子が引き裂かれてすべてが素粒子だけになったとして、それからはどのような状況になるのですか。素粒子がさらに引き裂かれるということはありえるのでしょうか」と質問すれば、「素粒子が紐でできているのであれば、さらに広がっていくかもしれないです」と村山は答える。

「でも、今のところ素粒子は点・粒ということになっている。アルキメデスによると、点というのは位置だけがあって大きさがないものです。大きさがないものを広げるということは考えられない。だからとりあえず素粒子になって、そこから先はどうなるのかわからない」

「村山さんでもわからない」

「はい。わかりません」

ふと気がついた。村山は無理をしない。わからないことはわからないと即答する。述語が明確なのだ。事実に対して謙虚であるともいえる。

科学の最先端にいる人たちの多くは謙虚だ。最先端にいるからこそ安易な断定ができなくなるのだろう。でも村山はこの傾向がかなり際立っている。名誉心や自己顕示欲が薄いのかもしれない（これは科学者としてはメリットとデメリット双方あると思う）。そして村山のこの傾向は、インタビューの後半においてさらに顕著になる。


ビッグバン以前は「わからない」としか言いようがない

ここからは宇宙の始まり。でも終わりに比べて始まりのほうは、ほとんどの人がある程度は知っている。時空の一点が急激に膨張して宇宙はできた。つまりビッグバンだ。

でも始まりは終わり以上に、リアルな感覚が追いつかない。何が膨張するのか。膨張する外側には何があるのか。ビッグバン以前には何があったのか。こうした（根源的な）疑問を払拭できない。説明されても腑に落ちない。ならば村山は、どのような語彙を使って、どのように答えるのだろうか。僕は訊いた。

「まずはビッグバン、あるいはインフレーション以前について教えてください」

「やはりわからない、としか言いようがないです」

即答だった。数秒の間を置いてから、「わからないんですか?」と僕は念を押した。語尾が露骨な上がりかたをしたかもしれない。意地悪な男だ。村山は小さくうなずいた。

「はい。でもなぜわからないのかははっきりしています。インフレーション前の宇宙は原子よりも小さい。そこまではわかります。でももっと小さくなって宇宙全体が点に潰れてしまっていたとすると、エネルギーは無限大になってしまうんです。こうなると物理学者はお手上げです。どう考えていいのかわからない」

「要するに特異点ですね」

「そうです。数学者は特異点をいろいろと扱います。少なくともそれを扱う理論をつくることはできる。例えば、自然数の半分は偶数ですよね。もちろん自然数は無限にある。ならば偶数はその半分だから少ないだろうと思うわけですけど、数学者に聞くとそんなことはないと言う。つまり自然数と偶数は、同じ数だけあると言うんです（図表15）」

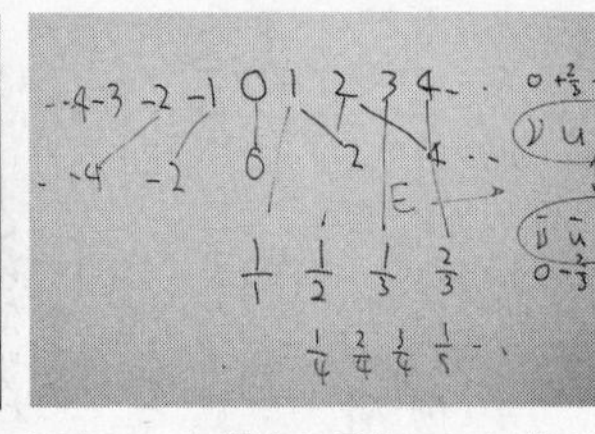

図表15　自然数と偶数は同じ数だけある

図表16　円の式と双曲線の式

「そこで同じと言いきることができるのはなぜですか」

「偶数と自然数を比べると、一対一で対応をつけることができる。自然数は-4、-3、-2、-1、0、1、2、3、4と続いていくわけですが、偶数だけ選ぶと-4、-2、0、2、4というように半分になる。けれども1にたいして2、2にたいして4、あるいは-1にたいして-2、-2にたいして-4というように、ちゃんと一対一で対応できますよね。だから自然数と偶数の数は同じだと言うんです。有理数（分数で表せる数）だって一対一で対応できる。つまり順番をつけられる。1は1、2は$\frac{1}{2}$、3は$\frac{1}{3}$、4は$\frac{2}{3}$ですね。このように、すべての有理数を合わせても数は同じだと」

「その発想だと確かにそうなるけれど……」

「数学者は無限大のような人間の感覚では扱えないものでも、ちゃんと定義して比べたり測ったりできるんです」

「ならば虚数はどうですか。ビッグバン以前の時間は虚数だったとの説があります。意味がまったくわからない」

「ホーキングが唱えた説ですね。これは高校数学の範囲内で理解できます。円の式は$x^2+y^2=1$ですよね。でも符号をマイナスにして$x^2-y^2=1$にすると双曲線の式になる（図表16）。つまり符号をプラスからマイナスに変えると、右も左も同じで向きがないものから、始まりがあって片方にしか行かないものに変化する。ホーキングは次のようなことを主張しています。宇宙の始まりを考えるとき、時間が虚数だとすると、このy軸は時間なのに右にも左にも行ける。そうすると、どこが始まりというのはなくなる。だから、時間の始まりということを考えることには意味がない。けれどもビッグバンが起こって時間が虚数から実数に変わると、そこから時間が流れはじめて一方にしか行けなくなって、宇宙が大きくなっていく。宇宙の時間が虚数ならば時間が流れていないわけですから、宇宙は潰れるという概念はなくなる。つまり特異点を回避できる」

私たちが今ここにいることはどう説明できるのか

「……僕は徹底した文系だけど、何となくはわかります。でもやっぱり何となくです。もしも時間が虚数の世界があるならば、そこでは過去も未来も自由に行き来できる。理論的にはそうです。でもやっぱり理論です。それを現実の世界に完全には投影できない。どうしても腑に落ちない。だからこそ訊きたいのだけど、村山さん自身は腑に落ちていますか」

僕のこの質問に、やっぱり村山は「もちろん腑に落ちてないです」と即答した。「宇宙では遠くを見ると昔が見えるから、ここまで（つまり過去）はわかります。でもビッグバン以前は観測できないんです。だから実験や観測ではなく、理論の力を使わなければならない。つまり数学です」

「だからこそ宇宙の解明のためには、数物連携が前提となる。ここまでは了解しました。話を戻します。物質の始まりについては、真空のゆらぎとともに最初のクォークが生まれて、その後に水素やヘリウムなどの原子ができたと説明されています。この過程だけでも、村山さんに確認したいことはいくらでもある。例えば物質と反物質とか……」

「これはまさに、我々はどこから来たのか、あるいは、なぜ何もないではなく何かがあるのか（Why is there something rather than nothing?）という命題に答えるものです。物質も反物質も、ビッグバンのエネルギーが物質に変わったものです。ところがエネルギーが物質に変わるときには、必ず一対一の関係になるというのが実験的な事実です。そうなると我々が今ここにいることが説明できない」

「物質と反物質は遭遇したら消滅する。ならば現在の宇宙に物質がある理由が説明できなくなる。そういうことですね。でもその前に、反物質が存在していたことは大前提にしていいのですか」

「反物質は今も存在しています。例えば病院で使われるＰＥＴ（positron emission tomography／陽電子放射断層撮影）は、電子の反物質である陽電子を使って身体の内部を調べています。物質と反物質は一対一の関係です。でもその理屈でいくと、宇宙はからっぽになってしまう。だからここに残り（物質）があるという状況を説明するには、物質と反物質のバランスを崩さなければならなくなる。そこで注目されているのが、電荷を持たない素粒子であるニュートリノです。反ニュートリノも電荷を持たないから、反ニュートリノがニュートリノに変わることもありえるのではないかと」

「スーパーカミオカンデが一九九八年に発見したニュートリノ振動現象によって、ニュートリノにもごくわずかながら重さがあることがわかりました」

「ええ。これはすごく大きな一歩なんですよ。というのはニュートリノと反ニュートリノが入れ替わるとき、ひとつ障害があったんです。ニュートリノは左巻きに回っていて、反ニュートリノは右巻きに回っている。それで重さがないとすると……」

「なんでそういうことがわかるんですか」

思わず僕は村山の説明を途中で遮った。だっていきなり「ニュートリノは左巻きに回っていて、反ニュートリノは右巻きに……」と言われても納得できない。前提をできるだけ身近にしたい。そもそもニュートリノはそこまで観測できているのだろうか。村山はあっさりと「できています」と答える。「だからニュートリノは左巻きで反ニュートリノは右巻きであることは確かです。そしてニュートリノが重さを持っていないとすると、常に光の速さで飛んでいることになる。光の速さで飛んでいるものを追い越すことはできませんよね。だから左巻きは、どこまで行っても左巻きのままです。だけどニュートリノに重さがあるならば、光の速さよりも遅くなるわけですから、観察者はニュートリノを追い越しながら見ることができる。左巻きに回ってるものを追い越しながら見ると、スピンが反転して右巻きに見えますよね。この場合、ニュートリノが反ニュートリノになっていいわけです」

間が空いた。何をどう訊こう。どう訊くべきなのだろう。徹底した文系として人生の大半を過ごしてきた身としては、質問したいことはいくらでもある。質量ゼロと光の速さがイコールであるまではぎりぎり理解するにしても、左巻きのスピンは追い越すときに右巻きに見えるとはどういうことだ。ここに左に回っている独楽がある。その横を通り過ぎるとき、独楽は右回りに見えるのだろうか。……いやそんなことはないよなあ。それにそもそもそんな見かけの違いで、なぜ物質（ニュートリノ）が反物質（反ニュートリノ）に変わったといえるのかもわからない。

……でもこれらの疑問すべてに対しての答えを聞いていたら、おそらくというか間違いなく、日が暮れても終わらない。村山にはそんな時間はないし僕だって忙しい。そんな煩悶が微かに表情に滲んだのか、村山が慰めるような口調で言った。

「科学ですから証明しなければいけないのだけど、まだ証拠はないんです。キセノンのように大きな原子を使えば、中でできた反ニュートリノがニュートリノに変わって、またそれに捕獲されてという反応を探せるはずなのだけど、それは一〇の二六乗年に一度ぐらいしか起きない。でも一〇の二六乗個のニュートリノがあれば、一年に一度起きることになる。宇宙空間にはたくさん原子があるから、そういう意味ではいつでも起きるということです」

「……一〇の二六乗年って、一三八億年どころじゃないですよね」

「もっと長いです。一三八億年といってもたかだか一〇の一〇乗ですから」

「とりあえず、ニュートリノは電気を持たないので反ニュートリノになり得るということはわかりました。では、なぜニュートリノが宇宙に影響を及ぼすんですか」

「それはすごくいい質問ですね。ニュートリノは弱い相互作用をするんですが、同じように弱い相互作用をするクォークと入れ替わることができるんです」そう言いながら村上はホワイトボードに新たな図式を書いた（図表17）。

「クォークにはアップやダウンなどがあります。電子の電荷を1とするとアップクォークは$+2/3$、ダウンクォークは$-1/3$という中途半端な電荷を持っている。反アップクォークは$-2/3$です。これがアップクォークと入れ替わることは絶対にあり得ない。同様に反ダウンクォークは$+1/3$で、これもまたダウンクォークと入れ替わることはあり得ない。ところが

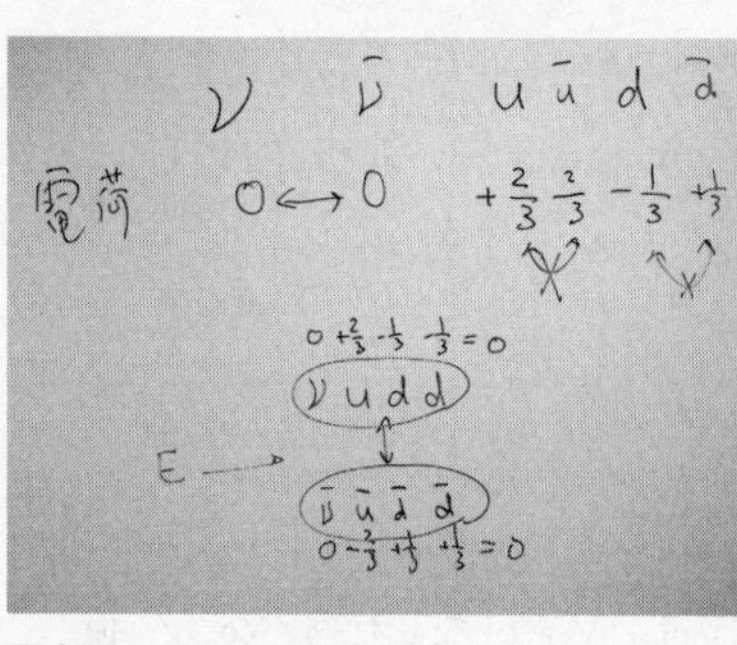

図表17　クォークのアップダウン

エネルギーをつぎ込むと、これらのクォークを相互に入れ替えることが原理的には可能なんです。ニュートリノにアップクォークとダウンクォークを合計します（0＋⅔－⅓－⅓＝0）。そして反ニュートリノと反アップクォーク、反ダウンクォークを合計します（0－⅔＋⅓＋⅓＝0）。どちらもゼロになりますね。ならばこれらの組み合わせが入れ替わることは可能になる。ならば反クォークよりもクォークのほうにバランスがずれるということも考えられる」

うーむと僕は言う。うーむしか言えない。でもそれでは対話にならない。「……要するに結果としては」と僕は言った。「反物質のほうが少なくなって、物質が少しだけ残った。そしてそれが今、この世界に存在している自分たちになった」

「はい。一〇億人の友達を犠牲にして、我々だけが生き残った」

「一〇億という数字は確かなのですか」

「ニュートリノや光子、反粒子が宇宙にどのぐらいあるかということは、ちゃんと観測されています。光子と物質の存在比はだいたい一〇億対一と言われていて。光子の反粒子は光子自身なので、ペアで消えたりせず、ビッグバンの時にできた数そのままです。もともとは物質も光子と同じように約一〇億個ずつあったのだけど、友達と反友達が出会って消滅してエネルギーになって、残っているのはそのお釣りの分だけなんだというふうに考えています」

つまり「我々は何ものか」については、「宇宙創世期に物質と反物質がほとんど消えるなかで残されたほんの僅かな物質の末裔である」との解答が導き出される。村山の語彙を使えばお釣り。予想はしていたけれどロマンの欠片もない。いやそれともこれはある意味でロマンティックといえるのだろうか。僕は話題を変える。ではこの宇宙は一つだけ（ユニバース）なのですか。もちろん答えを予想したうえでの質問だ。村山は「マルチバースの話ですね」と大きくうなずいた。

この宇宙は本当に一つだけなのか

「我々は今、宇宙の七〇パーセントが暗黒エネルギーでできているということを知りましたが、これが量子ゆらぎ、つまりあのふつふつとしている真空であるならば、もっと多くの割合を占めていてもよかったのではないかと考えられます。でも現在の推定より暗黒エネルギーが多かったなら、宇宙は始まってからすぐに引き裂かれていたはずです。

そうなると星や銀河、もちろん人間だって生まれていない。ところがこの宇宙では暗黒エネルギーがそれほど多くないので、今やっと引き裂かれつつある。だからこれまでに星や銀河や人間が生まれる時間の余裕があった」

「ならばこの宇宙は人間のためにできたと考えることも可能ですね。つまり人間原理です。でもこれは俗世的な感覚で、最先端にいる村山さんからすれば一笑に付すべきことかもしれませんが」

「いや、そんなことないですよ。確かにこの宇宙は、うまくできすぎていると思います。原子核の中に陽子と中性子がありますが、ほとんど同じ重さで一〇〇〇分の一ほどの差しかない。仮にこの差を一〇〇〇分の二にしたら、みんな中性子になってしまう。そうなると水素すらできない。そういう例がいっぱいあるんです」

「水素ができなければ他の原子もできない。他にもビッグバン初期の膨張速度やプランク定数や光の速度、重力定数や電子と陽子の質量比などが現在の値と少しでも異なっていたら、この宇宙は存在していなかった。さらには物理定数だけではなく、太陽系の惑星数や太陽と地球の距離などさまざまな偶然のうち一つでも今と違っていたら、この地球に人類は誕生していなかったはずです。天文学的な偶然が重なることで現在の宇宙があり、自分がいる。確かにその事実には圧倒されます。畏怖という言葉を使いたくなる」

「神秘主義になったり宗教的になったり、もしくは人間原理の立場に傾いたり。でもそれは逃げているだけなのかもしれない」

「最先端に行けば行くほど、そういうせめぎ合いみたいなものがありますね。だからもう一度村山さんに訊きます。なぜ宇宙はここまでうまくできているのですか」

「わからないです。我々は地球という環境しか知らないわけですが、なぜ太陽からちょうどいい距離に液体の水が存在して、空気があって、人間の身体をつくる炭素・酸素・珪素といった元素がふんだんにあったのか。確かにできすぎています。

でも今の見方では、宇宙にはおそらくたくさんの星があって、その中にたまたまそういう環境に恵まれた星が一つぐらいあってもおかしくないだろう、ということになっている。そこまではたぶん、みんな認めると思うんですよね。それを宇宙レベルに拡張してしまったのが人間原理です」

「太陽からちょうどいい距離に地球が誕生したとか、たまたま水はこの温度で液体であるとかのレベルであれば、これは幸運だったと説明できるかもしれない。でもこれだけの数の物理定数が、とても都合よく今のこの世界の秩序をつくるうえで貢献していると考えたら、じゃあ誰が決めたのかと思いたくなる」

そこまで言ってから、僕は次の言葉を考える。村上はじっと僕の顔を見つめている。まあいいや。僕は思う。ここまで言ったのだから、言えるところまで言ってみよう。

「つまり今度はインテリジェント・デザイン説（知性ある何かによって宇宙や生物は設計されたとする仮説）まで広がってしまう。でもこの思考は、この宇宙をユニバースと思ってしまうから生じるわけです。もしもこの宇宙はマルチバースの中の一つなのだと考えれば、……先ほどの物質・反物質の例でいえば、条件が揃わなくて消えてしまった人が他に999999999人いるのに、残った一人がなぜ自分はこの宇宙に一人しかないのだろうと悩むことと位相は同じなのかもしれないですね」

少しだけ考えてから、「例えば陽子と中性子の質量があまり変わらないということに関しては」と村上は言った。「アップクォークとダウンクォークがすごく軽いものであるということだけを認めれば説明できる。もちろんなぜ軽いのかについては、まだ説明できてない」

「現在の宇宙物理学は日進月歩の勢いで進化しています。いろんな発見がある。ならば宇宙のこの都合の良さを科学的に説明できる日もいつかはくるかもしれない。それは大前提としながらも、あえて村山さんに質問します。宇宙はなぜ存在しているのですか」

「それもいい質問ですね。よく宇宙は無から創造されたと聞きますが、あれも基本的には言っているだけですから」

「つまり？」

「本当のところはわからないです。でも、解までは行かなくても、少しずつ進歩はできるのではないかとは思っています。例えば物理学の立場で「人はどこから来たのか」を問う場合、まず原子という材料を考えます。原子核は星の中でつくられるけれども、これに電子が結びつくのはヒッグス粒子のおかげである。こういうふうに、さまざまな発見とともに、考えかたも進歩していくわけです。単に漠然と「人はどこから来たのか」を考えていた時代からすれば、宇宙が始まってから一兆分の一秒のところまではある程度解明できているわけですから、明らかに進歩はしています。だから科学者は、答えが本当にあるかどうかについては自信がないけれど、とにかく次までは行けそうかなという夢と期待をもって頑張っている」

「先ほどちょっと触れたインテリジェント・デザインですが、村山さんから見れば論外な仮説でしょうか」

「宇宙に意志を感じているということですか」

「……白状すれば、時折そういう気分になります」

僕のこの小声の告白に対して、村山は今回もあっさりと「私もそうですよ」と返答した。躊躇（とまど）いや逡巡の気配はまったくない。「そもそも一〇〇年も生きない人間が、一三八億年前の宇宙とか宇宙ができてから一兆分の一秒後とか、そんなことについて議論していることだけでも信じがたい。それこそインテリジェント・デザインとか創造主とかそういう立場からすると、宇宙はとてもエンジニアリングなわけですよね。アインシュタインはよく神という言葉を使っていましたけど、あれはどちらかというと自然法則とかそういうものに近くて」

「有名な「神はサイコロを振らない」というフレーズもそうですね。でも一線の科学者と宗教は決して相容れないわけじゃない。むしろ親和性が高い」

「そうですね。私もクリスチャンですし」

「アンヴィバレンツに陥ることはないですか」

「でも、神がいないということを科学が証明できるわけではないので。これに関しては何とも言えないです」

　この後は少しだけ雑談。とにかく聞くべきは聞いた。この宇宙も自分も、反物質と物質が出会って消えた残り滓から生まれた。それはほぼ確かなのだ。所詮はその程度。そう嘯きながらも、インテリジェント・デザイン的な発想を、まだ完全に捨て去ることもできない。

　でも「我々はどこから来たのか」については、ここまでの多くの科学者との対話で、少しだけ輪郭が明確になりつつあるような気がする。もちろん「少しだけ」だ。錯覚だと言われても反論できないレベルではある。でも多少はその実感がある。だから次の命題を考える。自分とは何か。この自我とは何か。そしてそう思い惑う自分は何か。

第8章

私とは誰なのか

藤井直敬（脳科学者）に訊く

認知はいかに主観的で、感覚はいかに曖昧か

通された部屋はスペース的には六畳間ほど。床も壁も天井も白い。椅子が一つ置かれていて、その横の壁の前には複数のモニターやカメラなどが設置されている。

「この部屋でSRシステムという装置を体験してもらいます。これはヘッドマウントディスプレーです」

言いながら研究員の一人が、僕の頭にずっしりと重いゴーグルのような器具を装着する。微調整は背後にいる藤井直敬が行った。一瞬だけふさがれた視界は、ヘッドマウントディスプレーの内側に設置されたモニターがオンになると同時に復活する。でも実際の光景とは違う。あくまでもカメラを通してみた光景だ。

僕は周囲を見回す。部屋の隅には研究員と小船井が並んで立っている。藤井が右側の視界に入ってくる。ヘッドフォンも装着しているので、音がよく聴こえない。三人は部屋の外に出る。つまり僕はヘッドマウントディスプレーとヘッドフォンを装着されたまま、白い部屋の中に一人取り残される。

それから数分の時間が過ぎる（あるいは一分足らずかもしれない）。音は聴こえないし視界はモニター越しだから、何となく現実感がない。ふと不安になる。この世界は確

かに現実の世界なのだろうか。僕は右手を膝の上からあげる。視界に映る。大丈夫。この世界は間違いなく現実だ。

同時に扉が開き、藤井がゆっくりと大股で入ってくる。何か話しかけてくるのかと思っていたら、椅子に座る僕のすぐ目の前で藤井はくるりと左側に向きを変え、僕の背後に回り込んだ。

ゆっくりと背後を歩いた藤井は、やがて右側から視界に入り、そのまま部屋の外へと足を進める。何かが変だ。直感的に思う。僕はもう一度自分の手を見る。これは間違いなく自分の手だ。ならば現実のはずだ。そのときまた扉が開く。藤井と小船井、そして研究員が部屋の中に入ってくる。でもその後に、もう一人の男がいる。

その男の顔を僕は知っている。でもその男がここにいるはずはない。いやここにいることは当たり前。でもそこにいるはずがない。

ここにいることは当たり前だけどそこにいるはずはない。つまり男は僕なのだ。自称映画監督で作家。中途半端なロンゲの不良中年。その男が、いや僕が、目の前で藤井としゃべっている。ならばこの光景は、先ほど三人で部屋の中に入ってきたときの時制ということになる。つまり過去だ。三人は部屋から出てゆく。僕は椅子に座ったまま自分の手を見る。これは現実だ。ならばさっきの光景は現実なのか。いや現実であることは確かだ。でも時制が違う。何が何だかわからない。

……この後も体験は続くけれど(あなたがこの装置を体験する日がこないとは限らないので)、ある意味でネタバレになる描写はしないほうがいいだろう。とにかく奇妙な体験だった。時間が捩れるのだ。その帰結として自我も不明瞭になる。生まれて初めての感覚だった。

藤井が所属する理化学研究所脳科学総合研究センター適応知性研究チームのウェブサイトでは、僕が体験したこの装置について、以下のように説明している。

私たちの脳は、目の前に広がる〝現実〟は確かなものであると強く信じています。つじつまの合わないことが起きると、「気のせい」や「思い違いのせい」にして、つじつまが合うように強引に解釈します。夢の中では、まったくつじつまが合っていないことでも、現実だと思い続けます。こうした自分の体験を「実際に起きていること」と信じる仕組みや、それに疑いを持つ時に生じる、メタ認知と呼ばれるヒトの高次認知機能はさまざまな技術的限界のため、その詳細を理解することが困難でした。

研究チームは、被験者に気づかれずに、予め用意した過去の映像を〝現実〟に差し替える「代替現実(Substitutional Reality; SR)システム」を開発しました。SRシステムでは、被験者はヘッドマウントディスプレー(HMD)とヘッドフォンを装着し、二種類のシーンを体験します。一つは、ＨＭＤ上に取り付けられたカメラからリアルタイムで送られたライブ映像、もう一つは被験者がいる場所で予め撮影され、編集された過去映像です。これらの映像の切り替えに工夫を凝らすことで、被験者に、過去映像を、まるで目の前で起きている〝現実〟だと体験させることに成功しました。

ＳＲシステムは、予め記録し編集しておいた過去の出来事を、今まさに目の前で起きている現実であると被験者に信じさせることも、それに疑いをもたせることも可能にします。本装置を用いることにより、これまで困難だったメタ認知に関わるさまざまな認知・心理実験が可能になります。また、新しいアプローチの心理療法としての応用や、ＶＲや拡張現実（ＡＲ）などとは異なる体験を提供するヒューマンインターフェースとしての展開も期待できます。

大ヒットしたハリウッド映画『マトリックス』は、仮想現実の世界で繰り広げられる現実の人類と人工知能の闘いが主軸のストーリーだ。主人公であるネオの恋人であるトリニティは、仮想で死んで現実に死ぬ。虚実は反転し、さらには融合する。境界線はない。

そもそもはウィリアム・ギブスンが一九八四年に発表したＳＦ小説『ニューロマンサ

ー』(一九八四年初版／邦訳：ハヤカワ文庫SF、一九八六年)から着想を得たと監督であるウォシャウスキー兄弟(トランスジェンダーとして二人とも性転換し、現在は「姉妹」)が語っている『マトリックス』は、巨匠フィリップ・K・ディックが得意とした仮想現実(サイバーパンク)の系譜であり、映画では他に『トロン』や『インセプション』、『トータル・リコール』などがあるし、コミックでは花沢健吾(はなざわけんご)の『ルサンチマン』(小学館、二〇〇四〜〇五年)などもある(余談だが『ルサンチマン』は花沢の最高傑作だと僕は思う)。

ただしこの日の実験は、藤井によれば失敗だったという。マシーンのトラブルで過去の映像の投射が不充分だったらしい。そう言われても何がどう不充分なのかわからない。実際に現実と過去が目の前で錯綜した。とにかくそれを差し引いても、自分の認知がいかに主観的であり、感覚がいかに曖昧であるかを僕は実感した。

オウムや連合赤軍が普通の人であるわけ

この日の予習としては、藤井が書いた『つながる脳』(NTT出版、二〇〇九年)と『ソーシャルブレインズ入門』(講談社現代新書、二〇一〇年)を読んでいた。久しぶりの一気読みだ。頁をめくる手が止まらなくなったのだ。つまり高揚した。だから実験後のインタビューで僕はいきなり、一気読みしたその理由を述べている。

「もちろん僕がインタビュアーで、インタビュイーにいろいろ質問をして話を聞いていてという展開になるのですが、今回は質問する前に僕が話していいですか。それは僕自身の紹介であると同時に、今回の大きなポイントでもあると思うので」

「はい」

「かつて僕はオウムのドキュメンタリー映画を撮りました。そもそもはテレビ・ドキュメンタリーとして始まったのだけど、撮影の過程でテレビサイドから制作中止を言い渡され、結果的に映画となった作品です。その撮影をきっかけにして、僕たちとまったく変わらない普通の人たちが、なぜこれほどに凶悪な事件を起こしたのかを考え続けています。そのあとに活字のほうに仕事をシフトして、アウシュヴィッツやクメール・ルージュの虐殺の跡地に行ったり、過去の戦争などを考えたり、死刑判決を受けたオウムの幹部やイスラム原理主義の兵士や出所した連合赤軍の元メンバーたちに会って話を聞いたりしながら、彼らが皆とても普通であることの意味を、ずっと考え続けています。

オウムの事件についてこの社会は、まずは狂暴凶悪な集団であると規定しました。でも法廷に現れる実行犯たちの多くは、とても純粋で善良そうな人たちです。だから次には、麻原に洗脳された危険で不気味な集団との規定が始まります。つまり麻原という凄まじい悪の根源が引き起こした事件であると。いずれにせよ、彼らは自分たちとは違う存在であることが前提です。だって違う存在と規定しなければ、あれほどに凶悪な事件を起こしたことの整合性がわからなくなる。

結論から言えば、僕はこれらの発想すべてが違うと思う。死刑を宣告された実行犯たちの多くに面会し、手紙のやりとりを重ね、彼らが普通であることを、つまりとても善良で優しいことは実感しています。そしてこれは、麻原も決して例外ではないだろうと考えます。確かに規格外の要素の気配はあるけれど、少なくとも残虐とか悪辣などの言葉は該当しない。

だから考えます。なぜあれほどに凄惨な事件が起きたのか。結論としては、麻原と弟子たちの相互作用だと僕は思っています。突出した悪が支配して悪事をなしたと考えることはわかりやすいけれど、現実のほとんどはそれほどに単純ではない。オウムだけではなくナチスにしても、イスラム武装組織や日本の戦争にしても、この相互作用がとても重要なのではないかと考えています。

少し早口にしゃべりすぎました。本当はこれをテーマにした『A3』(集英社インターナショナル、二〇一〇年)を読んでもらえれば良いのだけど……」

「アマゾンで注文したのだけど、まだ届いていないのです。すいません」

いきなり頭を下げられて、僕は「いえいえ、そんな」と思わず恐縮する。「とにかく、そういった僕自身のポジションだったり物の見方みたいなものが、藤井さんの本を読みながらとても刺激を受けて、なおかつ符合する部分があると感じました」

「はい」

……ここまではインタビューのテープ起こしを、ほぼ正確に再現した。あらためて読みながら、自分がかなり前のめりになっていたことを実感する。言い換えればそれほどに、藤井の文章からは刺激されることが多かったのだ。最も新しい『ソーシャルブレインズ入門』から、印象的なパラグラフを引用する。

これまでの人類の歴史の中で、わたしたちは、考えられないようなさまざまな残虐行為を行ってきました。特に、戦争に関わる残虐行為は、洋の東西を問わず歴史上途絶えたことがありません。これは大変残念なことですが、そのような戦時中の残虐行為を実際に行った人々がすべて生まれつき残虐で、しかも人の命をなんとも思わないような人々であったわけではありません。おそらく逆に、そのような行為に携わった人々のほとんどは、市井に暮らすまったく普通の人々だったのです。わたしたちだって、その場に居合わせたら、それらの行為に加担せずにすむかどうかは定かではないのです。（中略）戦場で敵を殺すことは栄誉ですが、平時では単なる殺人です。まったく同じことを行っても、その評価はそのときの世論によって変化するのです。（中略）そのような社会における強制力は、わたしたちが思ってもいなかったところから、予想以上の強さで行使されます。

このように記述してから藤井は、社会における強制力の例として、昭和天皇崩御の際にこの社会を覆った自粛ムードを挙げ、次に九・一一後のアメリカ（藤井はこの時期アメリカに居住していた）を挙げる。

たしかに、このテロによってワールドトレードセンターが崩れ落ちる映像は非常に衝撃的でしたが、その後のアメリカ国内の変化の方が、僕にはさらに衝撃的でした。特にテレビや新聞などのメディアのヒステリックな愛国的報道には、本当に驚きました。それに乗せられてヒステリックにアラブ系住民に不当な差別を加える人々が現れ、メディアもそれをさも正当なことのように報道していました。

そんな人々のヒステリックな気持ちにうまく便乗することでブッシュ政権は戦争を開始しました。この時期のアメリカでは、アフガニスタン侵攻も、イラク侵攻ですら、その参戦に関して疑問を口にすることがはばかられました。

国家やメディアのプロパガンダに触れながら藤井は、残虐行為を正当化するもうひとつのダイナミズムである「社会的強制力」について、アイヒマン裁判やミルグラム実験、スタンフォード監獄実験などを例示しつつ、社会の規範や倫理がいかに脆弱な基盤によって構築されているかを論述する。

これらの結果をまとめるならば、わたしたちは、本質的にきわめて脆弱な倫理観と、無意味に保守的な傾向をもった生きものなのだと言えるでしょう。このことは、わたしたちの日常生活でも、日々実感されることです。強いストレス環境下では、脳が後天的に獲得した倫理観や行動規範はすっかりはげ落ち、環境状況が求めるままの振る舞いに無責任に落ち込む危険性を持っているのです。

アメリカから帰国した藤井は、「ソーシャルブレインズ」を自らの研究領域に設定する。僕自身の解釈では、脳単独の研究ではなく、社会における（人と人の）相互作用によって起きる意思決定の仕組みの解析だ。

少し助走が長くなった。インタビューに戻る。

「オウムによる地下鉄サリン事件が起きたとき、まだ大学院生でした。やはり基本的には、生まれたときから悪という生きものはいないですね。どんなに悪いやつがいても、それは下に支えている人がいるから悪、もしくはボスというのは成り立つので、そこは一人で誰かが踊っていても組織できません。下が支えていると考えたときに、責任はどこにあるかと言えば、組織の構成員全員にあると思うのです。もちろんそれは、どちらの方向に誘導したかというような軽重はあるのでしょうが、やはりどこかでみなが受け入れざるを得なかったというところと、積極的に受け入れたところと両方あるのだと思います。結果的にやったことはとんでもないことだけれども、同じことは誰にでも起きうるということですね。それはずっと前から、それこそ三〇〇〇年、四〇〇〇年変わっていないはずです。戦争ができるということ、ある文脈下では人を平気で殺すことに違和感がないということは、環境もしくは社会の中で、おそらく人が持っている脳の特質なのだと思います」

藤井の言葉を聞きながら、ジョージ・オーウェルが書いた近未来ＳＦ『一九八四年』（一九四九年初版／邦訳：ハヤカワｅｐｉ文庫、二〇〇九年他）について考えた。世界は三つに分割され、それぞれ独裁者がいて戦争状態にあって、人間は徹底して管理統治されている。一般的には『一九八四年』はスターリニズム批判がテーマであると説明されることが多いけれど、この解釈について僕には違和感がある。なぜなら主人公が暮らす国家の独裁者であるビッグブラザーは、実体としての描写が一回もないからだ。その登場は常に、監視（カメラ）とプロパガンダ（テレビ）双方の機能を併せ持つテレスクリーンや街角に貼られるポスターなど、メディアの中だけに限定される。あとは人の噂話。つまり徹底してバーチャルなのだ。ならばむしろ、究極のデモクラシーによって合意形成された仮想の独裁制を、オーウェルは描いているとの仮説が成り立つのではないか。

ただし仮想と書いたけれど、フィクションという意味での仮想ではない。これは独裁制の本質だ。多くの現実はこの仮想から始まり、仮想であるがゆえにブレーキ・ペダルを誰も踏まないまま、やがて大きな悲劇に結びつく。

「人という生きものを変えたい」と思っている

「実在する悪い誰かが多くの人をコントロールして悪事をなすわけではなく、いわゆるマーケットの市場原理による民意によって独裁的なヒエラルキーがつくられて、その上部構造がさらに下部構造である民意によって操作され、また同時に下部構造は上部構造から刺激を受けてといった相互作用が加速して、最終的には最悪の事態が起きてしまうと僕は考えています。これは戦争や虐殺だけではなく、多くの社会現象もこのようにして生起する。

その意味では、オウムもナチスも原子力安全神話の形成もイラク戦争も、メカニズム的には近いのかもしれない。今回、藤井さんの本を読みながら、脳科学的な観点から、僕と同じような捉えかたをしている科学者がいると発見して、少しばかり高揚しました」

「ありがとうございます。脳を科学的に捉えるとき、今までは一つの個体だけを対象にすることが主流でした。しかし、一個体だけという生きものはいません。特に人の場合は、必ず誰かに扶養されて大きくなって、他者といろいろな関係を結びながら日常を送ります。そこから離れることはできません。他者との関係性におけるセンシティビティを持っているということについては、人に限らず社会を形成する生きものは、みなそうなのだと思います。

僕はもともと猿の社会性研究をやっていました。彼らにとって群れの中の他者と関係性を結ぶうえで大きな要素は、非言語的なコミュニケーションです。でも猿を観察しながら僕たちは、彼らが何を言おうとしているかが何となくわかります。人と猿が持っている非言語的なコミュニケーションのフォーマットが、一部被っているからだと思います。僕たちは猫を見ていても、眠いのだろうということくらいしかわかりませんが、もしかしたら猫と猫のあいだではヒゲの動かしかたや耳の角度などで、ものすごくいろいろな情報をやりとりしているかもしれない。

他者の影響を強く受けながら生きざるを得ない生きもの――特に人の場合は、文脈の複雑さゆえに、これに一旦とらわれたら逃げ出せない感じがある。それが人特有のさまざまなトラブルを生んでいるのだろうと思いますし、現状では仕方がないのかもしれないけれど、しかし、仕方がないで終わってしまうと面白くない。

ですから僕が今いろいろな研究で目指していることは——この間ふと自分のことを振り返ったら——僕はたぶん、「人という生きものを変えたい」と思っているのです。人は数千年のあいだ変わっていないし、社会の仕組みも同じままだし、戦争だって悲惨さはより強調された形でいまだに起こっています。ついには原子力を利用した武器までつくってしまった。そんな人そのもののありかたを、何らかの形でリフォームと言うと少し変ですが、何か変える方向がないかを考えています。

体験していただいたSRシステムも、これとは別に開発しているブレイン・マシン・インターフェースも、今まで自分の身体の中で完結していた身体システムを、外部システムとつなぐ技術です」

「意識や感覚の越境ですね」

「はい。これまでできなかった境界を越えるためのテクノロジーを、僕はつくりたいのだと思います。SFなどではよくありますけれども、その結果どうなるのかというのはわかりません。それでも僕たちの何らかの感じかたや考えかた、自分というものに対する感覚を変容させることができないか、そんなことをいつも考えています」

「人が持つ社会性の弊害を軽減することと感覚を変容させることの関連を、もう少し詳しく説明してもらえますか」

「政治とか経済とかいろいろ考えても、結局は僕の何倍も何十倍も賢い人たちがこれまで営為を積み重ねてきたはずなのに、結果は何も変わっていません。これだけテクノロジーが進歩して、世界レベルでコミュニケーションが可能になったのに、それで何か変わるのかと思ったら、やはり何も変わらない。ならばもっと根本的に、人のありかたや考えかたを変えるような何かがあるのかもしれない。その存在については、諦めとともに希望も持っています。そこがたぶん、僕の科学者としての興味ということなのだと思います」

「有史以前からずっと戦争や虐殺を繰り返してきて、これだけ情報が流通してテクノロジーも発達したのに、結局のところ人類の行動様式や形態はほとんど変わっていない。相変わらず戦争もあれば虐殺もある。より深刻になっているかもしれない。そんな状況への苛立ちが、科学的好奇心と結びついたと考えればいいですか」

「そうですね。これだけみな賢くなったのに、状況はほとんど有史以前と変わっていない。その思いが大きなモティベーションです。僕たちみたいなサイエンティストは、結局税金で食べさせてもらっているので、自分の興味本位の仕事をやりながらも、やはりどこかで社会に貢献するということを考えざるを得ないと言いますか、積極的に考えたいと思うのです。

人の幸せがどこにあるかと考えたとき、やはり他者との「関係性」の中にしかないと思います。その関係性を変えるテクノロジー、例えばＳＮＳが出てきたときには、「これはもしかしたら何かが変わるかもしれない」と思いましたが、現状ではあまり変わっていない。ならばさらに身体の中に踏み込んで、暴力的に何かを揺さぶらないとダメなのかなと思い、開発に取り組んだのがブレイン・マシン・インターフェースであり、新しい感覚を揺り動かすようなＳＲシステムです。ＳＲシステムでは現実と虚構の区別がわからなくなる。過去と現在も混然としてしまう。実験中、森さんは何度もご自身の手をご覧になっていましたよね」

「みんなそうするのですか」

「一〇〇パーセントします」

「不安になるんです。自分というこの容れものはどこにあるのか。それは確かに実在しているのか。実在しているとばかり思っていたけれど、その感覚は正しいのか。だから確認したくなる。その最も手っ取り早い方法が、自分の手を確認することでした」

そう答えながら、実験時に抱いた強い不安や喪失感は、「自分は何ものなのか」という命題を解くヒントと、かなりの領域で重複する感覚なのかもしれないと思いついた。ただしもちろん疑似的だ。あくまでも感覚のバグなのだ。でも感覚とはそもそもが、このように疑似的でバグ的なものなのかもしれない。ラスボス的な独裁者が君臨する悪の結社的なイメージが疑似的でバグ的であるように。

いずれにせよ、人の感覚はあきれるほどに脆弱だ。フェイクと言ってもいい。例えば視覚は、網膜細胞が捉えた光についての情報を、脳内で再構成する過程だ。脳内スクリーンに再現されるまでには、いくつものプロセスと加工がある。決して外界の構造や情報がそのまま再現されているわけではない。

僕たちは「動画」という言葉を当たり前のように使う。でも実は「動画」など存在していない。フィルムなら一秒二四コマでビデオなら一秒三〇コマの静止画が連続して動くから、これを見た人は「画が動いている」と感知する。あるいは思い込む。つまり原理としてはパラパラ漫画なのだ。映画もテレビもYouTubeもニコニコ動画も、すべてこのメカニズムだ。タカやワシのように動体視力が並外れてよい生きものがテレビや映画を見れば、（少なくとも）滑らかに動いているとは認知しない可能性が高い。

ミツバチが認知する世界はハイエナが認知する世界とはまったく違う。なぜならミツバチにとっては幾何学的な花弁の形が、そしてハイエナにとっては腐肉の匂いが、日常においては重要な意味を持つからだ。ならば世界のありかたが違うことは当たり前だ。ユクスキュルが唱えた環(かん)世界（すべての動物はそれぞれ種特有の知覚世界をもって生きている）は、もちろん人にも当てはまる。結局のところ人は、自分にとって意味のあるものしか見ていないし聞いていない。視覚や聴覚の対象となる波長や周波数の範囲が少しずれただけで、まったく違う世界が現れる。それほどに脆弱で一方向的な世界に僕たちは生きている。そして「私たちはどこから来てどこへ行くのか」などと煩悶している。藤井が「僕はもともと眼科医でした」とつぶやいた。

「基本的に人の生き死には関係ないけれど、救急などをやっていれば患者さんが亡くなることに立ち会うこともあるし、死が日常になります。これは日本に限らないですが、死というものが隠された社会は、本当に不健全だと思います。人の命が無限に重いみたいなことが普通に言えてしまう。僕はそこにとても強い違和感がある。人もアリも命は同じです。僕たちだって必ず死にます。死ぬまでの時間を幸せに生きるためにはどうしたら良いか、人を幸せにするにはどうしたら良いか……。宗教家はずっとそうしたことを言ってきたはずだけど、あまり幸せにはしてくれていないですよね。確かに瞬間的な幸せはありますが、それは宗教に頼らなくてもたくさんあります」

「幸せという感覚だけで考えるならば、脳内物質を出すような装置を開発すれば、とりあえず幸福や至福の感覚は得られます」

僕は言った。要するにオルダス・ハクスレーが『すばらしい新世界』(一九三二年初版/邦訳:ハヤカワepi文庫、二〇一七年他)で描いた未来社会だ。藤井は静かにうなずいた。

「とりあえずは幸せな状態にはなりますけれど、いつかはそこから戻らねばならないならばさらに辛いですよね」

僕の見ている紫は、あなたの見ている茶色かもしれない

二〇一二年四月、エディンバラ大学ロスリン研究所の研究チームがニジマスの頭部に神経活動を記録するマーカーを装着して、組織にダメージを与える刺激にニジマスが敏感に反応していることを実証してサイエンス誌などに発表した。つまり魚は哺乳類とほぼ同レベルに痛覚を保持している可能性があり、人との違いは苦痛の声を出さないだけということになる。あるいは魚だけではなく植物もストレスを受けた場合、鎮静・消炎作用のあるアスピリンなどを放出して他の植物たちに自らの苦境を伝えようとしているとのレポートが、アメリカ国立大気研究センター（NCAR）から発表されている。『魚は痛みを感じるか？』（二〇一〇年初版／邦訳：紀伊國屋書店、二〇一二年）を発表したヴィクトリア・ブレイスウェイトは、魚も含めて生きもの全般の感覚について、我々は考え直すべき時期に来ていると主張する。この誌面で動物福祉や愛護について言及するつもりはないけれど、でもスポーツフィッシングのありかたや高級料亭の定番料理である活きづくりなどの残虐さについて、僕たちは認識を新たにすべきかもしれない。

そのうえで考える。知覚は圧倒的に一人称だ。他者と共有できない。痛覚だけではない。僕が見ている紫とあなたが見ている紫がまったく同色であるとの証明は、絶対に誰

にもできない。僕が見ている紫はあなたが見ている茶色かもしれないのだ。

「ライオンに襲われて食べられている最中のトムソンガゼルやヌーなどの草食獣は、だいたい瞳孔を見開いている。この時点で脳内物質が出ているから苦痛を感じていないとの説を聞いたことがあります」

「身体の反応として、そういうシステムが準備されていてもおかしくないですね」

「感覚は共有できない。でもＳＲシステムの実験は、それをある程度は可能にすることが狙いなのかなという気がします」

「そもそもはサルでやっていた〈社会性〉の実験を、ヒトでやることが狙いでした。参加してくれる被験者には、実験なのだから、まったく同じ社会的な刺激を与えることが前提です。例えば僕が話しかけたり、笑ったり、ただ通りがかるだけとか。しかし僕は毎回、同じことを同じようにできない。服も違えば、表情も歩くスピードも違います。だから、まったく同じ社会的刺激を体験してもらうためのシステムということで、最初は過去の映像を見せることを主眼にしていました。現在と過去の入れ替えを区別できないようにいろいろ工夫しているときに、これはブレンドできないかという話になり、それによって不思議な感覚が湧いてくることに気づきました」

「確かに初めての感覚でした」

「森さんが自分の手を何度も見たように、最終的に信じられるのは、自分の身体だけなんです。身体だけが自分の現実とつながっているインターフェイスです。ならばその身体をなくしたらどうなるのか。身体をがんじがらめにしたり、カバーをかぶせてしまったら、もう絶対にわからない。区別がつかないですね。リアルタイムの映像にディレイを与えることもできます。ならば視認できる手の動きが二秒ほど遅れることになる。これだけでヒトは、これを自分の身体だとは思えなくなります。デジャヴは誰もが体験するけれど、いつ起きるかがわからない。でも、SRならデジャヴの実験ができるんです。同じ映像を繰り返し見せるだけです。脳波などを計測することはできますから、一つのプラットフォームとしては有効ではないかと思っています。

面白いのは、現実、過去、そしてとても怪しい過去がミックスされることです。自分が見えているものを、あとにもう一度過去に戻してやる。その中で「さっきのバレちゃいましたね」といったことを言ってみる。それも実は過去なんですけれども、そうするとみな「いや、あれはわかりますよ」と過去の映像に対して返事をする。戻ってきた安心感を利用する。それでもう一度現実に戻して「今のも嘘だったんですが気づきました?」と言うと、そこからはみな不安になるんです。もしかしたら今のこの現実も嘘かもしれないと思う。いろいろ操作されると、自分は区別がつかなくなるということに気づくんです」

「つまり、認知がなければ主体も存在できない」

「はい」

「子供の頃、小学校低学年の頃ですけれども、授業中にしょっちゅう振り向いていました。なぜなら「もしかしたら今、後ろの世界は存在していないのかもしれない」という思いにその頃はとりつかれていて、それを確認したいのだけど、ゆっくり振り返ったら消滅していた世界がまた構築し直すから、不意を突いてやろうとしていました。当然ながら後ろの席の子はびっくりしますよね。そのうちに授業中だけではなく、休み時間や歩きながらもやるようになってしまって」

「かなり危ない子供ですね」と小船井がつぶやく。藤井が少しだけ口許（くちもと）をほころばせた。

「それに近いですね。ＳＲシステムはパノラマのカメラで三六〇度全部撮っています。体験しているシーンはごく一部なので、同じ映像をくりかえし見ても、後ろで起きているイベントを見逃していることがすごく多い。それは現実と同じなのですが、現実の場合は自分が見失っている、見損なっているという感覚はあまり起きないですよね。

特に、自分がそこにいると信じてしまえば、自分の頭の中の情報がそれにタグされて、現実の体験に近い感じになります。それが共有される世の中になれば、例えばものすごくレアなインタビューや何かの現場も、それを多くの人が追体験できる。言葉にしなければいけなかったことが、リアルな体験になる」

「しかしこれは」と僕は言った。「悪用しようと思えば、いくらでも悪用できてしまいますね。僕も今、いくつか悪用のアイディアが湧いています」

「できますね。ですから、先ほど洗脳のお話が出たりしましたが、そういうリスクはすごくあります。面白いのは、僕がいないときに僕が中に入っていって「こんにちは」と被験者の人に挨拶をする過去のビデオを見せる。そうすると被験者の人は、経験として僕と会っているわけです。しかし、僕はその日ラボにいない。ということは、被験者が体験した現実と、僕の現実は違う。そのあとに、僕と被験者の人がすれ違ったとしたら、向こうは僕に会っていますから「こんにちは」といいますが、僕は会ったことがないので「何だろう、今のは」と思う。そうすると、分岐した世界が二つできることになります」

「多世界解釈が簡単に実現する」

「要するにこの世界は非常に主観的なのです。すべての人の頭の中にそれぞれ一つの世界があって、それが同時に存在している」

「重なり合いながら」

「はい。それを実感できる。これを悪い方向に利用しようとしたら、確かにいくらでも思いつきますね」

いかに多次元の世界をありのままに理解するか

「今の話を聞きながら、メディア・リテラシーについて考えました。メディアの情報をどのように受け取るべきかについて最も重要なポイントは、記者であったりカメラマンであったり、編集者であったりディレクターであったり、情報を提供する側の彼らがみな、結局は自分の視点で事象を見て（解釈して）いるということを知ることです。例えば殺人事件が起きたとします。でもそれをどこから見るかで事実はまったく変わります。よくジャーナリストは「たった一つの真実を探します」と言うけれど、たった一つの真実など存在しないと僕は考えています。一〇〇人いたら一〇〇通りある。確かに事実は一つしかないけれど、事実の正確な把握など人智の及ぶところではない。つまり情報とは人の視点であり、客観的になど存在できない。この認識がメディア・リテラシーの大前提です」

「なるほど。例えばメディア・リテラシーに関する授業をやるというのであれば、事件なりイベントが起きているシーンを全員に見せてから、「ではこれで記事を書きなさい」とやると、同じものを見ているはずなのに、それぞれ見方が違います。ものすごく大事なことを見落とす人が出てきます。「その場所に俺はいたのに見落としていて記事にできなかった」ということが、その人にしてみればショックでしょうね。それを逆に考えると、記者だって見落としているはずだと思い至るわけですから、それは（メディア・リテラシーの）体験ツールとしては面白いでしょうね。一人ひとりが信じている世界、もしくは体験した世界だけが、重なり合いながらこの世界をつくっています。七〇億人いれば七〇億の世界がある」

「ソーシャルブレインという発想について、藤井さんが自分の研究分野にしようと思った背景をもう少し詳しく教えてください」

「実際に研究しようと思った一つの理由は、もともと自分のやっていた「一つだけの脳をターゲットにした研究」に、ものすごくフラストレーションがあったということです。脳という複雑な多次元世界を理解するうえで、二次元とか三次元など低次元なレベルで理解して記述していいのだろうかという疑問です。それを拡張しはじめたらもうとめどないわけです。世界には無限の次元がありますから。しかし、一旦そこの壁を取ってしまったら、どこだっていいはずですから、もはやどこにも次元を設定できないわけです。そうすると、無限の次元に僕は向き合わなければいけないということに気が付いて、ではそれに対してどうやって向き合うのかというときにテクノロジーを磨くしかないと考え、いろいろな技術を開発しています。

ですから、もともと科学という閉じこもったものを現実の世界に拡張するということが必然だったのです。社会脳という考え方は以前からありましたが、それを科学に落とし込めなかったのは、無限にある次元を僕たちが扱うことができなかったためでした。しかし、今はコンピュータのパワーが上がってきたので――もちろんコストはかかりますが――、多少の次元の拡張をしても大丈夫なんです。ですから、僕の根本にあるいちばん大きなテーマは、多次元の世界をいかにありのままに理解をするかということでしょうね」

「確認しますが、今藤井さんがおっしゃった多次元というのは、五次元や六次元とかパラレルワールドとか、そういう意味での多次元ではないですよね」

「違います」

「ならばメタファーとしての多次元ですか」

「現実的に多次元、無限の次元があるということですから、時間と空間といったものではなく、例えばこのコップ一つを記述するのに、どれだけの変数が必要かといったことで、それは無限にあるわけですよね。それを僕たちは、「コップ」という一つの言葉に落としこんでいる。それはものすごい次元圧縮ですね。

そうしなければならない理由は、僕たちのコミュニケーションのためです。言語というとても低次元な、細いバンドパスでしかコミュニケーションできないから、言葉を使わざるを得ない。もし情報のやりとりそのものをもっとワイドバンドにしてやることができたら、もっと違う種類のコミュニケーションになるかもしれない。ブレイン・マシン・インターフェースで、その情報の帯域を広げたコミュニケーションを可能にしたいと思っています。これらは僕の中では明確につながっているのですが、傍から見ると少しわかりづらいかもしれません」

「その変数を言い換えれば、例えば色とか形とか質感とか、要するにクオリアに収斂されるということになるのでしょうか」

「クオリアは、むしろ低次元ですね。固いとかひんやりするとか、やはりどこかで言葉になっていますよね。結局無限の次元であるかぎりは、どこかで次元圧縮しない限り僕たちは理解することができない。ただし圧縮には二種類あります。例えばZIPファイルは圧縮しても元に戻ります。しかしJPEGファイルに圧縮したら元に戻りません。次元圧縮の際には、ZIPファイルのようにできるだけ可逆的な圧縮をすることが前提です。ところが従来の科学は、戻れない圧縮をしながら再現性を求めてきた。

僕のやっていること自体は二次元が五次元になった程度のたいした拡張ではないかもしれないけれど、少なくとも次元拡張に向かって努力をしようとの方向性は持っています。そのために社会脳を発想しました。社会の中に脳を解き放つ。僕たちが脳を知りたいと思う理由は、「自分を知りたい」や「人を知りたい」からです。ならば僕たちが知りたい本当の脳は、実験室にはなくて外にあるわけです。つまり社会と脳です」

これまでの脳科学が、言葉という低次元に圧縮した要素に拘泥してきたのだとすると、言葉という次元から解き放たれた脳のメカニズムを解明することを藤井は目標としている。そこまではわかる。しかし人間を人間たらしめているものが言葉でもあるわけで、その言葉の領域からさらに感覚的な領域のコミュニケーションということになると、より下等な動物のほうへフィードバックしてしまうという逆説が成り立つのではないか。

そんな質問をした僕に、藤井は「これからのコミュニケーションの媒介は、空気を振動させる言葉ではなく、進化したコンピュータが主流になると思う」と説明した。

「これからの情報は、すべて記録が可能でトラッカブル（追跡・計測可能）になります。それを理解するためには、言語を超えないとダメだと思うんです。拡張したコミュニケーションの情報は、何となく五感を通じて感じろというように「これは僕が見つけた一つの答えだから感じてくれ」と投げてやると、「なるほどね、言葉にはできないけどわかった」といった種類の理解という形にしか拡張できないと思います」

「ベンヤミンが唱えたアウラ（共同幻想的な何か。言葉では説明できない）的なものなのかな。これも言語化できません」

「言葉にはならないけれども、もしその人が感じている情報を取り出すことができて共有できるとしたら、それはこれまでできなかったコミュニケーションができるということを意味します。それは人の拡張です」

「人を拡張したい」というモティベーションの由来

テープ起こしの文章を読みながら、「人の拡張」と言ったときの藤井の表情を思い出す。どちらかといえば冷静に淡々と話す藤井が、確かにこの言葉を発するとき、ある意味の昂揚（アウラ）を発していたように記憶している。人を拡張したい。そのモティベーションの由来について、もう少し聞いてみたい。僕は言った。

「これまでの大脳生理学や分子生物学の研究者が人の脳の仕組みを外側から調べてきたとすれば、藤井さんは内側に入り込もうとしている。つまり、Aさんという人の脳はこのように働いているということは証明できたとしても、それがそのままBさんに当てはめられるとの断定はできない。従来の科学であれば、追試や再現性は重要な要素でした。でも脳に対しては、従来の科学の方法論では無理な部分がありますね」

僕のこの疑問に、藤井は「はい。無理です」と即答した。「しかし無理だと言っても世の中から評価されるためには――当然僕の仕事はある程度評価を受けなければ継続できませんから――、従来の評価の基準に合うような形でアウトプットしなければならない。けれども現実的には、森さんが指摘されたように、僕に見えるものと他の人に見えるものが脳内で同じように再現されているとの証明は誰にもできない。一〇〇人が見たものから共通するものを見つけようとしても、それは量的にはプール一杯の水に対してコップ一杯くらいです。それで納得するしかない」

「つまり、高次元で解釈しなければ意味がないのに、結局低次元に変換せざるを得ない。そのジレンマはありますね」

「次元が少なくてゆらぎがなければ再現性は高いんです。多次元はゆらぎます。そして脳は当然ながら多次元です。でもそのゆらぎにパターンや規則性があるかもしれない。今のところはそのゆらぎを記述して理解することはできないから、脳科学の落としどころとしては、「この薬を飲んだら記憶力が倍増します」など現世利益的なことが多くなる。それでその人が幸せになるのであればいいと思いますが、僕にとってその方向の研究はあまり面白くないのです」

「……藤井さんは、人はどこから来たと考えますか。あるいは何ものなのか」

テープ起こしの文章を読みながら、僕のこの質問は明らかに唐突すぎたとは思う。でもどんなタイミングで口にしたとしても、この質問は常に、唐突で話の流れを断ち切るのだ。数秒の間を置いてから、藤井は言った。

「少なくとも自分というものができ上がるのは生まれた瞬間ではないので、人は世の中のどこかから生まれてくると考えます。そのときに身体が必要です。「桶(おけ)の中の脳」という思考実験があります。脳単体で意識が宿るのかとの命題に対して、多くの哲学者は宿らないと答えています。

そもそも僕たちは、意識状態もしくは意識が行っているプロセスを過大評価しすぎなのではないかと思っています。まずは身体性があって、次に僕たちがボディスキーマと呼んでいる自己像がつくられる。丈のある帽子を被れば、ドアを通るときに最初はぶつかります。でもしばらくすると、高さに合わせて自然にしゃがむようになる。自分のボディスキーマが拡張したからです。それに合わせて行動を変える。このボディスキーマは常にアップデートされています。こうして意識がつくられる。身体がなければ意識状態もないのではないかと考えています」

「ならば、今の藤井さんの脳とまったく同じ組成のものを新規につくって桶に入れたとしたら、そこには同じキャラクターは宿らないのでしょうか」

「瞬間的には宿るかもしれません。まったく同じコピーであるならば桶の中に置かれたその瞬間、それまでの僕の経験がネットワークの構造として、そこにいると思います。しかし身体がないのであれば、すぐに溶けていってしまう」

「昔のSF映画や漫画などで、巨大なガラス容器の中で培養液に浮かぶ大脳がよく登場します。だいたい設定はラスボスかな」

「あれは現実的には無理だと思います。境界がないと駄目なのではないでしょうか。身体を介すから自己を保つことができる。ブレイン・マシン・インターフェースで試したいと思っていることの一つは、人と人が身体を介さずにつながったときの変化です」

人はどこかから来るのではない。身体という有機物と同時に存在する。そして有機物はこの世界にあまねく存在する。

つまり人は「どこかから来る」のではなく、有機物として再構成されながら「そこに存在し続けている」（もちろんオカルト的な意味ではなく）。おそらく藤井はそう言いたいのだろうと僕は解釈した。ならば「人はどこへ行くのか」についても、「行く」のではなく「来る」と同様に、やはり「存在し続ける」ということになるのだろうか。ここで藤井が、「漫画家の諸星大二郎の初期作品に『生物都市』（『彼方より――諸星大二郎自選短編集』集英社文庫、二〇〇四年所収）という短編があって……」と不意に言った。ちょっとびっくり。僕も彼の作品は大好きで、刊行された本はほとんど読んでいる。

「異星から帰ってきたロケットが、金属に触れると溶けてつながっていってしまう。ロケットだけではなく人も。すべてが混然とする」

そこまでを説明してから、藤井は微笑んだ。

「……ああいう世界を、僕は体験したいんです」

「確か登場人物たちは、あらゆるものと一体化しながら至福の状況になっていました」

「はい。ですから自分の境界をなくすことが、人の進化の次のステージかもしれない。境界のない世界というのは、閉じこめられている僕たちの不自由さ、この嫌な感じをなくすはずです」

「その感覚はシミュレーションできますか?」

「そこはまだ少し遠いと思います。僕はアイソレーション・タンク(感覚遮断容器)をやったことはありませんが、それに近いものだと思うんです。けれども、それが誰かとつながるかという話です。つながった感覚というのは、なかなかまだ技術が追いつかない感じがします」

濃度の高い硫酸マグネシウム溶液に浮かびながら視覚や聴覚を遮断するアイソレーション・タンクについては、実は一度だけ取材で体験している。人によってはさまざまなトリップ感覚を生じるらしいが、僕は首が痛くなっただけだった。ただ確かに、(首が痛くなる前だけど)自己が外界と混じり合いながら溶融しかけるような感覚は、少しだけ味わった。

生命の定義はいくつかあるが、地球に誕生した最初の生命は、自己複製と代謝機能、そして外界との境界(膜)を保持していた。この三つが揃ったからこそ、生命が誕生したと看做(みな)される。つまり基本要素だ。自己複製と代謝はともかく、境界は確かにキーワードなのかもしれない。つまり身体だ。でも水槽に浮かぶ脳や金属と融合する人たちには膜がない。だから自己がない。だから至福になるのだろうか。

私たちは境界のない「世界の一部」である

「もしも「我々は何者か」という命題を幼稚園児から聞かれたとしたら、藤井さんは何と答えますか？」

「世界の一部ですね。個というものはない。本来は、たぶん境界がないはずなんです。もしかしたら人以外の生きもの、もしくは高次霊長類以外は、境界という意味であまり個というものをもっていないのかもしれません。それを切り離してしまったことで、僕たちの不幸は始まったのではないかと思います。本来は一部です。

外部との相互作用の結果として意識は生まれてきます。主体は自分の中にあると思ったほうが幸せですから、そう思って差し支えはないけれど、実態はやはり相互作用の結果として生まれてきているものだと思います。自由意志があるのかということと似たような話ですけれども、自由意志があるのかないのかでなぜ悩むのかが僕にはわかりません」

人は自分で思うほど自由に自分の意識をコントロールしていない。自由にコントロールしていると思っているだけだ。実のところは外界との相互作用。それが主体であると藤井は言う。この論理は一般的には認めづらい。本音としては認めたくない。でも事実でもある。

エーリッヒ・フロムの『自由からの逃走』（一九四一年初版／邦訳：東京創元社、一九五一年）を引き合いにするまでもなく、人の自由意志は実のところ、とても脆弱だ。マクドナルド店舗における椅子は座り心地が悪い。だから誰も長居はしない。でも席を立つほとんどの人は、自分の自由意志で店を出たと思い込んでいる。長居をしたいという自分の自由意志が店によって侵害されたと思う人はいない。アメリカの社会学者であるジョージ・リッツアは、その著書『マクドナルド化する社会』（一九九三年初版／邦訳：早稲田大学出版部、一九九九年）でこんな事例を挙げながら、人の自由意志の危うさに警鐘を鳴らしている。

主体は単独に存在しない。外界との相互作用にその本質がある。言い換えれば外界（環境）によって主体がつくられる。

例えば犯罪者に対してこの社会は、ある程度の環境要因を考慮はする。でもある程度だ。なぜならば主体は環境との相互作用によって形成されることを認めるなら、犯した罪に相応するだけの罰が存在しなくなる。

だから僕たちは主体にすがる。刑事裁判を円滑に進めるためだけではない。自分は自分独自だと思いたい。オリジナルな存在だと信じたい。今のこの意思や感情は自分独自の意思や感情なのだと思いたい。

自分の意思や感情は外界との相互作用によって形成された。人はそれを認めたくない。もちろん僕もその一人だ。でも同時に考える。相互作用であるということは、オリジナルな主体が（少なくとも）根幹にあるはずだ。同じものは世界に二つとない。相互作用によって形成された主体は、やはり唯一の自我であるはずだ。

「例えばスーパーコンピュータは、チェスの場合には人に勝てるけれど、将棋ではなかなか勝てない時代が続きました。将棋は取った駒を使うという選択肢があるので、スーパーコンピュータでも人に勝つことは難しかったようです。最近はスーパーコンピュータのほうが優勢になりつつあるけれど、囲碁の世界では、まだまったく人間には歯が立たない。要するに正解がはっきりしているのならコンピュータは強いけれど、囲碁はそもそも選択肢が無限に近いほど多いし、統計やアルゴリズムでは限界があるのだと聞きました（このインタビューは二〇一四年に行われた。単行本刊行から五年が過ぎた二〇一五年以降、囲碁に特化した「Alpha Go」がトッププロを相手に連勝を続けている）。でもならば不思議です。なぜこれほどに小さな人の脳が、膨大な統計から導かれる演算処理を凌駕するほどに、高次の機能を格納できているのでしょう」

「人とコンピュータは、違う種類の計算をしているのだと思います」

「ならば自らの脳が処理しているそのメカニズムを、なぜ人は機器などに応用できないのですか」

「動作原理がわかっていないのです」

「だから不思議です。どうしても納得できない。これほどに医学や科学は進化しました。DNAレベルで分子生物学の研究も進められている。ところがいまだに、人間の意識という最もベーシックなシステムすらわかっていない」

「それは僕たちがいつも批判に晒されるところで、「お前らはまだ脳の動作原理一つわかっていないじゃないか。わかっていないのにそんな実験やっていいのか」と言われて、

「その通りですね」としか言えないのです。ただ例えば物理法則でも、確かにある程度限定された範囲や条件における説明はできるかもしれないけれど、今現在の物理法則で説明できないことだってたくさんあるわけです」

「脳の動作原理には変数が多すぎるということですか」

「先ほどの次元の話に戻ってしまいますが、結局は階層的なネットワークというシステムをどういうふうに理解するかという問題です。

どこかの階層で横に切って水平方向に見るのか、あるいは縦に切って全体を見るのか、切り方やどこから見るかでいろいろ違うわけですよね。全部の脳の神経細胞を同時にモニターする技術は、最近は魚などでできるようになりました。でもそれがいつ人に応用できるかと考えると、相当遠い未来であるような気がしますし、もしかしたら五年後くらいには、ある程度は可能になっているかもしれません。予測は難しいのですが……。

いずれにせよ、人の脳に一〇〇〇億の神経細胞があったとして、それを全部モニターしてシミュレーションで再現できるかと言えば、現状としてはコンピュータでは不可能です。大脳皮質の基本的な単位であるモジュールは、シリンダー状に沢山の神経細胞がネットワークされたカラム構造によって構成されていると考えられます。つまりカラム構造は、社会の単位である一人ひとりの人と似ています。現状の脳科学の技術でシミュレーションできるレベルは、このカラム構造までが精いっぱいです。ならば脳全体は、もしできるとしても、相当な計算量が必要になるし、それが可能になる時代にはもしかしたら、コンピュータの原理そのものが変わっているかもしれません」

「例えば量子コンピュータとか？　あるいは人と同じようなまったく新しい原理かな」

「その可能性はあります。あるいは脳がたまたま見つけたそういう計算能力の仕組みとは、まったく違う原理かもしれません」

技術は進化した。でもアトムは生まれない

月刊漫画雑誌『少年』で『鉄腕アトム』の連載が始まったのは一九五二年。このときに手塚治虫（てづかおさむ）は、アトム誕生を二〇〇三年に設定した。この時代の感覚として二〇〇三年は、アトムのような人工知能を持つロボットが開発されていて当然の時代だったのだろ

う。

確かにその後、テクノロジーは飛躍的に進化し、コンピュータが開発され、現在では誰もがパーソナル・コンピュータやSNSを当たり前のように使う時代になった。これらの機器の演算能力は人とは比べものにならない。宇宙開発から日常生活のあらゆる分野にまで、コンピュータ的動作原理（デジタル）は浸透している。

でもその動作は知能と言い難い。感情がない。迷いがない。矛盾や苦悩や不合理性もない。そして外界との相互作用によっての自己形成もない。人の脳とは根本的に違うのだ。

確かに時おり、テレビなどで人と同じような表情をしたり歩きかたをしたりするロボットが紹介されて話題になる。でも逆に言えばその程度だ。太鼓を叩いたりお茶を運んだりする江戸時代の座敷からくりの延長でしかない。知性や感情はまったくない。

これほどに技術は進化した。でもアトム（人工知能）は生まれない。なぜならば模倣しようにも、感情や知能を僕たちはまだまったく解明できていないからだ。太陽系外宇宙や深海の底までも人類は探究し始めている。神の粒子と呼ばれるヒッグス粒子への研究と観測も進んでいる。これらは飽くなき好奇心のなせる技。でもその飽くなき好奇心がなぜどのように生じるのか、人はまったく解明できていない。

メカニズムはある程度は説明できる。つまりHｏｗ。でもＷｈｙはわからない。パルメニデスが「なぜ何もないではなく何かがあるのか」を提起した古代ギリシャ時代から、Ｗｈｙについての解明はほとんど進展がない。

　だから結局は元に戻る。人はどこから来てどこへ行くのか。そして何ものなのか。

「ある程度ラフな地図があって、ここに行けばこれが調べられるとか、あそこに行けばあれが検証できるとか、そんなジャンルは他にたくさんあります」

　藤井が言った。「そこへいけば仲間も沢山いるし効率がいいはずだと思いながらも、どうしても足が向かない。それはあまり面白くないと思う自分がいる。代替現実の実験も含めて、変なことばかりやっている理由は、きっとそういうことですね。幸い、周りの人も変なことばかりやっている人が多いので、お互いに「俺たちはどこへ行くんだろうね」と言いながら、また散り散りにそれぞれの孤独な探索に出てゆく感じかな」

「変な人たちの相互作用ですね」

「やっぱり領域があったら、僕はどうしても真ん中にいられないんです。昔から体育館などでみなで遊んでいるときも、壁によりかかって「つまらないな」と言っているほうでしたから。常に端にいます。でもそうすると、向こう側の端にいる人たちと接触できる。境界の言葉を聞くことはできるけれど、メインストリームにいけないというのは昔からの悩みで、ただそれは満足できないからなんです。ですから、わかっているかわからないかと言いますと、わからないことしかない。だからここにいます。そう答えるしかないです。わかっている場所は面白くないんです」

わからないから脳科学を研究する。それはそれで当たり前だ。もしもすべてが解明されたなら、藤井はきっと眼科医に戻るのだろう。でもその日はまず来ない。少なくとも僕や藤井が生きている時代には。そんなことを思いながら、今回のインタビューは終了した。

第9章

なぜ脳はこんな問いをするのか

池谷裕二（脳科学者）に訊く

なぜ脳はこんな「くだらない質問」をするか

待ち合わせた本郷三丁目の喫茶店。いくつかのメディアでもお馴染みになった黒縁の丸眼鏡をかけた池谷裕二(いけがやゆうじ)は、定刻きっかりに姿を現した。名刺を交わしながらも何となく表情が固い。椅子に腰を下ろしながらその理由を考えた。

①そもそも人見知りである。
②森達也の名前を事前に小船井から聞いてネットで調べた。
③今日は機嫌が悪い。

①と③ならまあ仕方がない。でも②なら困る。この連載の最初のサイエンティストである福岡伸一も、話し始めてしばらく時が過ぎてから「(森は)もっと過激派みたいな人だと思っていました」的なことを言っていた。互いにワインで酔っぱらっていることもあって、このときはその根拠を訊かなかった。大笑いして終わり。でも今になって考える。

誰かに初めて会うとき、事前にネットで名前を検索することは普通になった。僕も例外ではない。それから本人に会うと、ネットの記述はかなり誇張されていたのだと気づくことが多い。

ネットもメディアであるかぎりは市場原理から逃れられない。つまり電車の中吊り広告状態だ。多くのサイトは刺激的な記述ばかりを前面に出すようになる。特に僕の場合は、オウムのテレビ・ドキュメンタリーを撮る過程で局や制作会社とトラブルとなって結局は映画にしたとの経緯が刺激的すぎることもあって、無頼的なイメージがかなり誇張されすぎている（と本人は感じている）。

池谷が事前に僕のことを知っていたかどうかはわからない。知っていましたかと訊けるほど鉄面皮ではない。でもその可能性はある。そして仮に知っていたとしても、著作を何冊も読んだとか映画も観たなどのレベルではなく、ネットでチェックした程度だろう。オウムを擁護しているとか北朝鮮のシンパだとかの情報もネットには普通にアップされている。ならば「なんだかとんでもない人のようだな」と思いながらここに来た可能性もきっとある。

そんな体験はこれまでに何度もある。僕にとっては日常の延長だ。少し話してから「普通の人なんですねえ」と感嘆されるのだ。気に食わないことがあればテーブルをいきなりひっくり返すような人だと思っていましたと言われたこともある。だからまずは池谷に、この企画についての趣旨を僕は説明した。普通の人であることをアピールしなくてはならない。敬語や謙譲語もちゃんとしゃべって、実は社会常識が人並み以上にあることもアピールしなければ。

「個々のサイエンティストたちが抱えている矛盾について確認しながら、「私たちはどこから来て、どこへ行くのか」という大命題についてもお聞きする。我ながらとても青臭いとは思いますが、そういうインタビューにしたいと思っています。今日は時間が限られているので、池谷さんのご専門について最低限のことを訊きながら、なおかつメインの命題についても意見をもらいたいと思っています」

意見をもらいたいと思っています。あれ。ご意見をお聞きしたいと思っています、かな。それともご意見を拝聴させていただきたいと思っています。いやこれはさすがに変かも。うーむ。何だかわからない。敬語は難しい。いきなり日本語に変調をきたしながらもとにかく説明を終えた僕に、池谷は小さくうなずきながら言った。

「私もよく、「自分って何だろう」とか、「そもそも何のためにこうやって生きてるんだろう」などと考えます。森さんは今、ご自身のことを青臭いとおっしゃいましたけど、私も多かれ少なかれ、そういう哲学少女じみた疑問を持っています」

こうして今回の対談はスタートした。哲学少女という言葉を使った池谷は、「でもよく考えてみると、私たちがそういうことを問いたくなる脳のクセを備えているということ自体が、回答のポイントになるはずです」と続けた。

「つまり疑問力ですよね。脳には、自分って不思議だなと思ってしまう悪い癖がある。そもそも不思議に思う能力がなければ、疑問そのものが生まれない。ですからやはり、脳がそういう「くだらない質問（！）」をしたくなるということ自体が、鍵を握っています」

「犬や猫は、そう思わないと言いきれますか」

「科学的ストラテジーを用いて断言することはできませんが、直感的にはそう思ってないように感じます。言い換えれば、これはヒトだけがうっかりはまってしまったトラップなのではないかと。ヒトはメタ認知能力（認知していることを認知する能力）を獲得し、「自分って何だろう」という自己再帰の問いを自らに投げかける。その問いが成立する思考基盤ツール、すなわち言語をヒトは持っています」

「目の前に鏡を置かれたとき、それが鏡に映った自己であるかどうか知っているかをチェックするミラー（マーク）テストがありますね。ある種のメタ認知能力のチェックでもある。もちろん人間はこれをクリアするし、他にはゾウやイルカ、カササギなどはクリアすると聞いています」

「ゾウのすべてではなくてアジアゾウだけです。イルカもある特定の種だけですし」

「アフリカゾウは鏡に映る自分を認識できない？」

「アフリカゾウは、この意味では、ちょっとお馬鹿さんですね」

「イルカはやはりバンドウイルカとかになるのかな」

「ええ、そうです。実験しやすいというのもポイントだったと思います。他にはチンパンジーとか、ヒトに近い大型類人猿はできますね。犬も教えればできます。しかし、教えなくてもできるのがアジアゾウやカササギ、チンパンジーの面白いところです」

「以前の対談で長谷川寿一さんに、他者を助けることができるのはおそらくゾウだけではないかと、聞きました。サルの場合は興味は示すけれども助けようとはしない」

「ネズミもするという報告もあるのですが、訓練しないと他者を助けようとしないですね。プログラムされた利他性ならばハチやアリにもあるわけです。だって働きバチや働きアリというのは完全に利他じゃないですか。労働で貢献するだけで子孫を残さないのですから。でもシチュエーションに応じて臨機応変に動けるのはゾウですかね。ゾウの脳はヒトよりも大きいですから。皺はあまりないけど」

「自己を問う」という言語のトラップ

「先ほど池谷さんは、ヒトの持つ優れた認知能力をトラップと表現しました。その意味をもう少し詳しくお聞きしたい」

「これはつまり、自分で自分を自分に投射するためのマイクロスコープとなる言語を持っているということです」

「つまり言語がトラップ？」

「私はそう考えています。言語を使用すると、自分の射程距離を伸ばすことができます。例えばこのガラスでできた器に」

そう言いながら池谷は、目の前の水が入ったグラスを手にする。

「コップと名付けると、実体のコップという概念が生まれます。そのコップという単語は、また、目の前のガラスでできた器に、心的に内的投影をすることもできます。言葉を使うことによって、私たちは具体と抽象を往復しながら、言語の視線が届く地平線まで、心の拠点を移動させることができるのです。そうすれば次は、その地平線ポイントに視点を置いて、さらに遠方の地平線まで眺めることができる。こうして心の射程距離が圧倒的に伸びる。これが言語のすごいところで、言葉なしには到底思いも寄らないような、例えばクォークのような微的世界や、宇宙のような巨大世界までも想像できる。ヒトは、そういう言語レーダーの守備範囲に、自分自身を含めているというところがポイントになります」

「でもトラップという言葉には、どちらかというとネガティヴなニュアンスがありますよね」

「人間は自分の脳に、本当は考えなくてもいいような問題を考えるように仕向けられている。そもそも自分が存在する理由なんて考えなくてもいいじゃないですか。言語とはもともと、社会性の涵養や記憶の補強、他者にたいする理解のために使われるものだった。つまり、あくまでもコミュニケーションのツールであって、「自分って何だろう」と自問するために編み出されたものではない。ということは、私たちは、言語を本来の用途以外に使っていることになる。

ここで言語の副作用として「自己を問う」という虚構トラップが生まれて、私たちはその罠にまんまとはまってしまっている。これがトラップである理由は、それが構造として無限ループに陥りうるからです。仮に「自分って何だろう」という問いの答えが出たら、その答えを吟味して、さらに「そんな答えを出している自分って何だろう」という上位階層の問いを自分に投げかけることができます。延々と終わらないのに、実体がない。ラッキョウの皮を剝いていったら実がなくなってしまうのと同じです。行き着く先の空虚さが明確であるにもかかわらず、それでもなお問いたくなってしまうというのは、トラップとしか言いようがない」

「つまり、言語の副作用という意味ですね」

「ええ、言語が仕掛けたという意味でトラップという言葉を使っていますが、確かに副作用、あるいは副産物という言葉のほうが適切かもしれません。無限の定義ができるのは言語だけです。鳥の歌やイルカの超音波は言語ではない。これらはただの信号です。

言語には文法がなければいけない。文法の重要な特徴は、再帰性を持っているということです。つまり入れ子構造ができるわけです。

例えば「池谷はコップを見た」を「森さんは池谷がコップを見ているところを見た」というふうに、主述を更に大きな枠の主述に繰り込むことができます。さらに「福沢諭吉が森さんは池谷がコップを見ているところを見たのは無意味な行為だと嘲笑した」と入れ子階層を増やすこともできます。ものを語るにも数字を数えるにも、この入れ子構造が必要です。「次の大きさの数字」という操作を繰り返すことで、1、2、3、4……という数字の並びという概念が生まれます。この繰り返しという再帰操作自体は、原理的には無限に続けることが可能です。一方、物理的制約から私たちは実際には無限に繰り返すことはできません。結果として「最終的にどこまで行くのか」という不思議な感覚を残します。なぜなら私たちの心のキャパが有限だからです。再帰というプロセスによって無限という概念が生まれますが、これと同時に無限でないものという概念も発生します。つまり、対比概念としての有限というものが生まれる。有限という概念によって、限界というものを知るわけです。例えば命には限界があるとか、食糧には限界があるから土地を争って戦争を起こすとか。そういうふうに有限性を理解しているのは、おそらく人間だけだと思うのです」

言葉のトラップ。あるいは副作用。それは知能のトラップでもあり、そして副作用でもある。例えば宇宙のどこかに高度な文明を持つ宇宙人が存在しているとして、彼らが言葉を持たないままに高度な文明を達成したとは思い難い。言葉とはコミュニケーションのツールであると同時にコミュニケーションの本質そのものでもある。ここでウィトゲンシュタインの論考を引用するまでもなく、言葉の限界は世界や思考の限界でもある。ならば一定の進化がなされたとき、つまり世界や思考が拡充されたとき、宇宙全域の生きものはすべて「私たちはどこから来て……」と悩み始めるのだろうか。池谷は話を続ける。

私たちは宇宙を老化させるために存在する

「宇宙にはエネルギーの流れがありますよね。例えば太陽のエネルギー。地球上のエネルギーはほとんど太陽から来ている。つまり太陽が地表に注ぐエネルギーによって、地球上のあらゆる生命の営みが支えられている。太陽が当たらない夜になるとエネルギーは蒸散する。つまり昼の間に蓄積されたエネルギーがそこで変換されるわけです。エネルギーの入力と出力があるとき、しばしば創発パターンが出るんです。何かしらの秩序が生まれる」

「それはエントロピーと考えればいいんですか」

「そうです。普通はエントロピーは増大していきます。例えばこの袋入りのグラニュー糖をコーヒーに入れてかき混ぜたら、もう戻らないですよね。不可逆な拡散です。エントロピーが増大していくにつれて、すべてのものは無秩序かつ平坦になっていく。ところが不思議なことに、私たちの身体はエントロピー増大の法則に反している。生命という秩序を保っています。これはなぜなのか。お考えになったことはありますか」

いきなり質問された。かなり長くこの連載を続けているけれど、サイエンティストに質問された記憶はほとんどない。池谷に他意はない。会話を楽しんでいる雰囲気がある。ならば僕も楽しもう。エントロピーと生きものの身体については、長沼とも前に話している。それを思いだしながら、僕は言った。

「プリゴジンが言っています。川の水は一定の方向に流れているようでいて、実はそうではない。それぞれの部分を仔細に見ると、渦を巻いて乱流になっていると」

「渦はまさにそうですね。例えば、お風呂場の栓を抜いたら自然に渦ができます。渦はまさに秩序のよい例です。あれはなぜ発生するのだと思いますか」

「そのほうが早く全体のエントロピーを増大できるから」

「そうですよね。渦ができたほうが、水が早く抜ける。システム全体としては、より効果的に平坦な状態に至ることができる。部分だけをみると渦はエントロピーが減少している構造体ですから矛盾した存在のように見えますが、全体の方向性にはむしろ貢献しているのです。そう考えると、私たち生命体は、宇宙を少しでも早く老化させるために存在していることになります」

どうやら合格らしい。正確な評価は聞いていないけれど。池谷の話にうなずきながら、「身も蓋もないですね」と僕は嘆息した。実際にそう思う。私たちは何のために存在するのか。そう考え込む男に神（あるいは悪魔。あるいは造物主）が言う。小さきものよ。おまえが存在する理由は宇宙のエントロピーを早く増大させるためじゃよ。池谷が静かに微笑む。

「でも、それでいいんじゃないですかね。私たちが存在することによって宇宙が早く老化できるのであれば、私たちは宇宙に貢献していることになる。こうして今ここで呼吸するということだけでもエントロピーの増大につながる。局所で見るとエントロピーは減っているかもしれないけど、でも宇宙全体としてはきちんと増大に貢献している」

「でも、そもそも宇宙は、本当にエントロピーが早く増大することを望んでいるでしょうか。まあ宇宙を主語にしちゃう段階でまずいかもしれないけれど」

「本当のところは私にもわかりません。エントロピーの増大方向を決めるものは、本当は何もなくて、本質的には確率論の問題にすぎないのですから。だからあえて言えば「自然の摂理」。それはもう文句を言ってはならない「何か」ですよね。数学の公理にも似ています。いずれにしても、私たちの存在はエントロピーの増大という形で宇宙全体に貢献しているわけです。だから、こうやって生きているだけでも意味があるわけです」

そう言ってから池谷は、「だから人殺しはいけない。もちろん自殺もいけない」とつぶやいた。少しだけ唐突感がある。でも気持ちはわかる。

「今うかがった言語やその自己再帰性を、脳のメカニズムやシナプスの可塑性とからめて説明してもらえますか」

「シナプスは電気回路で言うところの抵抗みたいなものです。シナプスがあるから、次の神経細胞（ニューロン）に電気が通りにくくなっている。時間遅れも生じる」

「シナプスはニューロンとニューロンのあいだにある接合部です」

「はい。シナプスは一方通行なので、ニューロン同士が同じシナプスで情報をやりとりすることはない。シナプスを介するから、ニューロンからニューロンにスムーズに電気が流れていかない。そこでの抵抗が強いと信号が流れにくくなるから、次のニューロンにあまり情報が通らない。逆に抵抗が低いところでは信号がすんなり通ります。つまりシナプスの可塑性とは、シナプスの抵抗値を変えることです。信号の通りやすさを変更する」

「もしもすべてのシナプスの抵抗がゼロだったら、もっと脳が活性化されるのではないかという気がするのですが」

「原理上は抵抗ゼロにはならないけれど、限りなくゼロになると脳が過剰に興奮して、てんかんという病気になる。普通は脳が興奮しすぎないように、常にブレーキがかかっているけれど、てんかんの場合はその箍(たが)が外れてしまうんです」

「つまり可塑性とは、シナプスの抵抗値を変えることである。そしていったん変更された抵抗値は、簡単には元に戻らない」

「ええ、通常は元に戻らず、しばらくは変更されたままでいます」

「それが記憶のメカニズムですね」

「記憶する際に、シナプスの可塑性をベースにしていることはまず間違いないですね」

「そのときに海馬(かいば)が重要な役割を果たしています」

「はい。すべての記憶ではないですけど、例えばエピソード記憶などはそうですね。こうやって今お話ししていることを後になっても覚えていたとしたら、それは海馬のシナプス可塑性を使っています。一方、ゴルフが上達することには海馬は必要ではない。ゴルフが上手になるということも、脳にとっては記憶の一種ですが、このタイプの記憶は脳の別の場所を使っている。だから記憶を海馬に限定してしまうと、ちょっと問題があるかもしれない」

「例えばコーヒーは苦いとか水は冷たいとか、そういう記憶は脳のどこが関係していますか」

「そうした知識に関する記憶は、海馬と、その周辺の脳部位が主にやっています。詳しく言うと、海馬傍回の前部にあるPerirhinal cortex（嗅周皮質）と言われるところなどですね。そこで情報を処理している」

「記憶のメカニズム一つとっても、海馬とか扁桃体とか嗅周皮質とか、いろんなところが絡んでいますね」

「それこそ言語の問題なんです。海馬と扁桃体のプロセスはまったく違うのに、私たちはそれをひっくるめて、「記憶」と一口に呼んでしまっています。これが問題なのであって、脳に悪気はないんですね。脳のそういうシステムを的確に言い分ける単語を、私たちが持っていないだけで。扁桃体が情動記憶に関係していることはたしかです。例えば、以前コーヒーを飲んだことがあるけどすごく苦かったから、もう飲むのをやめようという場合、コーヒーを飲むことを回避するように仕向けるのは扁桃体です。けれども、扁桃体そのもののニューロンが「嫌悪」という感情を支配しているかどうかはわからない。私は、たぶん違うだろうと思っていますけど」

「でもコーヒーは苦いとの記憶は、海馬の領域のエピソード記憶ではないんですか」

「それが違うんですよ。一度飲んだという経験は、たしかにエピソードだけど。味覚嫌悪学習に海馬はほとんど関係がない」

「今は嫌悪の記憶を例に出されたけれど、快楽や喜びもある」

うところです」
「ええ、快楽に関与しているのはＶＴＡ（ventral tegmental area／腹側被蓋野）とい

メモをとりながら吐息をつきたくなる。やはり複雑だ。巨大な官庁のようだ。それは5番窓口です。こっちは12番です。先に7番に書類を提出して、その書類にハンコをもらってから3番へ行ってください。同時に印紙も必要です。印紙は16番で買ってください。おやおやそれは9番です。……あまりに複雑すぎる。無駄に複雑化しているようにさえ思いたくなる。

「脳の機能はつぎはぎだらけなんですよ。お世辞にもよくできたシステムとは言いがたい。進化の過程で、これも要る、あれも要ると、後からその場その場の必要によってパーツを継ぎ合わせてきたから、全体としては必ずしも上手くオーガナイズされていない」

「ではけっこう無駄やロスが多くて、回り道していると？」

言いながら、長谷川寿一に聞いた「庭師の喩え（一四九頁）」を思いだした。同時に、たった今思いだしたこの記憶メカニズムに関与しているのは海馬で間違いないはずだと考える。池谷はうなずいた。

「私にはそう思えます。ゼロからデザインし直したら、もっといい脳ができただろうと思います」

なぜ人工知能は実現できていないか

「これだけ科学が進歩して、コンピュータにしてもすでに半世紀の歴史があるのに、ヒトと同じような情感や判断力などをもった人工知能は、なぜ実現できていないのでしょうか」

「それにはいくつか理由があるのですが……」

そう言ってから、少しだけ池谷は考え込んだ。

「ヒトは計算が遅いし不正確です。記憶も苦手です。だからコンピュータに計算や記憶を代理させる。つまりコンピュータはヒトを補助するためにつくられたんです。（人工知能の開発とは）方向性が違います」

なぜヒトのような人工知能はいまだに開発できないのかとの問いに対して、池谷はそう答えた。ならばやる気になればつくれるということだろうか。その質問に対して、池谷はまた考え込んだ。

「……その場合は、根本的に違うデザインをしなければいけない。ヒトの脳の動作原理に似せた電気回路をつくれば、多かれ少なかれ脳と似た挙動を示すはずです。そんな特殊な電子チップの作成に成功した研究者もいるくらいです。でも私は思うのです。人工脳をつくろうと努力するくらいだったら、実際に子供をつくったほうが手っ取り早いですよね。セックスするだけで実物の脳ができるんですよ。だからヒトに似せたアンドロイドを設計するモティベーションは、実のところ、科学的にはほとんどないのです。同じ労力をかけるのだったら、ヒトにはできない何かを代行してくれる、ヒトとは異なる機能をもったロボットをつくったほうが、ヒト社会においてははるかに有益です。例えばパワーのある建設機械をつくるとか、速い乗り物をつくるとか」

……理屈はわかる。でもあくまでも理屈だ。もっと言えば建前。結局は核兵器をつくってしまったマンハッタン計画も含めて、科学者のモティベーションは、有益性や実用性とは合致しない。例えばドクター・モローにヴィクター・フランケンシュタインにアンブレラ社の細菌兵器の研究開発者たち（もちろんこれらはすべてフィクションではあるけれど）、実在する人物としては、毒ガス兵器を開発しながらノーベル賞を受賞したフリッツ・ハーバーや「死の天使」ヨーゼフ・メンゲレやマンハッタン計画に参加した科学者たちなど、悪魔的な発明はいくらでもあるはずだ。そう考える僕に、池谷は「それと素材の問題もありますね」と言った。つまり人工知能を開発できないもう一つの理由だ。

「コンピュータは半導体や電線でできているわけですが、ヒトはタンパク質や脂肪でできている。この違いは大きいです。仮にヒトの脳と同じ回路をもった電子回路ができたとしても、スイッチを入れると同時に熱を発して、瞬く間に自熱で溶けてしまいます。つまりコンピュータは脳に比べると、はるかに熱効率が悪いんです。ですから新しい素材が開発されない限り、人工知能の開発は無理です」

なるほど。それは納得できる。でも言い換えれば、これだけ科学が発達したのに、なぜ人類はいまだに、自らの脳と同じような素材すら開発できないのかとの疑問が湧いてくる。僕は言った。

「人の脳はニューロンだけでも一〇〇〇億個以上あるんですよね」

「はい。その神経細胞一個当たりに一万のシナプスがあります。掛け算すれば、総シナプス数は銀河系の星がいくつあっても足りないレベルになりますね」

「確かにすさまじい数です。でも人間の脳だって、電位差とかで多少温度が上下している。それにもかかわらず熱くならない」

「神経細胞の場合は線維に沿って電気を通すのではなく、直径方向に通すかたちになるので、非常に熱効率が良いのです」

「その仕組みは真似できないんですか」

「そういう素材をナノテクで新開発すればできるでしょうね」

結局はまたここに戻る。これほど日常的な存在（何しろ自分の頭の中の素材なのだ）なのに、いまだに開発できない。同じものをつくれない。不思議だ。でも今日は納得するしかない。この話題だけで時間が過ぎてしまう。

アイデンティティという「よくできた錯覚」

アメリカのフェルミ国立研究所の物理学者デビッド・アンダーソンとワシントン大学で航空力学を研究するスコット・エバーハートの共著『UNDERSTANDING FLIGHT（飛行の理解）』が刊行されたのは二〇〇〇年。この本で二人は、飛行機が空中を飛ぶメカニズムとして説明されてきたベルヌーイの定理は実は間違っているとの説を主張して、大きな話題になった。

紙幅を相当に使うので詳細な説明はできないが、要するに揚力（ようりょく）の発生のメカニズムへの問題提起と考えればよいだろう。このときは科学者だけではなく一般レベルでも大きな論争になったが、結局のところは（アンダーソンたちの主張にもいくつかの矛盾があり）、ベルヌーイの定理そのものが間違っているわけではなく、航空力学への応用の仕方にいくつかの誤りがあったとの結論に落ち着きつつあるようだ（ただし一部ではいまだに論争が続いている）。

でも仮にそうだとしたら、ライト兄弟が空を飛んでから一〇〇年以上が過ぎて多くの人が当たり前のように飛行機に乗っているというのに、飛行機が空を飛ぶメカニズムを、僕たちは部分的に誤解していたということになる。

論争がどうであれ飛行機は空を飛ぶ。メカニズムがどうであれ、僕たちは飛行機を利用している。他の分野においても、解明されていることはほんの一部と考えたほうがいいのだろう。しかも解明されている要素のほとんどは、ＷｈｙではなくＨｏｗだ。電子の動きを説明はできても、なぜ電子が存在しているのかを科学は説明できない。

だから考える。そして考える自分を考える。コギト・エルゴ・スム。我思う、ゆえに我あり。今さらの引用だとは思う。この言葉を残したデカルトについて夏目漱石は「三つ子にでも分るような真理を考え出すのに十何年か懸ったそうだ」（『吾輩は猫である』）と書いている。確かにいろいろ突っ込みどころが多い箴言ではあるけれど、でもやはり今は思う。自分とは何か。語れないことについては沈黙すべきであるとウィトゲンシュタインは言った。だからこそ語る努力をしたい。言葉を聞きたい。池谷は言った。

「おそらく自己のアイデンティティというのは、よくできた錯覚だと思います。問うに値しない仮想幻覚です。つまり、ヒトが自分にアイデンティティがあると錯覚するようにデザインされていること自体が面白いのであって、しかし、その結果としてアイデンティティという概念はありありと知覚される」

「でも、その誤解する主体が、どこかにあるわけです」

「それこそが、言語によって仕掛けられたトラップだと思うんです。言語がなかったら、アイデンティティなんていう言葉も概念できないわけですから」

「つまりアイデンティティが錯覚であるとすれば、それを錯覚と見なしている主体もまた錯覚である。……これもやはり、無限のループにはまってしまうということなのかな」

「そういうことです。ですから「自分って何だろう」と考えること自体、滑稽な話なのです。機能と構造は本来は重ね描きされたもので、本質的には僕らはそこから出られない。脳で脳を考えているかぎりは。ですから、ループをぐるぐると回らないことが大事なんです。「自分って何だろう」と考え始めた時点で、その上の自分、さらにまたその上の自分という多重の薄皮が発生してくるのは当然の成り行きです。そうやってループを走り始めてしまったら、もう私たちの負けなんです。それは身から出た錆。思考の垢です。脳の中にあるのは神経活動のイオンの流れ以外の何ものでもない。そんなイオンの渦に「自分って何だろう」という疑問を持ち込むこと自体がおかしくて」

そこまで言ってから、池谷は言葉を探すようにしばらく黙り込む。本郷三丁目の喫茶店に他に客はいない。静かな午後の昼下がりだ。

「……今の科学の現場では、デカルトの二元論については否定的ですよね。でも「自分って何だろう」という視点は、当世流の二元論にほかなりません。問題設定そのものに問題があって、デカルトの焼き直しにほかならないことに気づいていない。例えば、M

RI（磁気共鳴画像）測定によって、物を見ているときに脳の後頭部が活性化することが解明されたと聞いても、いまひとつ腑に落ちない感じがしますよね。脳のその部分が活動することが、視覚のいったい何に相当するのか。そう思うでしょう。ここで不思議に思うということが、すなわち二元論なんですよ。なぜなら、脳のこの活動を見ている誰か（あるいは私）を別に想定しているわけだから。この思考においては、自分という実体と神経の活動は乖離している、つまり心と脳は別だと考えてしまうことによって、こういう珍妙なループの悲劇が起こるのです」

心と脳は異なる存在。そう考えたときに心を観察する自分という発想が生まれる。そして次には、心を観察する自分を観察する自分が生まれる。デカルトの箴言は「我思うと我思う、故に我ありと我思う」がより正確ではあると思うけれど、でもこの場合も「我ありと我思う」の「我」は何かとの命題からは逃れられない。我とはこの脳の中の神経活動のイオンの渦。それが脳であり心でもある。もちろん渦の流れや形状は人によって違う。つまり個体差がある。河原の一つひとつの石のように。結局はそれがアイデンティティであり、「我思う」の「我」でもある。

ならばイオンの動きが止まれば心も停止する。身も蓋もないけれどそういうことになる。お墓や仏壇にご先祖さまはいない。靖国に英霊たちもいない。生まれ変わりもありえない。守護霊だの祟りだのもない。来世も天国も存在しないのだから、（一般的な定義である）神も必要ない。

「これはきわめてＳＦ的な発想ですけど、今後科学がすごく発達して、現在の池谷さんの脳のイオンの動きをすべて克明にＩＣチップなどに移すことが可能になったとして、その場合には池谷さんのアイデンティティが二つ現れるのでしょうか」

「そうなる可能性は否定しませんが、本物の私は、それを見てもアイデンティティを持っているとは認識できないでしょうね。思考実験として話すのであれば、スイッチが入った瞬間はそうだと思います」

「けれども次の瞬間からは変わってしまうと」

「僕らは経験によって変化しうる存在です。脳の特徴の一つは経験に基づく「自己書き換え」機能です。本物の自分がここにいて、一方、私の目の前にそっくりそのままコピーのアンドロイドがいるとしたら、私とこのコピーではもうすでに視界に映る風景が違うわけです。別の場所にいて別のものを見ているわけですから。経験に差が出てくる以上、自ずと違う人格に分化してゆく。スイッチを入れた瞬間だけは同じであっても、あっというまに存在が分岐して別人になるはずです」

「ＳＦ映画などでは、大きな水槽の中に浮かんでいる脳と会話する場面があります。あいうことはあり得るんですか」

水槽の中の脳。この質問は以前にも藤井直敬に訊いた。哲学者のヒラリー・パトナムが提示した有名な思考実験でもある。そして藤井は、脳単体では存在できないと答えた。池谷は少しだけ考えてから、「もちろんあってもいいんですけど……」と答える。

「たぶんそこに生まれた心を、私たちは理解できないはずです」

「つまり会話ができないということですか」

「会話はおろか、そこに心があるということさえ認識できない可能性が高い。例えば、宇宙人に会って交信しようなんて言っている人がいますよね。私は宇宙人はいるだろうと個人的には信じていますけど、仮に出会ったとしても、会話ができるかどうかは疑問です。身体の形や神経の仕組みが違っていたら、心の構造もまったく違ってくる。心の仕組みが違ったら会話が成り立たないでしょう。そもそも人間同士だって、宗教が違うだけで、もう理解し合えないくらいですから」

　仮想現実をテーマにした映画やＳＦ小説は多い。これらが共通して提示する命題は、要するに「胡蝶の夢」だ。この現実は本当に現実なのか。それは現実だと脳が思い込んでいるだけではないのか。

　目や耳や鼻や口や皮膚が脳に送る電気信号によって、僕たちは世界を認知する。水槽の中の脳にもしも北海道の大雪山にいるかのような映像や音や匂いや温度を信号として送れば、脳は自分が大雪山にいると認識するはずだ。アマゾンのジャングルの信号を分析して送り込めば、すなわちそこはアマゾンなのだ。

そしてこの命題は、当然ながら水槽の中の脳だけにはとどまらない。僕たちと水槽の中の脳とは何が違うのか。僕たちが認識しているこの世界は本当に現実なのか。

ただしこの命題には、もう結論は出ている。現実と仮想現実とを識別する術はない。僕たちは夜にベッドに入って翌日に目が覚めたとき、自分が水槽の中の脳であることに気づく（どのように気づくのかが問題だけど）可能性を完全には否定できない。そしてもちろん、水槽の中の脳であると気づいた直後に、夢から覚める可能性も否定できない。

結局は（池谷が言うところの）ループに嵌りかけている。

異星人とのコミュニケーションは成立しない

話を異星人との対話に戻そうと考えた僕は、「でもたぶん……」と言った。

「異星人にも言語ぐらいはありますよね。翻訳は不可能ではない。それなのにコミュニケーションは成立しないのでしょうか」

「無理でしょうね。文法体系が異なれば、思考そのもののありかたが異なります。そもそも私たちが仮に宇宙人を見つけたところで、その相手を生物とすら認識できないと思うのです。私たちが「生物」に期待するような仕組みで駆動していないでしょうから、ヒトの脳で認知しようと試みている限り、その生命体の存在に気づいてあげられるかどうか心もとないですよ」

　そう言ってから池谷は、僕と小船井の顔に順番に視線を送る。

「ヒトが自分の脳を使って「自分って何だろう」と考えているのは、言ってみればオナニーみたいなものです。ヒトの脳というつぎはぎだらけのオンボロな装置を使って、自己言及をしているわけだから、傍から見れば「何やってるの？」という感じですよね。それはきわめて限定的な思考にとどまる無益な使役。僕たちは、そんな欠陥だらけの脳でもかろうじて理解できそうな対象にフォーカスを絞って、世界の仕組みを記述した気分に浸っている。これが科学という学問です。まさにオナニーの世界ですよね。言ってみれば脳のバグです。

　ですから宇宙人が仮に私たちよりも高度な文明を持っていて、私たちがそこに行って何かを見たとしても、彼らの発見した物理則をまったく理解できないでしょう。それ以前の問題として、私たちには彼らがやっていることが科学に見えないと思うのです。科学の定義は、自然現象をヒトに理解できる言語で記述することですから。あるいは記述できたような気になって満悦すること、と言い換えたほうが正確かもしれません」

「でも物理則は宇宙共通ですよね」

「いや、違うと思います。例えばカエルには、動いているものしか見えないんですよ。虫を捕るとき、カエルはピュッと舌を出しますよね。つまりカエルには質量保存の法則が成立しないのです。ユクスキュルの環世界じゃないですけど、その生物特有の物理則というのがあるわけです。だから宇宙人と私たちの物理則が違うことはありえます」

「ならば$E=mc^2$などの大命題は？」

「違うと思います。宇宙は、ヒトに理解されることを目的として存在しているように考えられた数式ですから。ヒトが物理則を構築するか否かとは無関係です。ヒトはただ自分に理解できる範囲内の数式で表しているだけであって。ですから、地球人の法則と宇宙人の法則は違うことはあるはずです。宇宙人は自分たちなりの宇宙の法則を持っていてもおかしくない。でも私たちには、彼らの法則は黒魔術でもやっているようにしか見えない。ヒトの思考の射程距離はせいぜい、そんな程度です。

SFで描かれる世界は、ヒトの思考パターンを決して出ることができません。限定的です。本当は、もっと及びもつかないようなことがあるはずです。スタニスワフ・レムの『ソラリスの陽のもとに』(一九六一年初版／邦訳：ハヤカワ文庫SF、一九七七年)というSF小説が好きなのですが、あの惑星で出会ったものについて、(登場人物は)結局は理解できないままヒトの世界に戻ってきますよね。SFとしてとても謙虚ですし、きっとそんなものだろうと思います」

レムは、H・G・ウェルズ的な宇宙人を根底から否定する。それはあくまでも人類が、自分たちの知性と感覚と想像力の射程内から造形した生きものなのだ。極めて高度な知性を持つ（らしい）ソラリスの海は、この惑星に降り立った人類の意識活動にいろいろ干渉する。でもコミュニケーションはできない。だって海なのだ。言語があるかどうかすらわからない。感情もわからなければ意思もわからない。描かれるのは徹底したディスコミュニケーションだ。

私たちは世界を歪めることで認識している

……ここまでは池谷との対話をそのまま載せた。決して噛み合ってはいないし、今も完全に納得できていない個所はいくつかある（もっと納得ゆくまで訊くべきだった）。でもこのとき池谷の話を聞きながら、僕はやっぱりメディア・リテラシーについて考えていた。

客観的な情報など存在しない。情報のすべては記者やライターやディレクターやカメラマンなど多くの感覚細胞を通過しながら、信号に変換されて読む側や見る側の意識に再生される。そしてこのときに、記者やライターやディレクターやカメラマンの解釈（主観）からは絶対に逃れられない。

でもノンフィクションやドキュメンタリーについては、広辞苑（第七版）の定義である「虚構を用いずに、実際の記録に基づいて作ったもの。記録文学・記録映画の類。実録。」(ドキュメンタリー)が示すように、事実そのものだとの認識を持つ人がとても多い。

念を押すが、いわゆる「やらせ」や「捏造」は論外だ。そのレベルについて語るつもりはない。僕が言いたいことは、ノンフィクションであれドキュメンタリーであれ、絶対に制作した側の主観からは逃れられないということだ。

「例えば僕らは映像を見て、これは本物だと思ってしまう。けれども実際にはフレーム(画角)というものがあるわけです。しかもそのフレームはカメラマンが選んでいる。つまり僕らはテレビや映画やネットで、限られたフレームに恣意的に収められた映像を見ているわけです。それは確かに事実です。でも正確に言えば事実の一部です。そして事実はどこをどう切り取るかでぜんぜん違って見える。これに気づくことがリテラシーです。自分が今接している情報は誰かを通過している情報であるということ。そして視点は他にもたくさんあるということ」

そこまでを言ってから、話のテーマが拡散してしまうだろうかと少しだけ考えた。まあいいや。もしも拡散してしまったら後から削除すればいい。もう少し話し続けよう。

「そしてこれは文章についても同じです。例えば池谷さんに好意を持っている記者であるならば、インタビューの際の池谷さんの笑顔をニコニコと感じてそう記述するでしょう。でも悪意を持っている記者ならば、同じ笑顔をニヤニヤと感じてそう書きます。どちらが嘘でどちらが正しいのかなどと論じても仕方がない。どちらも事実だしどちらも記者の主観でもある。朝日新聞と産経新聞は同じ事件や現象を報じながら、なぜこれほどに論調が違うのかと言う人がよくいます。いったいどちらが正しいのかと。これも同様ですね。正しいとか間違っているなどと考えても仕方がない。視点が違うだけです。でも視点が違えば、世界はまさしくユクスキュル的にまったく変わります。だからメディア・リテラシーについて考えるとき、僕はいつも認知や脳の感覚と通じるところがあると思っています」

じっと話を聞いていた池谷は、ここでゆっくりとうなずいた。

「そうですね。何かを見たり感じたりすることは、対象に対する一種の摂動（せつどう）です。つまり、それは何かしらのアクティヴなプロセス。もう少しきつい言葉を使ってしまうと、認識するということは歪めるということでもあります。人間は網膜で光を受け取って、あるいは鼓膜で空気の振動を捉えて、それを脳で解釈しています。本当はあるがままに見えるはずがない。三次元の世界が、網膜に映った時点で、二次元に歪められていますから。だから私たちは基本的に、この目の前にあるコーヒーカップの「実物」を見ることはできない。これと同じことです。報道するという行為も、やはり事実を歪めるということと同義です。つまり、自分に理解できるように、場合によっては潜在的な好みによって歪めているわけですね」

「ニーチェはその著書である『権力への意志』で、「事実などは存在しない。ただ解釈だけが存在する」と書いています」

僕は言った。ニーチェだけではない。カントは「我々は表象のみを認識している」と説き、ショーペンハウエルは「世界は私の表象にすぎない」と記している。これらの箴言に新たに付け加える要素は何もない。客観的な世界など存在しない。たった一つの世界も存在しない。世界は一人ひとりの解釈のうえにしか成り立たない。これはほぼ定理と言っていい。つまりメディア・リテラシーの原則である「メディアの情報は記者やカメラマンやディレクターの解釈である」は、我々の世界認識と共通する。池谷は静かにうなずいた。

「それに近いものがありますね。ニヒリズムには一部共感します」

池谷の口から唐突に出てきたニヒリズムという言葉を、(インタビューの)このとき、僕はきちんと咀嚼できていなかった。あまりに唐突すぎると感じたのかもしれない。何となく聞き流してしまった。でも原稿を整理しながら今は思う。脳科学者とニヒリズムの親和性。これはおそらくキーワードだ。脳の仕組みを解明すればするほど、ニヒリズムに傾倒せざるをえない。だって思想も感情も恋愛も希望も絶望も、すべては脳内のイオンや電位差の受け渡しによって発生する現象なのだ。言い換えればメカニズム。とても機械的だ。ならばその現実を実感すればするほど、ニヒリズムに陥ることは当然だろう。でも、だからこそ思う。だからこそ煩悶する。我々は何ものなのか。どこから来てどこへ行くのか。僕は言った。

「……生きものの可視光線の範囲は種によって違うから、実際に見えているものは生きものによって全然違うことになりますね。視覚ではなく聴覚や嗅覚で世界を認識する生きものもいくらでもいます。そうなると彼らにとって世界は、いま僕たちが感じている世界とはまったく別であるわけです。人間は自分にとって都合のいいように世界を解釈して、それを世界の姿だと思い込んでいる。ちょっと可視光線の波長の範囲が変わるだけで、世界は全然違うものになってしまうのに」

「おっしゃる通りです」と言ってから、池谷は「ただし誤解しないでいただきたいのですが」と付け足した。「自分に都合がいいように世界を認識することがダメだと言っているのではありません。私たちは、そうしなければ「考える」ことができないと言っているのです。つまり歪めるという機能が私たちにとっての心であり、考えるというプロセスそのものだと言いたいのです」

「この場合の「歪める」の意味は、視点をどこかに定めるということですね」

「そうですね。その視点からしか物事を見ないように限局するということです。人間の脳が不完全なものを見ているとしてそこで問題になるのが、では完全とは何か、ものの本当の姿とは何かという疑問です。私たち科学者は即答することができない。歪められた認知を通じて考えるしかないという宿命の中でサイエンスをやっているというのが、私たちの姿です。科学では歪められていない事実が一体何なのかを定義できない。脳を使って科学をしている以上は永遠にわからない。ですからウィトゲンシュタインのように思考停止しておくのがいちばん賢いでしょうね」

蛇足かもしれないが少しだけ補足する。池谷が言及した「ウィトゲンシュタインの思考停止」は、具体的には彼の著作である『論理哲学論考』の最終節に記述された「語り得ないことについては、沈黙しなければならない」を示す。もちろんウィトゲンシュタインは単純な思考の停止を勧めたわけではないし（このフレーズの意味は、言語によって規定されることで矮小化されることへの警鐘だと僕は解釈している）、池谷もそんな意味で名前を挙げたわけではない。ただしこの場合の課題は、「語り得ないこと」の範囲の見きわめだ。濫用されるべきではない。

身体は脳のポテンシャルを制限している

だから僕は思わず、「そうすると止まってしまう」とつぶやき、池谷は小さくうなずいてから、試すように「でも安全ですよ」とささやいた。

「安全だけど面白くない。刺激的じゃないですね」

「そうなんです」と同意してから、池谷はにっこりと微笑んだ。ニヤニヤではない。ニコニコだ。

「私たちはなぜ、理由を探し求めなければいけないのか。探し求めるモティベーションが脳に植えつけられている。理由を知りたくなるという欲求は、きっと進化的に有利だったのでしょうね。例えば足が痛い時に「足が痛い。以上！」だけでは終われない。痛い理由を探し当てて対処することが、生存するためには必要だったわけです。「ああ、怪我している」と気づいたなら、いつどこでなぜ怪我したのかを自分なりに探って、「ここに行ったら草木のトゲが刺さるから、今度からは気をつけよう」などと学習する。このようにして理由を探し求めたくなる願望が、脳にプログラムされたのでしょうね。より厳密にいえば、そうした願望がデフォルトとしてたまたま備わった脳は、進化的に淘汰を免れる可能性が高くなる。こうした傾向が現在の私たちの脳に受け継がれている。つまり理由を探し求める本能は、決して「自分って何だろう」を問うためにプログラムされたわけではない。ところが人は、理由を探し求める願望の矢尻を自分自身に向けてしまう。だから僕は、これを言語による副作用と言っているわけです」

　副作用で矮小化でトラップで無限ループ。でもその副作用を最も強く発動しているのが脳科学者であり、この分野のトップランナーの一人でもある池谷裕二であるはずだ。

そう問い直す僕に、池谷は「そうなんです」と苦笑する。

「結局は逃げられないですね。脳のポテンシャルを制限しているのは身体です。私たちには指が一〇本しかないわけですが、もしもう一本あったとしても、私たちの脳はその指を活用できると思うんですよ」

「つまり脳には、もう一本の指に対応できるだけのポテンシャルが備わっている？」

「はい。例えば地磁気。人には感覚できない環境情報です。その地磁気情報を脳に直接送信したら、私たちはそれを活用できるでしょうか。実際に地磁気の微小チップをネズミの脳に埋め込む実験を始めています。すると驚いたことに、目の見えないネズミでも、地磁気を使って迷路を解くことができるのです。

生まれながらに備わっている知覚でなくても、脳は十分に活用できる。加えて言えば、この実験では新しい感覚で別の欠けた機能を補う能力があるということも証明できたのです。目が見えなくても、地磁気感覚があれば、あたかも見えるようにふるまえるわけですから。そこで次は、脳と脳をつなげてみようかと考えています。実はもう、二匹のネズミの脳をつなげるというプロジェクトを始めています。ただ今年、ミゲル・ニコレリスが率いるグループに、先に成果を出されてしまいました」

脳と脳をつなげてみようかと考えていますとの池谷の言葉を聞きながら、僕は藤井直敬との対話を思いだしていた。内心は「まさしくつながっている！」と驚愕しながら。

まあ近いジャンルで第一線なのだから、関心の領域が近接することも当たり前なのかもしれない。

「ニコレリスの研究チームは、ブラジル・ナタルの研究機関とアメリカ・ノースカロライナ州の大学研究室にネズミを一匹ずつ置きました。二匹のネズミは距離にして一万キロ離れたところにいるわけですが、大脳皮質に電極を埋め込んで脳と脳をつなげることによって、わずか〇・一秒以内の時間差で二つの脳が同期したのです。つまり感覚や運動の情報を二匹がシェアできるのです」

デューク大学の脳科学者であるミゲル・ニコレリスは、日本でも『越境する脳――ブレイン・マシン・インターフェイスの最前線』（二〇一一年初版／邦訳：早川書房、二〇一一年）などが翻訳されていて、脳と機器とのあいだで情報伝達を仲介するブレイン・マシン・インターフェース研究の第一人者として知られている。でも実際に二つの脳を同期させることに成功していたとは知らなかった。情報の転送はどのように行ったのだろう。

「インターネットです。ブラジル側のネズミの脳に埋め込んだ電極で活動を記録し、それをコンピュータ処理して、アメリカ側のネズミに電気信号を送る。そして脳の同じ部分を電気刺激すると、ブラジル側のネズミの感覚を使ってアメリカ側のネズミが迷路を解き、餌を得ることができるようになったのです。ネズミのヒゲの感覚情報を相手のネズミの脳に転送すると、〇・一秒以内の時間差で感覚をシェアすることができたというわけです」

この実験からは、培養した神経細胞を回路として利用する有機コンピュータの実現を想起することができる。実際にミゲル・ニコレリスは、脳の信号を利用する義手や義足などの開発にも寄与していて、それはもうSFレベルの話ではない。思考で動くマシンは現実になりつつある。つまりアバターだ。

ジェームズ・キャメロンが二〇〇九年に発表した映画『アバター』に登場する疑似肉体（アバター）は、疑似肉体作製のために遺伝子を提供した人間の脳神経とつながって行動することができるが、脳科学の最先端はそのレベルにまでかなり近づいている。映画のエンディングで主人公の男性は、異星人によって疑似肉体に精神を移植される。でもならばやはり、そのアバターのアイデンティティについて考えてしまう。それを問題にする（気にする）ことがすでにトラップに囚われているということなのだと池谷は言うだろうが、気にしないわけにはゆかない。

「私たちは今、ネズミの海馬を同期させる実験を行っています」

「海馬は記憶のメカニズムの中枢を担っています。それを同期させるならば、記憶もシェアできたりするわけですか」

「それもあり得ると思っています」

「つまり、自分以外の誰かの記憶がそのままコピーされる」

「それをやりたいんです。私は大阪にも研究室を持っていて、そこでは一〇人の脳をつなげる実験をしたいと思っています。もちろんそんなに簡単にはつなげられないのですが、MRIをうまく使えばできるかなと。例えば一〇人の脳情報を一台のコンピュータに転送しながら、コンピュータに投票させるのです。選択肢を用意したうえで、AとBどっちがいいですかと聞く。その一〇人にはそれぞれ、心の中で思うところがあるでしょうけど、その思惑をコンピュータの中で統合させる。するとそこで生まれてくるのは、ヒトの心とは異なる新次元の「心」なのではないかと思うのです」

「Aが六でBが四ならば、結果としてAは残ってBは排除されるということになるんじゃないですか」

「集合知が生まれてきます。AとBの二択だと簡単すぎるかもしれませんね。例えばもっと難しい問題を解かせるとします。その場合、個々の人は答えがわからないけれども、一〇人が集まって議論すると答えが出ることがあります。それに似たことを、脳を直接結合することで実行してみたいんです」

集合知は心なのか、それとも新たな人格なのか

聞きながら、自分がいつのまにかSFの世界に迷い込んでいるような気分になる。ネットによってつながる集合知。それは心なのか。新たな人格なのか。

「集合知がすなわち心かというと、それはまた悩ましい問題ですけれど、でも私は、そういう新しい心を人工合成したいと思っています。そうすることで心の守備範囲を拡張してゆきたいのです」

「僕はいい歳をして漫画をよく読むのですが、『ビッグコミックスピリッツ』に間瀬元朗の『デモクラティア』という漫画が連載されています。主人公はヒューマノイドの研究者。でも、もちろん人工知能はつくれない。そこで研究者は、多数決システムというプログラムをヒューマノイドに搭載すれば、模範的な存在になるのではないかと考えました。ヒューマノイドを動かす多数決に参加するのは、ネットで選ばれた三〇〇〇人の人たちです。ちなみに、彼らは詳細について何も聞かされていない。そして人気上位三つの選択肢プラス先着順の少数意見二つという民意が、そのつどヒューマノイドの行動に反映されていくわけです。まだ連載は始まったばかりですが、おそらくこのヒューマノイドは、今後暴走していくのではないかと予測しています。

一〇人の意識を統合して新しい心をつくるという発想は、この漫画に近いものがあるなと思いますが？」

「見事にそうですね。もちろん私は倫理的に問題があることをやるつもりはありません。でもSF作品は確かに研究のヒントになります。だれもが「所詮は夢想世界の話だろう」とまじめに取り合わなかった発想を現実の科学的アプローチとして採用することで、「人であること」の定義の裾野が広がる。これによって「自分って何だろう」「心って何だろう」という従来は文科系的であった問いへ、理科系的な道筋から近づくことができます。こういう哲学的な命題はひどく青臭くて、中二病的な気恥ずかしさが拭えないのですが、冒頭でも申し上げたように、どこかで私自身にもずっと根付いている問いです」

哲学少女。中二病。そして青臭い。うん。そこはどうやら一致するらしい。

「でも当然、その答えにはたどり着けないだろうということもわかっている」

「生身のヒトの脳を用いている限りは無理ですね」

「自分がヒトである限り、この命題を解くことは未来永劫無理だと」

「それはもう自明であるにもかかわらず、なお自分を知りたくなるように脳がプログラムされていることの面白さですね。どうしようもない何かに衝き動かされている。二〇一三年の八月にすごく考えさせられた進展がありました。オーストリアの研究グループがiPS細胞を使って「人工脳」をつくることに成功しました。まだ一〇カ月ほどしか培養できなくて、四ミリぐらいの大きさにしかならないのですが、でも、きちんと目がついていて、人工脳の中の神経細胞は独自の活動を育んでいるんですよ。それは「心」ではないと言い切れますかね」

質問されて考え込む。でも「……それは難しいですね」としか言えない。

「彼らはアンドロイドという言葉に掛けて、「オルガノイド」という言葉を使っています。人造臓器という意味ですね。もし心を持っていたら大問題ですよ。ネズミの脳ではなく、まぎれもなくヒトの細胞からできた脳なんですよ。試験管の中にいくらでも「水栽培」できるわけです。しかも、自分の皮膚細胞からできた脳です。人工脳が自分自身なのかどうかは別として、でも、もしかしたら何かを感じている可能性は否定しきれません。となれば、作製した人工脳をゴミ箱に捨てたら殺人罪になるのだろうか、とかいろいろ考えてしまいます」

これは「胎児はどの段階から意識・心を持つか」ということと同じレベルの問題なのだろうなと考えながら、「心はどこまで解明できると池谷さんは考えていますか」と僕は訊いた。そろそろまとめないと。

「ヒトの脳を使って考えている以上は限界があるという私のスタンスは変わりませんが、しかし、脳と脳を結合してできた「集合心」や、iPS細胞からできた「人工心」といった、新しい心の形式を探求することで、逆に「ヒトの心」の輪郭を浮き彫りにできるかもしれません。ですから希望はあります。脳の仕組みに関しては、まだまだ解明すべきことがたくさんある。徐々に研究が進んでいけば、その巧妙な仕組みがわかってくる可能性は高い」

「つまり脳には、まだ僕らが気づいていないような巧妙な仕組みが隠されている可能性があると」

「はい。あるいは、その逆の可能性もありえまして、至って簡単な仕組みなのかもしれない。いずれにせよ、やらなければいけない課題は山積みです。と同時に、改めて確認しておかなければならない壁は、脳の仕組みを突きつめていって初めていま見える「真実」と、哲学的な「Ｗｈｙ」という問いとの間には、どうしても埋めがたい溝があるという点です」

「ここ二〇〇年ほどで、大脳生理学では脳機能局在とか、新たにいろんなことがわかってきました。けれどもそれをいくら突きつめたところで、哲学的なＷｈｙにたいする答えを得ることはできない。そこから先は哲学・宗教・言語学の領域に入り込んでしまう。でもそれと同時に、ここで新たな疑問が出てくる。僕らは今も現在進行形で進化しているわけです。人類の脳自体がさらに進化すれば、今の僕たちとは異次元のレベルまで到達する可能性がある。これはもちろん、何千年とか何万年というようなとてつもなく長いスパンの話ですけど」

「そうなると思います」

「池谷さんも以前に言及していたけれど、人間の進化の道筋は他の生きものと違う。人間は自ら環境を変化させる。その変化が次の世代以降の進化に影響を与える」

「ニッチ構築ですね。人類は遺伝子だけでなく、環境によって生物学的な進化・退化をします。実は、人間の遺伝子の多様性は、農耕が始まった五〇〇〇年前ぐらいに一気に増えています。おそらく、狩猟採集をしていた二万年前ぐらいであれば、適性でない遺伝子は排除されていたはずです」

「それを排除しなくなった。言い換えれば、劣性の遺伝子も包摂するようになってきたということですね」

「そうですね。例えば私は目が悪いから、狩猟採集時代であれば間違いなく生きられません。ところが今は近視が不利ではありません。問題なく生活できる。「眼鏡をつくる」ことの意味は、遺伝子ではなく環境を変えるということです。ニッチ構築の典型例です。医療技術が進むと、不都合な遺伝子は排除されずにすみます。ですから遺伝子の多様性が一気に増えました。現在に至っては、誰もが最低でも数十個の遺伝病を持っていると言われています。全員が「病気持ち」です。となると、「健康」とはいったい何だろうということになりますね。だって健康なヒトなんてこの世に一人もいないのですから。

ニッチ構築の結果として、今では「病気」だと捉えられていないものもあります。しかし、「だったらそれでいいじゃないか」という単純な話ではありません。例えば不妊症などはその典型です。そんなふうに目に見えるかたちで現れてくる不都合もあります。種の保存能力として見たときに、こんなに不妊の多い生きものは珍しいですよね。子供が欲しい夫婦同士での不妊治療は推奨すべき点もありますが、その一方で、不妊傾向のある遺伝子を後世に伝えるダイレクトな行為でもあるということは、念頭においておく必要があると思います。こうした人工的な介入をヒトの倫理観が容認しはじめている現代では、ヒトという種は遺伝学的な進化を自らの手で止めたと言えます」

遺伝学的な進化を止めた生きもの。もちろんこれは比喩的な表現ではあるけれど、ダーウィニズム的進化が環境への適応であることに着眼すれば、これほどに環境を加工した人類は、既に自然淘汰的なプレッシャーからはかなり遠い位置にいるとの見方もできる。ならばSFなどでよく登場する頭が肥大して手足が華奢な未来人は現実にならないとの見方もできる。そう質問する僕に、池谷は「確かにあそこまでは行かないと思います」とうなずいた。

「ならば人類の未来は、自ら構築した環境に合わせて進化していくしかないということになりますね」

思わずそう言ってから考える。人の適応能力はとても強い。北極圏にも暮らしている し熱帯雨林のジャングルでも生活できる。こんな生きものは他にはいない（例外的な存在として、石器時代以降の人類と共に進化して様々な品種改良を施されてきたイヌがいるが）。だからこそ人類はここまで繁栄できた。

でも適応能力が強いということは、周囲の環境に自分を合わせる馴致能力が強いということでもある。そしてこの能力は、時おり過剰に発動する。違和感を抱くべき状況なのに違和感を抑えこんで自分を合わせてしまう。現状を無批判に追認してしまう。こうしてラ・ボエシが唱えた自発的な隷従が発動する。いわばファシズムのメカニズムだ。

これは群れる生きものである人類の負のメカニズム（特に日本民族はこの傾向が強い）。でも同時にニッチ構築も働いている。衣食住だ。だからこそ北極圏や砂漠やジャングルでも生きてゆける。過剰な馴致とニッチ構築。どちらも生きものとしてはきわめて例外的だ。この方向で正しいのか。そう煩悶しながら「今日はどうもありがとうございました」と礼を言う僕に（常識ある人を印象づけなければ）、まるで気持ちを見透かしたかのように、池谷は静かに言った。

「確かにそうですね。ただ、それはヒトの自然な所作による成り行きでそうなっていくのですから、憂うべきことではないという見方もできます。ニッチ構築の範囲が拡張することを、広い意味での進化だと捉えればいいのですから」

第10章

科学は何を信じるのか

竹内薫（サイエンス作家）に訊く

問いなおされる日本の科学のあり方

今回の場所は横浜のホテルのバー。ただし夜ではない。昼間だ。だからお酒は飲まない。竹内薫と僕と小船井はホットコーヒーをオーダーした。

一口めを飲みながら、「STAP細胞騒動の際には、竹内さんはいろいろコメントを求められましたよね」と僕は言い、竹内は静かにうなずいた。

「その話も聞きたいけれど、でも本題はもちろんそこにはありません。この対談のテーマは「人はどこから来てどこへ行くのか」ですけれど、例えば量子論的な生物学とか宇宙論とか……後者はある意味で当たり前かもしれないけれど、以前から量子論的なアプローチは他のジャンルにも適用できないだろうかと考えていました。言葉にすれば、ファジーさとか不確定さといったものが鍵になってくるのではないか。本日は、そのあたりについても少しおうかがいできればと思います」

「STAP細胞そのものについてはさておき、今回の騒動で科学のあり方が大きくクローズアップされたことは確かです。

まずは研究の現場で、あまりにも分業が進みすぎている。あれだけのそうそうたる研究メンバーを集めておきながら。まあ、小保方晴子さんは博士号を取ってからまだ三年ですけど――いずれにせよ、誰も全体像を把握していなかったというのがショッキングでした。

例えば今は、一〇〇人もの人が論文の共同執筆者として名を連ねているケースが少なくない。そういう場合、実験の全体を把握するのは容易ではないですよね。でもそこにはたいてい、ジェネラリストとして研究全体を把握し、統括する人がいる。ある特殊技能に特化するのではなく、この実験は何の実験なのか、そのコンセプトは何なのか、どのような証明ができるのかということを明確にする。そういう監督が必要なんです。

分子生物学では二〇年ほど前から、物理学のような分業体制が採り入れられているのですが、そういうディレクターが全体を見るというシステムはまだ確立されていない。だから今回みたいに、共同執筆者が口を揃えて「小保方さんがやった実験の部分については知らない」と言うわけですよ。そこが駄目だったら全体がひっくり返ってしまうにもかかわらず、誰もチェックしていない。

iPS細胞は、追試に半年ぐらいかかったんですよ。一方でSTAP細胞というのはとにかく簡単というのが売りですから、一週間ぐらいで追試ができる。それにもかかわらず、研究チームの中の誰ひとりとして、一週間かけて追試して全体をまとめた者がいない。これがある意味、非常に不思議です。なぜ全員できちんとチェックして、全体像を把握するということをしなかったのか。そこがどうも腑に落ちない」

「それはやはり、統括ディレクターなき分業体制の弊害ですか」

「僕はよく言うんですけど、そもそも科学の「科」というのは、科目の「科」と同じですよね。西周(にしあまね)さんが明治時代に入ってきた西洋のサイエンスを見て、たくさんの科目に分かれているからということで「科学」と訳した。それはその通りなんだけど、今は一つの研究の中で細かく分かれすぎていて、しかも研究者同士が没交渉となっている。

ここでは知識を追求し、分業しながらも全体をまとめるという西洋科学の根本精神みたいなものが著しく欠如している。サイエンス（science）という言葉は、知識を意味するラテン語・スキエンティア（scientia）から来ているということを、西洋科学はきちんと認識している。そうなるには、すごく時間がかかるんですよね。日本の科学者はたしかに高い技術力を持っているけれども、その科学イコール知識という根本精神が抜け落ちてしまっている。だから細かい実験にはすごく没頭するのだけど、自分は何のためにそれをやっているのかという哲学的な問いを発することは皆無に等しくて……。いずれにせよあの騒動で、日本の科学の問題点が露呈したという感じはありますね」

「いま竹内さんが指摘した問題点について、……ちょっとというか間違いなく唐突ですが、僕はホロコーストを想起しています。ユダヤ人輸送計画の責任者だったアドルフ・アイヒマンは、戦後十数年におよぶ逃亡の末に捕えられて裁判にかけられた。良し悪しはさておき、彼は業務を懸命に遂行していた。だから裁判でも「私はユダヤ人がその後どうなったのかについて知っていたが、その場に立ち会ってはいなかった。言われたからやっただけだ」と弁明した。アイヒマンだけが特別な存在なのではなく、むしろナチスにおいては普通の存在だったのでしょう。それぞれが全体の歯車となっていて、誰も全体像を把握できていなかった。ナチスを統括したヒトラーでさえ、まったく現場には行っていないし、ホロコーストを彼が指示したとの文書も発見されていない。誰がホロコーストを主導したのか、実のところはよくわからない。歴史家のラウル・ヒルバーグは、「ナチスにはきちんとした指導体系がなく、行政が突出し、官僚たちはそれぞれ自分たちの領分だけをやっていた。その帰結としてホロコーストが始まった」というようなことを書いています。これは、第二次世界大戦下の日本の状況に非常に似ていますよね。海軍がこうしろと言ったからやった。いや陸軍は止めなかった。参謀本部が悪いのか。政治家に責任はあるのか。天皇は指示を出したのか。結局のところは、なぜあんな無謀な戦争が始まって、そして負けることが明らかになってからも継続してしまったのか、そのメカニズムがよくわからない。実はこの構造はオウム真理教の地下鉄サリン事件などにも通底すると考えています。単純に言えば麻原と弟子たちの相互作用です。

ドイツと日本は、個が組織に従属しやすいことや規律を重んじるところなど、似ているところがありますよね。だから経済などにおいては一定の成果を収めるのだけど（敗戦国なのに戦後の一時期は揃ってＧＮＰ第二位と三位だから不思議です）、時おり組織が暴走してしまう。しかも個の自覚がないままに。ＳＴＡＰ細胞騒動についても、そんな要素はきっとあったのでは、と思います」

神を前提とする西欧、神のいない日本

ここまでのＳＴＡＰ細胞騒動や日本人論は、あくまでも助走だ。ここから違う回路に話を誘導したい。でも次の瞬間、竹内のほうがギアをシフトした。

「日本の科学には神がいないんです。これはある意味、仕方がないところでもあるんですけど。欧米の科学者の場合、自分の中にまず神という概念が存在する。これはニュートンでもガリレオでも同じです。彼らには、神さまがつくった世界という前提があるわけですね。雑誌『ネイチャー』が調べたところによると、現在でも欧米の科学者のうち半数ぐらいは、何らかの神という概念を持っている。もちろんそれは、人間の顔をしている神とは限らない。いずれにせよ何らかの超越的な存在がこの世界をつくっていて、自分たちはその謎を解く仕事をしているという認識がある。

ところが日本の科学者のほとんどは、そういう超越的な存在を自分の中に持っていない。もちろん八百万の神ではないけれども、自然のすべてに魂が宿っているというアニミズム的な発想はある。つまりこの世界は、何らかの超越的な存在によってつくられた

のではなく、もともと存在していたという認識ですね。ですから、欧米とはスタンスが全然違うんです。

神さまがこの世界をつくったという前提があるかぎり、科学がそれを模倣することは基本的に良いことであると見なされる。だって、神さまは善なる存在なのですから。だからその過程でいろんな失敗があっても、それは模倣の仕方が悪いことが原因だから、もっと改善していけばいいということになる。だから例えばボーイング787から火が出ても、「きちんと対策を講じればまた飛ばしていい」ということになるわけですよ。

おそらく日本であれば、それは絶対に許されないですよね。なぜなら日本の場合、自然科学は善だという感覚はないと思うんです。むしろ科学技術は必要悪と見なされている。本来、自然はいじってはいけないものだけど、便利でうまくいくのであればそうさせてあげよう。ただし失敗したら、もう二度といじらせない。そういう厳しさがあるような気がしています。

先ほどドイツの話が出ましたけど、ドイツに行った友人によると、たしかにキリスト教国ではあるんだけれども、その一方でゲルマン的な神話の世界というのがすごく強いらしい。つまり森の民というか、すごく自然が好きな国民なんです。だから、確かに神さまはいるんだけど、意外と日本人に近い精神構造を持っている。現に、ドイツでは日本と同様に失敗が許されませんし。

僕自身はカトリックなんだけど、何か悪いことをしたとき、神さまにすみませんって言うと何となく許されたような気分になる。だから、「ちょっとぐらいまちがってもいいや」と思えて精神的にもすごく楽なんです。でもそれがないところでは、常に自分で自分を律していかねばならない。自然は神聖なものだから、本来はいじってはいけない。それをあえていじっているのだから、失敗は決して許されない。日本にもドイツにもそういうアニミズム的な感情が抜きがたく存在するから、科学技術に対しても非常に厳しい視線が注がれる。エネルギーにたいするスタンスを見ても、日本とドイツはやはり自然のほうに向かっていきますよね。再生可能エネルギーとか言って。そこは他の欧米諸国と違うかな」

「一神教的なものが背景にある国のサイエンスと、多神教・アニミズム的なものが背景にある国のサイエンスとの違いですね。神の御心(みこころ)に従うことは善いことである。だから失敗に対して寛容である。確かにその傾向はあります。でもならば失敗は許されないという厳しさが日本にあるかというと、そこは僕は大いに疑問です。失敗した誰かを叩く傾向はとても強い国だけど、同時に失敗から視線を逸らす傾向もとても強い国だと感じています。つまり主語の違いだと思います。一神教の世界では神vs自分の構図があるけれど、アニミズムの世界ではvsの両側のどちらも複数になってしまう。だから集団の論理に日本はからめとられやすい。その帰結としてきちんと絶望しない。自己を突きつめない。曖昧にしてしまう。特に今は集団化が加速して、その傾向が強くなっている。原発も同じです。失敗を許すとか許さないのレベルではなくて、結局は目を逸らしてしまう。強い意志がないままに安易な方向にスライドする。そもそも世界で唯一の被爆国なのだから、原発に対してはもっと毅然とした意志を示すべきでした。世界初の公害とされる水俣病も、その意味では同じ位相にあります。

一神教の世界では、絶対に神の御心に反してはいけないとの規律もある。いわゆる原理主義です。例えば堕胎してはいけないとか。進化論は間違いであるとか。クローンについても議論は続いています。だからどうしても欧米では、ES細胞の研究が遅れがちになってしまう。そこには、神の領域に手を出すなという、今の竹内さんの話とは逆のベクトルが働いているような気がします」

竹内が無言でコーヒーカップを口もとに運ぶ。彼は原発再稼働容認を主張している。でも僕は違う。エネルギー政策は根本から考え直すべきと思っている。でもここでその議論になることは本意ではない。数秒の間をおいてから、「確かにそうですね。でも、ES細胞の研究をしている人は、そういうことをあまり意識してないと思うんです」と竹内は言った。

「これはかなり古い話になりますけど、ガリレオというのはカトリック教会のインサイダーだった。彼は自分を庇護してくれていたトスカーナ大公妃に宛てた手紙に、次のように書いています。

「聖書には、人間はいかにして生きていくべきかということが書いてある。これは神さまの言葉である。でも聖書には、自然・世界の成り立ちについては一切書かれていない。私の仕事は、今まさに目の前にある自然・世界を解明していくことである」と。

科学者は、さまざまな方法を使って自然の蔵する謎を解き明かしていく。しかし一般の科学者の場合、そこでどうしても神さまがつくったものをいじってはいけないという原理主義が現れる。この点では、日本やドイツと同じスタンスになってしまうんですよ。科学者・技術者がどのような自然観を持っているかということは、意外と大きいなと思います」

「そこでアニミズム的な日本とプロテスタントの国であるドイツを一緒にしてしまうことは、少し危険だと思います。たしかに集団との相性の良さなど、気質は似ていますが……。さきほど竹内さんは、欧米の科学者の半数くらいは神の存在をどこかで信じていると言いましたよね。信じながらサイエンスを並行させる。よく考えると不思議です。神の実在を信じながら相対性理論や進化論、ダークマターや素粒子などについて思考することに、矛盾は生じないのでしょうか。カトリックである竹内さん自身は、科学と信仰に関しては、どのように折り合いをつけていますか」

この世界は絶対に人間なんかに解明できない

　僕のこの質問に、竹内は少しだけ考え込む。でも答えを模索しているというような雰囲気ではない。おそらくは自分自身の中で何度も自問自答してきた命題なのだろう。だから答えそのものではなく、僕に伝わる言葉を、少しのあいだ探していたのかもしれない。やがて竹内は、「自然のすべてが解明されれば、神さまがいなくなるということもあり得ると思うんです」と言った。

「しかしあるとき、勉強すればするほど、わからないことのほうが多くなるということに気づいた。自分は、いろんなことを何もわかってないな、と。今の科学でわかっていることなんて、本当にほんの少しなんです。

だから自分の信念体系を、「何もわかっていないレベル」と規定しても全然かまわない。でも、それが徐々に解明されてきて、今までの信念体系との間に齟齬をきたすようになったら、その解明されたほうを優先すべきです。信念体系というのは自分が知っていることではなく、あくまで信じていることなので。「知っていること」と「信じていること」とのあいだには、越えられない境界線があるじゃないですか」

「それを言いかえれば、「この世界はいずれすべて解明される」という明晰な意識があったなら、そこに信仰の介在する余地はないということになる。ならば竹内さんが今も信仰を持ち続けられるのは、「この世界は絶対に人間なんかに解明できない」という意識が、どこかにあるからだと解釈していいですか」

「ええ、そうだと思います。これはよく僕が弁解に使う例なんですが、ネズミを迷路に入れると、交互に右に行ったり左に行ったりすることは学習できる。でも、いくらがんばっても学習できないことがあるんです。それは二番目、三番目、五番目、七番目、一一番目……といった素数の角で曲がるということです。ネズミには素数という概念がないからです。

これは言語——私たちが使っているような記号体系としての数学——がないからではないかと思うんです。とすると、これはネズミの現状における種としての限界ということになる。そうだとすれば、人間にもネズミと同じような種としての限界があるはずですよね。現在の人間のシステムでは絶対に解明もしくは理解できないものがある。宇宙の始まりはまさにそれです。だから、神という存在は当分安泰だなと」

「例えばリサ・ランドールは五次元宇宙という仮説を提唱しているけれど」と僕は言った。「他の次元を実感して確かめることは、間違いなく僕たちには不可能です。でも人類が「五次元宇宙があるかもしれない」と考え始めたということは、ネズミで言えば、素数の概念を理解し始めたということにはなりませんか」

「そうだと思います。宇宙の始まりには何かあるということに気づいたんでしょうね。だから人間の場合、記号体系に問題があるというべきかもしれません。人間の脳と記号体系で推測できるのはどこまでなのかということは、非常に興味深い問題だと思います。もし人間が使っているこの数学という記号システムが非常に強力で、これによって宇宙全体を記述できてしまうのであれば、神さまは不要になるでしょう。でも僕は、数学というのはそれほど強力ではないと思います。今私たちが使っている物理学・数学のシステムと宇宙全体のシステムというのは、完全に一対一の関係にはならないのではないかな」

「ネズミに素数という概念がないのは、彼らの生活においては、それを理解する必要がないからですよね」

僕のこの質問に、竹内は「そうですね」とうなずいた。「でも必要に迫られれば、理解するということもあり得る。人間だって、現状で必要に迫られていないからわからないのじゃないかな。宇宙の始まりについてもそうでしょう」

「確かに。多くの人にとって宇宙の始まりは知りたい要素ではあるけれども、知ることの切迫感や必要性は強いとは言えないですね」

「これは卑近な例ですが、例えば今、自然エネルギーが国全体の発電量に占める割合は一〜二パーセントにすぎない。これを一〇〜二〇パーセントまで上げることが望まれているわけですが、今のところテクノロジーのブレークスルーは存在しない。つまり、低コストかつ画期的な自然エネルギーが実現されていないわけです。

ただ日本の場合、原発事故の影響で必要に迫られていますよね。ロシアやアメリカといった大国はそうでもないようですけど、地球温暖化が深刻になってきているので、全人類的に考えればやはり必要に迫られている。だから僕は、今後何かしらのブレークスルーがあるのではないかと思っています。

研究者であれば、宇宙論、量子論、素粒子論などに関して必要に迫られている人がいるかもしれない。よほどの論文を出さない限り、研究費が下りないという事情がありますから。でもこれらは命にかかわるとか、地球が破滅するとかそういう話ではないから、ちょっと弱いかなと」

「種全体の欲望みたいなものがもっと強くならない限り、そういうブレークスルーは起こらない。でも生活や技巧が進化することで、欲望が拡張されることはありえますよね。現実に弥生時代と今の日本人を比べれば、欲望はすさまじく肥大していると思います」

そう言う僕に「そのとおりです」と竹内は大きくうなずいた。

「つまり、解像度が上がったんですよ。これはデジカメで説明するとわかりやすいと思いますが、一〇年前ぐらいのデジカメは解像度があまり良くなくて、撮った写真を見ると細部がちゃんと解像されていない。つまりそのぶん、見づらくなっているわけです。

ところが科学では、常に観測精度が上がっていく。これによって世界を捉える網目がだんだん細かくなっていくので、それまで捉えられていなかった現象みたいなものが見えてくるわけです。

これは理論に関しても、同じことが言えます。数学が進む、物理学の理論が進む、そして観測精度が上がる。これらは三つ巴で必要なんです。とにかく、そうやって世界を捉える網目がだんだん細かくなってきて、仮説が実証されたりしています」

宇宙は何ものによってデザインされたのか

「先ほど竹内さんが言ったように……」と僕は言った。もう一度宗教と科学の話に戻りたかった。「欧米では多くの科学者がキリスト教徒でもある。もちろんアラブ世界でもアッラーフの存在を信じながら研究を続けている科学者は多い」

竹内は小さくうなずいた。僕が何を言おうとしているのか、ある程度の察しがついているというような表情だ。

「ならばインテリジェント・デザイン説は彼らにとって、まさしく多くの矛盾や煩悶を整合化することになりませんか」

インタビューが始まってすぐに、竹内は自分がクリスチャンであることを僕に伝えた。

つまり僕のこの質問は、欧米やアラブの科学者だけではなく、信仰を持ちながらサイエンスを仕事の領域に選んだ竹内への質問でもある。しかもインテリジェント・デザイン説はオカルト的な仮説としばしば同一視される。竹内の立場なら一蹴して不思議はない。でも竹内は、「それはものすごくおもしろい質問ですね」とつぶやいた。

「インテリジェント・デザイン説について僕は、ある程度は認められるべきだと思っています。宇宙全体をデザインした人が誰なのかはわからない。生命体なのか機械なのかそれ以外なのか。いずれにしても宇宙を設計した何らかの別のシステムが存在するということは十分に考えられる」

ちょっとびっくり。あっさりと肯定されるとはまったく想定していなかった。そんな思いが顔に出たのかもしれない。少しだけ声の調子を変えて、「……ただやはり生命に関しては、よくわからないですね」と竹内は補足した。

「この地球に偶然生まれたものなのか。それとも必然なのか。これは誰にもわからない。でも、もしも系外惑星で、あるいは木星の衛星であるエウロパや土星の衛星であるエンケラドゥスやタイタンなどで、炭素や酸素ではない物質をエネルギー源としている生命体がいたとしたら、……地球上にも熱水噴出孔みたいなところにはいますけどね、とにかく地球以外の場所で別のバリエーションの生命が発見できたなら、地球における生命の誕生は偶然ということになります。でも地球だけに生命が発生したのだとしたら、それは必然ということになる。つまり設計者がいる。だから生命に関しては、今後の情報を見ないと何とも言えないです」

もしも生半可な科学者ならば、自分を守るためにもインテリジェント・デザイン説は全否定するだろう（実際にそういう人は多い）。ところが竹内は仮説を排除しない。自らの信仰との相性をも否定しない。例えばメディアによく登場する超常現象を否定する科学者のように、「ありえない」とか「ばかばかしい」などとは言わない。

もちろん僕はインテリジェント・デザイン説を支持はしない。それは竹内も同様のはずだ。でも「支持しない」と「ありえない」は違う。もしも「何らかの意思がこの世界を設計したのだ」と目の前で断定されたなら、「それはほぼないと思う」と答える。ただし使う副詞は「絶対に」ではなく「ほぼ」や「おそらく」だ。「絶対に」は原理主義だ。視野が狭窄する。大切なことは躊躇いだ。煩悶であり逡巡だ。法則や公式や定理の隙間で、前提や常識や規範の合間の領域で、そうであるかもしれない可能性はひっそりと、でも「絶対に」存在している。

「宇宙や地球の物理定数や環境が人類にとって整いすぎていることについては、別の仮説もありますよね。例えばパラレルワールド（ある世界から分岐しながら並行して存在する別の世界）仮説とか」と僕は訊いた。

「僕は昔、データ・サイエンティストみたいな仕事をやっていた時期があります」と竹内は言った。「実験では計算機をあらゆる条件で走らせる。つまり微妙にパラメーターを変えながら計算機実験(コンピュータ・シミュレーション)を行う。これは一種、パラレルワールドみたいなものなのではないかと思います。この宇宙は一つのシミュレーションの結果にすぎないのではないかと言う人もいる。でも仮にそうならば、そのシミュレーションの主体と目的を考えざるをえない。

子供に地球の絵を描かせると、たいてい山を描く。でもこれは正しくない。あれだけ人間が苦労して登っている富士山やエベレストの高さも、実際は(地球の輪郭を描くために)引かれた鉛筆の線の中に含まれてしまう。軌道上の国際宇宙ステーションも、地上からの直線距離は東京―新大阪間と同じぐらいです。その程度の距離でしかない。

人間は月までは行きました。でも太陽系の図を見ると、月と地球はほとんど近接しています。ボイジャーが七〇年代からずっと旅をしてようやく太陽系の外にちょっとだけ出たけれど、いずれにせよ探査機が行くことができる範囲は、まだまだ非常に狭いわけです。

ちょっと奇妙な仮説があります。宇宙にはいろんな情報(光などの電磁波)が溢れているから、私たちは宇宙をすごく広大なものだと錯覚している。でもそれは鏡に奥行きがあるように見えるのと同じで、本当はけっこう狭いという説です」

その仮説については知らなかったけれど、この宇宙は別の宇宙の情報を投影したホログラムであるかもしれないとの仮説（ホログラフィック原理）があることは知っている。その別の宇宙は、この宇宙より低次元で重力がない宇宙だ。そこだけを聞けば出来の悪いSFのようだけど、アメリカのフェルミ国立加速器研究所では、今もこの仮説を実証する研究が行われている。竹内は話し続ける。

「ならば地球人は自然保護区の中で飼われていて、そこの範囲で自由にやらせてもらっているだけと考えることもできる。つまりこれからも、我々は地球の外には出ることができない。そういう可能性はあると思います。よくSFとかでそういう話がありますけど、これって反証できないんですよ。初めから宇宙があってこれからもあると考えるほうがいいのか。それとも想像がつかないほど大きなシステムがあって、それが何がしかの目的を持ってこの宇宙をつくったと考えるほうがいいのか。どっちが自然な考え方なのかわからない」

なるほどとうなずきながら、僕は小学生の頃の自分が、いつも後ろを振り向く子供だった話を披露した。このインタビューではこれまでも何度か口にしたエピソードだ。竹内は微笑みながら聞いている。

「……そのときに自分は何の隙を突こうとしたのか。要するにある「意思」ですよね。子供だからそこまでは考えていなかったとは思うけれど」

「その可能性は、論理的にはあるんですよ」

「後ろの世界が変容している可能性ですか」

「論理的に可能性があるということは、数学的に可能性があるということです。そして数学的に可能性があるということは、その物理理論ができるということです。もちろんそのためには検証しないと駄目だけど、それは物理理論として十分成立し得る。数学的に破綻していないかぎり、何を考えてもいいんです」

「もしも本当に変容した世界を目撃してしまったら自分はどうすべきなのか。そのときはそこまでは考えていなかったです」

「そのときはどうなるんでしょうね。もしかしたら、その記憶は消されてしまうかもしれない」

　言ってから竹内は笑う。つまり子供の夢想であるとの前提は彼にもある。でも否定はしない。数学的に破綻していないのなら、その仮説を嘲笑（あざわら）うことはできない。だって僕たちはまだ、素数が円周率や自然対数（渦の定数）と連関する理由の端緒ですら、まったく解明できていないのだから。

　でも「わからない」や「可能性がある」という述語ばかりを使っていても、結局はどこにも辿りつけないことも確かだ。僕は言葉が欲しい。「私たちはどこから来てどこへ行くのか」と対になる言葉だ。それはきっと存在している。そう思うからこそ、この連載を始めたのだ。

「もし娘さんからいきなり「パパ、私たちはどこから来てどこへ行くの？」って訊かれたら、竹内さんは何と答えますか」

それまで澱みなく質問に答えてきた竹内は、しばらく考え込んでから、「……それはすごく難しい質問ですね」とつぶやいた。

「僕はまず自分について、どこから来てどこへ行くのかということを考えます。それは自意識と言ってもいいかもしれませんけど、自分が自分であることと、自分でない何かがいること。人間というのは得てして、そういうことを考えるわけです。もちろん、それをすべて脳がやっているのかどうかはわかりません。

いろんな人が人工知能をつくろうとしている。将来、その人工知能がより進化して私たちの脳のシミュレーションをより精密にできるようになったとき、それは自意識を持つのか。そして、自分はどこから来てどこへ行くのかと考えるのか。もしそれができたとして、その意識は他ならぬ私たちがデザインしていることになる。もちろん、自意識を持つ人工知能は永遠につくれないのかもしれない」

「仮にそれが永遠にできないとしたら、僕らの脳というか意識には、シナプスやニューロンだけではない何かしらのプラスアルファがあるということになります」

「人工知能の演算能力を極限まで高めたとしても、確かに意識は持たないでしょう。プラスアルファの何かがあるのかもしれない。人類がここまで進化するのに何億年もかかっている。それをゼロからつくりあげようと思ったとき、どんなに効率よくやったとしても一〇〇年や二〇〇年では無理だと思います。これだけいろんな試行錯誤を経て進化してきた結果、私たちは非常に豊かな感情を持っているわけです。例えば恐怖の感情。長い進化の歴史で、これを持つことが生存に有利だから、これほど強く残っているわけです」

「問題は時間だけでしょうか。だって僕たちは今、サンプルを入手できるのに。理論的には、脳で恐怖の感情が起こるメカニズムや、そのときのタンパク質の組成とか神経細胞間の電位差やイオン濃度を解明すれば、同じ感情の回路を持つ人工知能はつくれるのではと思うのだけど」

「そこに関しては、科学者の間でも意見が分かれているんです。僕はちょっと立場が微妙で……」

少し自信なさそうに竹内の語尾が小さくなる。僕は「竹内さんも断言できませんか」と意地悪く確認する。

神さまを持ち出さないことはルールだが……

「そうですね。神さまを信じている人たちは断言しない。科学者のコミュニティでは、神さまを最初に持ち出さないことはルールですが……。

僕が大学院にいたとき、各国から来た大学院生たちがホワイトボードの前に集まって素粒子の計算をしていた。そのとき、イスラム圏から来ていた留学生が、「ちょっと待った。みんな間違っている」と言いながらホワイトボードの上のほうに、「アラー」と書いたんです。当然のことながらみんな「えっ？」という感じですごく驚いて、一瞬シーンとなった。そこで彼は「いや、冗談だよ」って言って消したんですけど。でも後では「半分冗談だけど、半分は本気だ」と言う。「じゃあ素粒子の根源に神さまがいると本当に思ってるの？」って訊いたら、「俺はそう信じてる」って答えました。彼はすごく成績が良くて、ちゃんと博士号を取って母国に帰りましたけど」

「一流の科学者でありながら敬虔な宗教者はたくさんいます」

「アインシュタインですら、神という言葉を何度も使っている。ただし彼は、いわゆるキリスト教原理主義者とはまったく違うニュアンスですが。でも未知の部分にはまだ神さまが住んでいるという認識があるかないかで、科学にたいする態度はずいぶん変わってくると思います」

聞きながら考える。僕は特定の信仰を持たない。そこに「神が住んでいる」とは考えない。でも存在する可能性を全否定はしない。神が住んでいるとは考えないけれど、断定がどうしてもできない。

信仰を持つ生きものは（おそらく）人類だけだ。なぜなら人間は生きもので唯一、自分が死ぬことを知ってしまったから。自らが消滅することを認めることはつらい。だからこそすべての宗教は、死後の世界や魂の輪廻を担保する（そしてこれは、イスラム過激派の自爆テロや十字軍の殺戮が示すように、信仰の危険さやリスクと同義でもある）。でもそれだけではない。未知なる存在への畏怖。聖なる存在への憧れ。恐怖のメカニズムと同様に、それは必然性があるから発生し、有益だから残された。ダーウィニズム的にはそうなる。太古の昔から、信仰がメカニズム（あるいは潤滑油）となって人は人を殺してきた。その時代は今も続いている。でも信仰は人を赦す大きな要素にもなる。だからこそ残された。

いずれにせよ、神や大いなる意思の存在を代入せずに、「人はどこから来てどこへ行くのか」を考えることは不可能なのか。僕は言った。

「この連載では以前に福岡伸一さんが、量子論を応用する生物学の可能性について言及しました」

「今のところ量子論は化学までしか行ってないけれど、今後は生物学のほうにも行くと僕も思っています。

生命の謎の解明は、現状ではまだほとんど進んでいない。脳の中における暗号・情報のエンコーディング（encoding／情報を符号化すること）とデコーディング（decoding／符号化されたものを元に戻すこと）に関しても、何もわかっていない。だから、今はｆＭＲＩ（functional Magnetic Resonance Imaging〔核磁気共鳴画像法〕を利用し、ヒトおよび動物の脳や脊髄の活動に関連した血流動態反応を視覚化する方法の一つ）を撮って血流を見るとか、そういう間接的な研究しか行われていない。つまり、生命体の中のブラックボックスについては、何も解明されていないわけです。でもそれがわかってくれば、何らかの非常に特殊な状況において、量子論的な発想が有効になるのではないでしょうか。

これは本当に仮説の仮説というか現段階ではアナロジーでしかないけれど、量子のふるまいと人間の心のふるまいは、確かにすごく似ていると思うんです。とらえどころがない部分があって不確定で……、という量子の不思議な性質は、心の性質と非常によく似ている。これはおそらく、多くの科学者が感じていることではないでしょうか。

脳や細胞間で情報のやりとりをする際に、量子レベルで何かを伝達しあっているということは十分にあり得る。つまりそこで、エンタングルメント（entanglement／絡み合い・もつれ）と呼ばれる相関関係が生まれるわけです。すごく離れているのに情報が伝わっている。細胞と細胞が連動している。量子の複雑な絡み合いとそれによる情報のやりとりというのは、生命の究極のレベルではあってもおかしくないと思います」

ＴＶディレクター時代、僕は超能力者を被写体にしたドキュメンタリーを撮っている。

そのメイキングの本も書いた(『職業欄はエスパー』角川文庫、二〇〇二年)。多くの「自称」超能力者たちとの付き合いは今も続いている(「自称」とわざわざ記述することに抵抗はある。でも何もつけずに「超能力者」とだけ書くことにも違和感がある。つくづく厄介なジャンルだ)。結論から言ってしまえば、巷で喧伝されている超能力や超常現象のほとんどは、思い込みや錯覚、そしてトリックだ。九五パーセントといってもよい。でもすべてではない。五パーセントがある。偶然やトリックでは説明しきれない現象だ。

そしてまた同時に、量子論的な思考(特にエンタングルメント)を使えば、遠く離れた距離で瞬時に情報をやりとりするテレパシーやテレポーテーション(瞬間移動)、透視やサイコキネシス(念力)などの現象が、それらしく説明できることも確かだ。

ただしあくまでも「それらしく」だ。素粒子のふるまいを研究する量子論はミクロ世界に限定されていて、宇宙を記述するための相対論と同様に、僕たちの生活レベルのスケールに応用することは無理がある。……と自分に言い聞かせながらも、すべての物質の最小単位である素粒子のふるまいを、(「シュレーディンガーの猫」の思考実験が示すように)僕たちの日常レベルにおける物理現象と完全に切り離すことにも抵抗がある。

そんなことを口にする僕に、「そういえばつい数日前に、超常現象をテーマにした番組の収録に参加したばかりです」と竹内は言った(NHK-BSプレミアム『ザ・プレ

ミアム 超常現象 第2集「秘められた未知のパワー～超能力～」』二〇一四年一月一八日放送)。その番組で遠隔透視の超能力を披露したのは、アメリカ陸軍とCIAがかつて養成していた超能力スパイ部隊の男性二人。そしてこれを検証するのは竹内以外に、マジシャンのパルト小石(ナポレオンズ)と、超心理学の研究者である石川幹人(二〇一四年当時、明治大学情報コミュニケーション学部長)だ。

三人の検証実験の手順は、まずは番組スタッフが集めた日本の風景写真を一二枚選び、1から12までの通し番号を記した封筒に入れ、厳重に封印した。このときに三人はそれぞれ分かれて作業し、どの写真がどの封筒に入っているのかを互いに知らない。

マジシャンの立場からパルト小石が、すべての過程においてトリックが入り込む余地がないことを確認したうえで、番組ディレクターが封筒を入れたセーフティボックスを持って渡米し、超能力スパイ部隊に在籍していた二人の男性は、テレビカメラの前で初めて開けられたセーフティボックスの中に入っていた封筒のうち、その場で無作為に振ったサイコロの目の番号がついた四つの封筒の内容を透視した。例えば大きな門があるとか、人がたくさんいるとか、高い塔が見えるとか。

「中継されたその映像を日本でライブで見ながら、僕はものすごくびっくりしたんです。二人が透視した内容の四枚のうち三枚までは、私たちが選んだ一二枚の風景写真のいずれかと、描写が驚くほど一致していたからです。偶然ではどうにも説明のつかないレベルです」

僕はうなずいた。この分野はさんざん見たり撮ったりしているから、その程度のことはあっても不思議はないと思っている。ところが少し間を置いてから、「でも、この実験自体は失敗です」と竹内は言った。

「なぜですか」

「なぜなら、透視した内容と封筒の番号が、全部ずれていたんです。不思議なくらいに整然とずれるんです。そのときふと、人間の脳には量子のエンタングルメントのようなものがあるのかもしれないと思ったんです」

このとき僕は、ああやっぱりとつぶやいたかもしれない。いわゆる見え隠れ現象だ。

「それは僕にも体験があります。なぜかこの分野は実験しようとすると、ほぼ必ずのように、ずらされたり、すかされたりするんです。

例えば代表的な超能力のプレゼンテーションであるスプーン曲げにしても、ほとんどの場合に（彼らは）曲がる瞬間を、指などで押さえて隠そうとします。つまり人の視線を避ける。あるいは心霊の動画などで最も多いパターンは、多人数で集まって酒など飲みながら大騒ぎしているときに、部屋の隅にいる不気味で奇妙な何かを、一瞬だけカメラが撮ってしまったという展開です。でも数秒後にカメラがもう一度同じ個所を撮っても何もない。これはホラー映画でもよく使う編集のテクニックです」

ちなみにホラー映画などの場合の編集テクニックは、逆のパターンもある。一瞬出たかと思わせるけれど、よく見ると誰もいない。安心した主人公が振り返る。すると背後にいた。どちらにせよ緩急だ。出たかと思うといない。いないかと思うと出る。
「実際にネットなどに投稿している動画の場合は、ほとんどがトリックだと思います。でも同時に、この「見え隠れする」というふるまいは、いわゆる超常現象すべてに共通する要素なんです。常に隠れようとする。でも完全に隠れるわけではなくて、たまに小出しにちょっと出てくる。片隅でちらちらと手を振る。ところが視線を向けると消えている。

竹内さんが体験した遠隔透視の実験結果にしても、彼らが透視した四枚の写真のうち三枚が、最初に選んだ一二枚のいずれかとほぼ符合しながら、なぜか番号がこれ見よがしにずれている。何らかのトリックがあってそれに失敗したのだろうと指摘する人はいるでしょうね。でもこのずれは、僕にとってはとてもリアルです。実際に経験があるのですが、的中率を計測するような実験の際には、ありえない確率で外れ続けたりすることは常にあります。最初はやっぱり当たらないねなどと思っていたら、途中で顔色が変わってくる。なぜなら当たらない確率が普通じゃないんです。あるいは今回のように見事にずれる。テレビ業界で心霊ものなどのロケの際には、予備の機材を持ってゆくことが慣例になっています。なぜか現場で故障することが多いから。これも実体験です。そしてこれは心霊だけではなく、ＵＦＯやＵＭＡなどのロケにも共通しています。肝心な瞬間に機材に不具合が出る、あるいはその瞬間にたまたまカメラを止めていたとか、足跡だけが残されていたみたいなパターンはとても多い。尋常ではなく頻繁に起こります。

つまり心霊や超常現象だけではなく不可思議な存在全般に光を当てようとすると、なぜか見え隠れを起こす。研究者の中には「現象はシャイなのだ」という言いかたをする人もいます。そこにインテリジェント・デザイン仮説をはめることも可能だけど、僕は「隠れた意思」が見え隠れを起こすというよりも、見ようとするこちらの側の心理に、見ることを抑制する何かが、集合無意識的に働いていると考えたほうが合理的なような気がします。

でも同時に、例えば「存在する」と「存在しない」という五〇パーセントずつの確率が二分されないままに重なっているとする量子論的な思考を応用すれば、この現象にもっと違う解を与えることができるのでは、と考えることも事実です」

科学には哲学的な思考が不可欠である

僕のこの長い問いかけ（どうしてもこの話題になると熱くなってしまう）に少し考えてから、「最近僕が驚いたのは「小澤の不等式」です」と竹内は言った。「小澤正直（おざわまさなお）さんという数学者が提案するこの不等式は、ある意味でハイゼンベルクの不確定性原理の式を修正して拡張します。しかも実験によって、ある程度正しいらしいということになってきています。つまり、量子力学の体系というのは、実はまだ完成されていないんですよね」

「ならば近い将来において、量子力学を分子生物学などに応用する可能性は十分にある？」

「そういう動きが出てこざるを得ないと思うんです。だって生命のすべての原理が量子の影響のない大きな分子のレベルで決まっていると考えるならば、それは完全に古典論で止まってしまっているじゃないですか」

「ものすごく素人的な質問ですが、今はもう細胞の組成から何から、ほぼ解明されているわけですよね。膜があってリボソーム（ＲＮＡの情報からタンパク質を合成する場所）があって、リボソームのうち三分の二がリボソームＲＮＡで残りの三分の一がタンパク質であるとか。もちろんタンパク質を構成するアミノ酸の化学式や結合の仕方もわかっている。ならばなぜ、実験室で生きた細胞を構築して再現できないのでしょう」

「部品は全部揃っていても、それをどういう順番でどういうふうに組み立てていって、どのタイミングでスイッチを入れればいいかということはわかっていない。要するにリバースエンジニアリング（機械や製品を分解して、その技術や構造などを調査すること）が簡単にできないほど、システムが複雑なんでしょうね。見た目は単純に見えるけど」

「近年、僕たちの身のまわりにある「通常の物質」、つまり原子ですが、それは宇宙のわずか五パーセントを占めるにすぎないということがわかってきました。ところが残りの九五パーセントについては、ほとんど何もわかっていない。文字どおりダークです。あるいはこれほどに分子生物学が解明されてゲノム解析もできたのに、未だに単細胞生物一つつくれない。当たり前だという見方もできるかもしれないけれど、何で未だにわからないのかという気分になることも事実です」

「何もわかっていないということに気づいている人は、その時点でけっこう哲学的な問いを発しているわけですよね。そういう人は「私たちはどこから来て、どこへ行くのか」ということを考えて、常に全体像を見ている。その一方で、今光が当たっているところしか見ていない人たちもいる。彼らはこの世界にはわからないことがあるという認識が欠如しているから、流れ作業的な研究にならざるを得ない。自分は何のためにその実験をやっているのかを考えない」

ならば考えよう。自分は何のためにその実験をやっているのか。もちろん僕はサイエンティストではない。でもこの命題はそのまま、この連載を自分が今まで続けてきた理由と重複する。

もちろん答えは幾通りもある。生活のためとの身も蓋もない答えだって要素の一つだ。でもそれだけではない。結局のところはこの連載のタイトルが示している。私たちはどこから来て、どこへ行くのか。そして何ものなのか。それを知りたいのだ。もちろん簡単にこの解答が手に入るとは思っていないけれど、せめてその手がかりが欲しい。それは研究者も同じはずだ。分子生物学者も宇宙物理学者も宗教学者も文化人類学者も、少なくとも第一線で格闘しているならば、この命題を回避することはできないはずだ。僕は竹内の言葉を繰り返した。

「科学には哲学的な思考が不可欠である」

「僕はそう思います。でも、日本の科学者には、そういう意識が希薄です。この点に関しては、欧米との違いを強く感じます。自分の中に神さまがいれば、いやがおうにも哲学的な問いに導かれるし、それに伴って葛藤も生じてくる。欧米の場合、半分は神さまを信じているけれど、残り半分の人たちは（積極的な）無神論者です」

「いずれにしても日本のように曖昧ではないということですね。欧米の社会では日本のように信仰について曖昧な姿勢を維持することは難しいから、無神論なら無神論で強い信念が必要でしょうね。ドーキンスのように」

「仲間の半分が神さまを信じているというシビアな状況で研究を続けているわけですから、そこにはやはり葛藤が生じる。つまり信仰を持たない彼らは、自分の中に神さまがいないことに苦しむわけです。ですから欧米では、神さまがいる派といない派のあいだでの緊張関係がある。一方で日本の場合、ほとんどの人は神さまを仮定しない。そのあたりに大きな違いがあると思います」

少し考えてから、「ならば仏教はどうでしょう」と僕は訊いた。「仏教は純正な宗教ではないと言う人もいます。なぜならブッダは死後の世界を担保していない。輪廻転生や浄土や地獄などは、すべて後付けです。仏教の基本思想は無常。変わらないものなどない。この思想に傾倒する科学者が日本にいたら、おもしろい視点を提示できるかもしれない」

言いながら考える。仏教には他にも重要なエッセンスは数多い。例えば重要な思想の一つである唯識（ゆいしき）は、あらゆる知覚や認識、さらにはそれらと相互に影響を与え合うその無意識の領域も、結局は八種の識（しき）（感覚）で知覚されたものでしかないとする概念だ。つまり純正な客観は存在しない。この世界は個々の意識の投影なのだ。

あるいは般若心経の一節である「色不異空（しきふいくう）　空不異色（くうふいしき）　色即是空（しきそくぜくう）　空即是色（くうそくぜしき）」は、ブッダが説いた以下の論理に依拠している。

「この世においては物質的現象には実体がないのであり、実体がないからこそ、物質的現象で（あり得るので）ある。実体がないといっても、それは物質的現象を離れてはいない。また、物質的現象は、実体がないことを離れて物質的現象であるのではない」

（『般若心経・金剛般若経』岩波文庫、一九六〇年）

うーむ。読めば読むほど量子論的だ。こうした理論を踏まえながら、科学の最先端を探る研究者は誰だろう。数学者の岡潔（おかきよし）は有名だ。ダライ・ラマ一四世は、量子論や生命科学を正面から取り上げた著作を何冊も発表している。そういえば量子力学の立役者で物理学者のニールス・ボーアは、仏教やタオイズムに傾倒して、自らの紋章に太極図を選んでいる。竹内が大きくうなずいた。

「欧米の物理学者が晩年、タオイズムとか東洋的な思想に傾倒するケースは非常に多い。デヴィッド・ボームもそうですね。彼はインドの宗教家クリシュナムルティと深い親交がありました。東洋思想には自然をそのまま受け入れるようなところがある。それと量子の世界というのはすごく相性がいいんじゃないですかね」

「ハイゼンベルクやシュレーディンガーも東洋思想に傾倒していました。ボーアやボームも含めて量子論的発想が、思想的に東洋に合致するという話はよく耳にします」

「例えばアメリカでは、第一線で活躍する科学者がラジオなどに出演して、無神論あるいはキリスト教原理主義の人たちと、ES細胞の倫理的な問題や遺伝子組み換え食品の是非などについて、緊張感に満ちたエキサイティングな議論をします。科学者たちがそうやって情報を発信し、それを一般の方たちが熱心に聞く。そういう環境があって初めて、科学にたいする関心が生まれるわけです。

日本では宗教の話はタブー視されているから、学者たちが公の場で発言する機会はほとんどない。すると一般の方もそういう話を聞く機会がないから、「それは科学者に任せておけばいい。自分は関係ない」ということになってしまう。だけどこの場合、失敗したら大変なことになりますよね。アメリカのように一般の方たちが常にその研究に参画していれば、それは議論になり得る。しかし日本ではそういうことが一切ないから、ただ一方的に責任を追及するだけになってしまう。ここには、常日頃みんなで科学のことを考えていないという状況が如実に現れています。とにかく宗教をめぐる緊張関係がないから科学者が情報を発信しないし、一般の方たちもそういう議論を聞く機会がない」

「日本人は共同体内部での規範やルールに従順です。言い換えれば同調圧力に弱い。みんなが右に行くなら自分も右に行くという傾向がとても強いから、加害性への自覚は薄くなるし、間違った場合は自分以外の誰かに責任転嫁するわけです。こうした傾向の帰結としてあらゆるものへのリテラシーが薄くなる。もちろん科学も。だから疑似科学に騙されやすい」

最近ネットで面白い記述を見つけた。タイトルは「一酸化二水素(Dihydrogen Monoxide：DHMO)の規制を！」。以下に一部を引用する。

ＤＨＭＯは無色、無臭、無味であるが、毎年無数の人々を死に至らしめている。殆どの死亡例は偶然ＤＨＭＯを吸い込んだことによるが、危険はそれだけではない。ＤＨＭＯの固体型に長期間さらされると身体組織の激しい損傷を来たす。ＤＨＭＯを吸入すると多量の発汗、多尿、腹部膨満感、嘔気、嘔吐、電解質異常が出現する可能性がある。ＤＨＭＯ依存症者にとって、禁断症状はすなわち死を意味する。

ＤＨＭＯは水酸の一種で、酸性雨の主要成分である。地球温暖化の原因となる「温室効果」にも関係している。また重度の熱傷の原因ともなり、地表の侵蝕の原因でもある。多くの金属を腐食させ、自動車の電気系統の異常やブレーキ機能低下を来す。また切除された末期癌組織には必ずこの物質が含まれている。

汚染は生態系にも及んでいる。多量のＤＨＭＯが米国内の多くの河川、湖沼、貯水池で発見されている。汚染は全地球的で、南極の氷の中にも発見されており、中西部とカリフォルニアだけでも数百万ドルに上る被害をもたらしている。

この危険にもかかわらず、ＤＨＭＯは溶解や冷却の目的で企業利用されており、原子力施設や発泡スチロール製造、消火剤、動物実験に使われている。農薬散布にも使われ、汚染は洗浄後も残る。また、ある種の「ジャンクフード」にも大量に含まれている。（以下略）

ここまでを読んだ多くの人は、そんな危険な物質はすぐにでも規制しなくてはならない、と思うはずだ。でも一酸化二水素とは要するに「H_2O」だ。つまり水。規制や廃絶は不可能だ。このサイトに書かれていることに嘘はない。でもどこをどのように取り上げるかで、物事の見え方はまったく変わる。

あるいは相対論。すれ違うロケットの片方に乗った太郎くんから見たら、もう一つのロケットに乗っている次郎くんの時間は遅れる。でも次郎くんから見ても太郎くんの時間は遅れる。ではどちらが正しいのか。答えはどちらも間違っていない。つまり視点が違えば見方は変わる。これはメディア・リテラシーにそのまま応用できる。竹内が言った。

「問題の根源は、新聞やテレビで報じられていることを、自分というフィルターを通さずに、そのまま鵜呑みにしてしまうことでしょうね」

「だからベストセラーが生まれやすい」

「みんなが読んでるから」

「みんなが読むから自分も読む。みんなが買うから自分も買う。その衝動がとても強い国です」

「それは僕も感じますね」

「今回のＳＴＡＰ細胞騒動も、その延長線上にあるのではないかという気がします」

「問題が出てきたら完膚なきまでに叩く。でも今回の発見に関する疑問点の科学的な分析が一切行われていない。同業者の人たちは、あの一件でみんながそういうことをやっていると思われてしまうということで困っている。世界からも「日本って、意外とそういうことやってるんだ」みたいに見られるじゃないですか。それがすごく困る」

少し雑談になってきた。僕はもう一度軌道を修正する。

「もし娘さんに「私たちはどこから来て、どこへ行くの？」と訊かれたら何と答えるかについて、まだ答えをお聞きしていません」

なんとしつこい男だ。そう思われたはずだ。でも僕の執拗な問いかけに小さくうなずいてから、竹内はしばらく考え込んだ。

私たちは、どこから来てどこに行くかもわからない

「僕が家族と生活をしていて感じることは、いろんなことがわからないということです。どこから来たのかも、どこへ行くのかもわからない。それが人間なんだということです。僕はこの問題をずっと考えてきたけれども、結局のところ行き着いたのは、まったく哲学的ではない答えです。

残念ながら僕たちには、どこから来ているのかも、どこに行くのかもわからない。そ

れは科学でもわからないし、物理でもわからない。ある人はそれについて、宗教的な理由をつける。あるいは科学的な説明で、わかったふりをしてもいいわけです。では「いろんなことがわからない」という前提のもとで、何ができるのか。そういう感じだと思います。だから娘には、こう言うと思います。学校で教わることに関しては、将来的に数学の授業とかで答えが出るかもしれないけれど、それは本当の答えではない。実社会で使われている数学というのは、ほとんど答えがわからないものばかりだよ。だからエンジニアの人たちは、何か新しいことに取り組む。科学者たちはいろんな方程式を考える。それらはすべて、みんなが知らないことをやるんだよ。それによって少しずつわかっていくけれど、ほとんどのことはわからないままなんだよ、と」

ここまでを言ってから、竹内は次の言葉を探すように少しだけ沈黙し、そしてまた話し続けた。

「哲学者とかいろんな人が、永劫回帰みたいなことを言いますよね。まったく同じことがくりかえされるという発想です。でも一方で、この瞬間というのは唯一なわけです。彼らはそういうことをずっと考えた結果、この瞬間は一回しかないということと永劫回帰は同じだということに気がついた。だから、あれだけしつこく永劫回帰について考え続けているのではないか。僕はそういう結論に行き着いたんです。

僕は先ほど、「私たちはどこから来て、どこへ行くのか」という命題にたいして一度しかない人生という意味で「今が大切」と言いました。一回しかない人生と無限に繰り返す永劫回帰というのは、科学的に区別できない。これらは同じですから。これが僕の答えになるのかな」

言いながら竹内はコーヒーカップを口に運ぶ。「私たちはどこから来て、どこへ行くのか」との命題に対しての竹内の答えは、要約すれば「一回しかない人生と無限にくりかえす永劫回帰」ということになる。ニーチェのアナロジーでうまくかわされたような気がしないでもない。でもよくよく考えれば、とても誠実に考えた末の答えであるとの見方もできる。いずれにしても竹内らしい答えといえるのかもしれない。だから僕は、「その永劫回帰的な見方には、少なからず宗教的な要素がありますね」とつぶやいた。

竹内は静かにうなずく。

「毎回違う人生が生きられるということではない。永劫回帰は非常に恐ろしい究極のループです。これと一度しかない瞬間というのは、実はまったく同じものです」

「かつてスティーヴン・ホーキングは、多くの著作で宇宙は無限に伸び縮みを繰り返すと主張していました。宇宙レベルでは時間も空間も同じ要素との見方もできる。ならばもしかしたら、空間が伸び縮みするのであれば、同様に時間も伸び縮みするのではないか、つまりこの瞬間がまたいつか帰ってくるのではないかと、以前に思ったことがあります。ただし時間の向きは逆です。それを永劫にくりかえす」

「僕もそう思います。だとしたら、もう取り返しがつかないわけですよ。それが永遠にくりかえされるから、今ちゃんとがんばっておかねばならない。失敗しても、もう一度がんばればいいというものではないわけです。僕は最近、ホーキングの師匠であるロジャー・ペンローズの本を翻訳したんです。『宇宙の始まりと終わりはなぜ同じなのか』というタイトルです（新潮社、二〇一四年）。宇宙の始まりと終わりは数学的に同等だとペンローズは主張します。宇宙はどんどん大きくなる。つまり薄まるわけです。終わりのころにはものの重さがなくなってくる。ということは光と同じになる。つまり宇宙の終わりは、始まりの何もなかったときと同じになる」

「その場合の始まりはインフレーションが起きる前、つまり量子宇宙のさらに前ということですね。ならば虚時間ということですか」

「虚時間はホーキングの仮説です。ペンローズは少し違う。ものがなくて重さもないというとき、数学的に意味を持つのは角度しかない。時間や空間は伸び縮みするから、やはり意味がないんですよ」

「角度ですか」

僕はくりかえした。唐突だったからだ。数学的に意味を持つのは角度しかない。うーん。でも確かに、言われればそうかもしれないとは思う。長さや重さは相対的であり、実体も怪しいのだから。

「スケールが大きくても小さくても、角度だけは不変です。空間という概念があやふやでも、角度というのは常にある。つまり宇宙の始まりも終わりも、角度しか意味を持ち得ない。時間も空間も、長さも重さも意味を持たない。ペンローズはこれをもって、宇宙の始まりと終わりは同じだと言いきります。哲学者が永劫回帰の話をするのと同じで、宇宙論学者はみんな循環する宇宙の話をする。超ひも理論もそうですね」

「でも今、循環宇宙論はちょっと旗色が悪いです」

僕は言った。竹内はうなずいた。

「ホーキングの宇宙論はかなり後退はしています」

「先ほど東洋哲学の話が出ましたけど、あれもいってみれば循環ですね。そのへんが量子論的な考えかたと相性がいいのかもしれない」

「量子的な考え方を加味した宇宙論と神というのがまた、すごく相性がいいんですよね」

竹内の言葉にうなずきながら、訊くべきことはほぼ訊いたと僕は考えた。予定時間はとっくに過ぎている。僕は小船井に視線を送る。「科学者として、自分が老いて死ぬということをどのように捉えてらっしゃるんでしょうか」と小船井は質問した。なるほど。確かに死についてはもう少し訊いてもいい。首をかしげる竹内に、「つまり、生身の自分と科学者としての自分では、死というものの捉え方が違っているのか、それとも同じなのでしょうか」と小船井は質問を重ねる。

「……死というのは、僕が今世界を捉えているシステムが機能しなくなるということだと思うんです。ならばこれまでの神さまの話はどこに行ったんだ、ということになるわけですが。

まず、娘には自分の持っている情報が伝わっていますよね。DNA情報はもちろんのこと、生活のいろんな部分が伝わっている。そして自分がこの世界で行っているさまざまな活動も、誰かの脳の中に情報として蓄積される。例えば今こうやってお話をしたことも、皆さんが死ぬまで情報として蓄積される。人間は生きている限り、いろんなものや場所に痕跡を残していく。その新たな情報の追加がなくなるということが、すなわち僕の死だと思うんです。おそらくこの世界の中で情報が徐々に減って、小さくなっていくのだろうと。まあ、そんなイメージですね。僕は生命を、情報みたいな観点で捉えているので」

「恐怖はないですか」

僕のこの質問に、竹内は「今のところ恐怖はないですね」と即答する。

「それは竹内さんが信仰を持っているからですか」

「それは大きいと思います」

この日のインタビューはここで終了した。あとは雑談。でもここまでのテープ起こし原稿を読みながら気がついた。竹内は生命を情報と促える。当然ながらそれはいずれ消える。子孫が続くかぎりDNAは残るけれど、それは受け渡されて（少しだけアレンジはされるけれど）次へと継承しただけとの見方もできる。竹内や僕のような仕事をしていれば、書籍や映像などで多少は長く残るかもしれないが、でもそれも（長くても）一〇〇年や二〇〇年だろう。宇宙や人類の歴史からすればほんの一瞬だ。もちろん大きな意味での循環論に依拠することもできるが、少なくともそこに、今の僕やあなたはそのまま再現されない（と考えたほうがいい）。

それが生命。ならばそこには、絶対的に神は介在していない。

もちろん竹内もその自覚はある。だからこそ「これまでの神さまの話はどこに行ったんだ、ということになるわけですが」と補足した。そのときに言うべきだった。その矛盾についてもっと話を聞きたいと。それは宗教者で科学者であることの矛盾なのか。それとも生きる人すべてが抱える煩悶なのか。

今からメールなどで訊くことはできる。でもそれはやめておこう。結局のところ「私たちはどこから来てどこへ行くのか」については、いまだによくわからない。当たり前だ。答えが得られないことは最初から想定していた。わかるはずがない。

重要なことは解答ではない。そこに至るプロセス。思い煩うこと。矛盾や煩悶から目を逸らさないこと。

第11章

私はどこから来て、どこへ行くのか

森達也に訊く

ずっと記述できなかった父母の死

連載を始める少し前、父親が逝去した。そしてそれから半年後、母親も後を追うように亡くなった。

だから「私たちはどこから来て、どこへ行くのか」は、この時期の僕にとって、より切迫した命題になっていたはずだ。

でもこの連載を通じて、父親と母親の死については、ずっと記述することができなかった。二人について書いたエピソードは一つだけ。以下に引用する。

　おそらくは小学校に入るか入らないかの時期、死という概念を初めて知って、自分でも制御できないほどの恐怖に襲われたことがある。

　知ったその瞬間ではなくて夜に眠るために布団に入ってから、自分はいつか死んで消えるのだとあらためて考えて、あまりの恐怖に眠れなくなったのだ。

（中略）

　傍らで眠っている（隣の部屋だったかもしれない）父と母を揺り起こして、怖いよ消えちゃうよと泣きながら訴えたことを覚えている。それに対して二人は（目をこすりながら)、「それは眠るようなものだから」などと何度も言った。その言葉ははっきりと覚えている。当惑しながらも二人、は必死に幼児をなだめようとしていたのだろう。もちろんこの答えで納得などできない。眠ることは怖くない。なぜなら数時間後には絶対に目覚めるのだ。でも死は目覚めない。眠ることとは根本的に違う。


このときはこれ以上を書けなかった。このテーマの連載を始めるうえで、相次いだ二人の死は、大きなモティーフだったはずだと思う。でも書けなかった。

正確には、書こうと思ったけれど書けなかったということではなく、書くという選択すら生まれなかった。だから書こうかどうしようかと悩んだ記憶はない。僕の中では書くべきことではなかったのだ。享年は二人とも八三。決して早逝ではない。年齢的には天寿を全うしたと言えるだろう。

書こうとか書けないとかの葛藤は今もない。これまでの連載をもう一度読み返しながら、そういえば二人のことをほとんど書いていないなと気がついた。率直に書けばそのレベルだ。でもあの父親なら、おまえは何でおれたちのことをまったく書かないんだと真顔で言いそうな気がする。その隣で母親はにこにこと微笑みながら、変なところに遠慮するのよねえなどと言うのかもしれない。

……別に遠慮とかじゃないんだけどな。

葬式が終わってから遺品を整理した。段ボールに数箱分の書籍や雑誌や新聞があった。その半分以上は僕が刊行した書籍と、インタビューや寄稿文が掲載された雑誌や新聞だった。雑誌や新聞には、僕のインタビューや寄稿文のページを示す付箋代わりに、ガスの領収書やスーパーのレシート、細くちぎられたティッシュなどが挟まれていた。

……もういないんだ。

段ボール箱を整理しながら、ふとそう思った。死ぬことが怖いと泣く幼い息子に対して、死ぬことは眠るようなものだと困惑しながらなだめていた二人は、もうこの世界にいない。せっせと息子のインタビューや記事が載った雑誌や新聞を買い集め、そのページにガスの領収書やスーパーのレシートを挟んでいた二人は、いろいろな痕跡を残しながら、この世界からぷつりと消えてしまった。

時おり不思議になる。なぜ二人はこの世界にいないのか。消えてしまったのか。

墓は母親の出身地である宇都宮にある。二人と同居していた弟夫婦が、時おり掃除などをしている。今年のお盆に墓参りに行ったとき、着いたその日の夜に家で酒を飲みながら、「実はさ」と弟が言った。「変なことがあったんだよ」

弟の話によれば、お盆が始まる直前である昨夜、真夜中に居間に置かれていた置時計のアラームが突然鳴った。弟夫妻は隣の寝室で寝ていた。寝ぼけながら弟はアラームを止めたという。僕は首をかしげる。

「別に変じゃないだろ」

弟は少しだけ黙り込んだ。どう言おうかと考えているようだった。

「……そのときは夜中だったから、半分寝ぼけながら居間に行って、ベルを止めてまたすぐに眠り込んだ。でも翌朝に気がついたけれど、ずっと何年も止まっていた時計なんだ」

僕は時計に視線を送る。弟夫婦がフィリピンの土産物屋で買ってきた玩具のような置き時計だ。両親はこれを時計としては使わずに、置物として居間のテレビの横に置いていた。僕は言った。

「まあ、何かのはずみで動いたんだろ。特に珍しい話じゃない」

「だって電池を外していたんだよ」

そう言ってから弟は、その時計をテーブルの上に持ってきた。焼酎水割りのグラスを卓の上に置いて、僕は時計の底を見た。確かに電池がない。

「いつ外したんだ？」

「もうずいぶん前だよ」

うーんと絶句する僕に弟は、「お盆だぞって合図かな」とつぶやく。「それとも墓から家に来たぞって言いたかったのか」

そのときは、まあ親父なら半分いたずらでそのくらいやりかねないよなと言ってこの話題は終わった。横に座っていた弟の妻が、「お義母さんに会いたいなあ」としんみりと言ったかもしれない。でもとにかく夕食の最中だった。翌日は墓参りで朝が早いから、その日は早めに床に就いた。もちろん時計はもう鳴らなかった。

それから一カ月が過ぎる。電池を抜いた時計のアラームが鳴る。どう考えてもありえないし非合理的な現象ではあるけれど、だから霊が、とは今も思っていない。理系ではないから専門的なことはわからないけれど、たまたまそのときに電磁場の帯電が飽和（そもそも語彙が怪しい）していたとか、あるいはアラーム用に小さな電池がセットされていたとか、きっと何か説明できる理由があったのだろうと今は思っている。それに仮にあの父親と母親であるならば、電池のない時計のアラームを鳴らせるほどに現実に干渉する力があるのなら、もっといろいろサインを送ってくるはずだ。

死んでも魂がそれまでと変わらない状態で存在しているのなら、人はどこから来てどこへ行くのかなどと悩む必要はない。どこから来たかはわからないけれど、少なくともどこへも行かないのだから。

残念ながらそうではない（と思う）。人は必ずどこかへ行く。この場からいなくなる。どの場に行くのかはわからない。どの場にもいないと思ったほうがいいのかもしれない。でも時おり思う。もしかしたら「いなくなっていない」のだろうか。後ろでずっと見ているのだろうか。あるいは時おり（どこかから）来るのだろうか。ならばたまには声をかけてほしい。姿を見せてほしい。

とにかく連載期間の二年余り、僕は編集担当の小船井健一郎とともに、分子生物学者に宇宙物理学者、宇宙工学者に科学ジャーナリスト、行動生態学者に脳科学者など多くの科学者たちに会って、人はどこから来てどこへ行くのかを軸にしながら、それぞれの分野における最先端の話を聞き続けた。気難しい人もいれば人懐っこい人もいた。饒舌な人もいれば寡黙な人もいた。そしてこの期間はまた、福島第一原発の爆発やＳＴＡＰ細胞騒動が示すように、科学的な知見と社会、そして科学ジャーナリズムの根幹が、大きく軋みつづけた時期でもあった。

当然ながらインタビューの際に、この話題について触れた人は大勢いた。でも基本的にはそのほとんどを割愛した。大事なテーマだと思うが（特に放射能と内部被曝は）、「人はどこから来てどこへ行くのか」との命題からは、かなりの距離を感じたからだ。

でも結局は、この疑問に対する答えを、今も僕は得ていない。もちろん僕だけではない。多くの人はこの解答を持ち得ていない。子供の頃は、「大きくなったらわかるのかな」と考えていた。でも結局はわからない。もう半世紀以上を生きたのだから、この先にわかるとの楽観的予測は持てない。人はどこから来てどこへ行くのかをわからないまま、僕は死んでゆくのだろう。現状において、それはほとんど間違いない。

第1章でこう記した僕は、その後に、

ならば足搔きたい。

と続けている。足搔く。もがく。とにかくやみくもに手足を動かす。

ただし足搔いたとしても、足先が水底に着く可能性があるとは期待していない。そこまで楽観的ではない。でも底には着かないにしても、底に生えている藻や海草の先端に、あるいは浮遊する微小な何かに、足先が少しだけ触れるかもしれない。そしてもしも触れたのなら、何らかの感触を得ることができるかもしれない。人はどこから来てどこへ行くのかについての明確な解答を得ることはできなくても、考えるためのヒントや道筋くらいは仄見えるかもしれない。

つまりこの二年半は、もがき続け、足搔き続けた期間だった。当たり前ではあるけれど、「人はどこから来てどこへ行くのか」について、明確な解答が得られるとはまったく考えていなかった。

でも多くの最先端の科学者たちの話を聞きながら、足先が何かに触れたような感触は何度か持った。もちろん足先だ。触れた何かが何なのかもわからない。でも確かに触れた。柔らかいけれど芯がある何か。ほんの微かな感触ではあるけれど。

補足すればきりがなくて終われない

この本はこの章で終わる。でも補足すべきことがいくつかある。その一つは進化論だ。いわゆるネオ・ダーウィニズム。連載においては重要なキーワードであったし、「人はどこから来て」を考えるうえでも重要な命題だ。

突然変異と自然淘汰を大きなモティーフとするネオ・ダーウィニズムは、僕が高校生だったころの一九八〇年代においては、ほぼ確固たる定説であったけれど、現状では相当に揺らいでいると考えたほうがいい。

もちろん突然変異と自然淘汰は基本ではある。他にも複数の要素はある。ただし（福岡伸一や長谷川寿一へのインタビューで僕が口にしていたように）例えば性淘汰をファクターに入れたとしても、説明できない現象が多すぎる。

ネオ・ダーウィニズムの発展形として近年現れた構造主義生物学は、一個の遺伝子が機能や形態を決めるのではなく、多くの遺伝子の順列組合せ（カスケード）によって、合成されるタンパク質が決定するとの仮説を提示する。つまりこの仮説に従えば、遺伝子そのものは変異せずとも、その働く場所が変わる（ヘテロピー）ことによって、生きものの形質は大きく変わることが明らかになってきた。

実際にミジンコの頭上突起のように、遺伝子の突然変異が起きなくても、外敵の存在などの環境刺激だけで形態が変わる現象は少なくないようだ。つまりこの場合には環境刺激が遺伝子の発現パターンを変え、進化の因子となったと考えることができる。あるいは自然淘汰についても、現状では環境から淘汰されたとの考えかたと併せて、形質の変わった個体が自ら環境を選択したとの仮説を組み合わせたほうが、確かに合理的な説明が可能になる。

その意味では、ダーウィニズム的な進化がベースであることは前提としても、スティーヴン・ジェイ・グールドが唱えた断続平衡説（生物の進化は区切り的に突発的に起きる）、木村資生の中立進化説（適応ではなく遺伝的浮動を進化のメカニズムとしては重要と看做す）、リン・マーギュリスが唱えた共生進化論（進化の原動力を個体間の競争ではなく共生と看做す）、その共生の概念をさらに推し進めた今西錦司の棲み分け理論（種社会を構成している種個体の全体が、同時多発的に変異する）などがさまざまに組み合わさりながら、進化は続けられてきたとの印象を今は持っている。

宇宙の始まりを説明するときに使われる「真空のゆらぎ」についても、(僕が今理解している範囲で) 補足をしておきたい。

ここでいう「真空」は「無」とも言い換えられる。そもそも「無」とは何か。言葉にすれば何もない状態だ。つまりエネルギー (質量) はゼロ。ならば確かに何もない。でもより小さなエネルギーの真空は存在しないのか。

数学的にはありえる。マイナスのエネルギーを持つ真空だ。エネルギーはゼロよりも低いが、マイナスのエネルギー (質量) が存在する。つまり無なのに何かがある。

まるで禅問答のようだけど、量子論における真空は、決して「何もない」状態ではなく、常に電子と陽電子の仮想粒子としての対生成や対消滅が起きていると考えられる。

一九四八年にジョージ・ガモフによって提唱されたビッグバン仮説は、後に宇宙背景放射が観測されて定説となった。でもなぜビッグバンが起きたのかを、ガモフだけではなく誰も説明できなかった。結局のところ「神の一撃」を持ち出すしかない。

アレキサンダー・ビレンケンは、真空から物質と反物質が生まれてすぐ消えることでゆらぎが発生し、やがてビッグバンへとつながると考えた。佐藤勝彦はこの理論を数式化して、指数関数的宇宙膨張モデルを発表する。いわゆるインフレーション理論だ。同じころにアメリカの素粒子物理学者であるアラン・グースからも同様の論文が発表された。

マイナスのエネルギーに満ちた真空からは、マイナスの電子と陽電子が対で生成される。しかし互いにプラスとマイナスだから、誕生してはぶつかって消えてゆく。これが真空のゆらぎだ。

佐藤とグースは宇宙創生直後の一〇のマイナス三六乗秒後から一〇のマイナス三四乗秒後までのあいだに真空のゆらぎによって相転移が起こり、保持されていた真空のエネルギーが熱となってビッグバンを引き起こしたと考えた。しかしインフレーション理論によっても、結局は一〇のマイナス三六乗秒前の宇宙についてはわからない。やはり「神の一撃」の余地は残されている。

……ここまでは駆け足で自分が理解しているレベルを書いたけれど、本当に自分が理解しているかどうかは疑わしい。本来は「量子論的な真空」や「トンネル効果」、あるいは「虚時間」などの語彙と概念を使わなければ、もっと精緻な説明にならないとは思うけれど、量子論的な真空や虚時間の意味を、僕はいまだにちゃんと理解できていない。

ああそうだ。時間への考察も欠けていた。時間とは何か。なぜ一方向なのか。アインシュタインの特殊相対性理論によってニュートンの唱えた絶対時間は否定された。時間は伸び縮みする。重力によって進みかたが変わる。空間と一体化する。湯川秀樹は時間の最小単位を想定し、ホーキングは時間の端を否定するために虚数時間を設定した。超ひも理論やベビーユニバースなどによって、時空の概念は今も更新されつつある（単行本刊行から四年が過ぎた二〇一九年、カルロ・ロヴェッリが書いた『時間は存在しない』〈NHK出版〉が、世界的なベストセラーになった）。

時おり想像する。地球から三〇〇光年の距離にありえないほどに精密な望遠鏡を設置して地球を見れば、三〇〇年前の情景が目の前に広がるはずだ。六〇光年の位置から見れば、僕の両親の青春時代が見えるはずだ。およそ五〇〇年の位置を探れば、新大陸を発見する前後のコロンブスの顔を見ることができる。二〇〇〇光年あたりではイエスの誕生。五〇〇万光年あたりの位置からアフリカ大陸にレンズを向ければ、最初の人類が狩りをする様子を観察することができるはずだ。

ここまで読んであなたは思う。地球から数光年の位置に望遠鏡を置けば、過去の自分が見えるはずだ。泣いているかもしれない。笑っているかもしれない。絶望しているかもしれない。歓喜の声をあげているかもしれない。その瞬間に自分を包んでいた光子は、今も宇宙に溢れている。消えることはない。ずっと残り続ける。

進化論と宇宙の始まりと時間について、（理系と文系をミックスしながら）少しだけ書き足した。他にも補足すべきことはたくさんある。本当にたくさんだ。きりがない。終われない。そしておそらく（というか間違いなく）、解答が見つからないことも知っている。だからそろそろ筆をおく。

でももちろん、まだ続ける。まだ考える。自分はどこから来て、どこへ行くのか。そして何ものなのか。たぶんというか間違いなく、死ぬまで考え続けるはずだ。

最後に、第一線の理系の知性に生粋の文系が対峙するというそもそもの企画を発案し、さらにはゲラ修正作業に至るまで、多大な助言と貢献をしてくれた妻山崎広子に、最大限の思いを込めて感謝の意を記します。ありがとう。

略歴（登場順）

福岡伸一（ふくおか・しんいち）
生物学者。一九五九年、東京都生まれ。米ハーバード大学医学部フェロー、京都大学助教授などを経て、青山学院大学教授。専攻は分子生物学。サントリー学芸賞を受賞した『生物と無生物のあいだ』など、「生命とはなにか」をわかりやすく解説した著書多数。

諏訪元（すわ・げん）
人類学者。一九五四年、東京都生まれ。東京大学名誉教授、東京大学総合研究博物館特招研究員。東京大学大学院理学系研究科博士課程単位取得退学、カリフォルニア大学バークレー校Ph.D.。現在は、ラミダス猿人、カダバ猿人など世界最古級の人類化石の一次研究、人類と類人猿の歯冠構造に関する比較形態学研究などに従事している。

長谷川寿一（はせがわ・としかず）
行動生態学者。一九五二年、神奈川県生まれ。東京大学大学院総合文化研究科名誉教授。東京大学文学部心理学専修課程卒、同大学大学院人文科学研究科心理学専攻単位取得退

学。専門は行動生態学・進化心理学。ヒト・類人猿の生活史戦略と配偶戦略などを研究テーマとしている。

団まりな（だん・まりな）
生物学者。一九四〇年、東京都生まれ。元・階層生物学研究ラボ責任研究者。京都大学大学院理学研究科博士課程修了。専攻は発生生物学、理論生物学、進化生物学。二〇一四年没。

田沼靖一（たぬま・せいいち）
生化学・分子生物学者。一九五二年、山梨県生まれ。米国立衛生研究所／癌研究所（NIH／NCI）研究員、東京工業大学生命理工学部などを経て、東京理科大学研究推進機構総合研究院教授。東京大学大学院薬学系研究科博士課程修了。細胞の生と死を決定する分子メカニズムをアポトーシスの視点から研究している。

長沼毅（ながぬま・たけし）
生物学者。一九六一年、三重県生まれ。広島大学大学院統合生命科学研究科教授。専門は、生物海洋学、微生物生態学、極地・辺境等の過酷環境に生存する生物の探索調査。

キャッチフレーズは「科学界のインディ・ジョーンズ」。

村山斉（むらやま・ひとし）

理論物理学者。一九六四年、東京都生まれ。カリフォルニア大学バークレー校教授。二〇〇七年より二〇一八年まで東京大学国際高等研究所カブリ数物連携宇宙研究機構（Kavli IPMU）初代機構長を兼務。主な研究テーマは超対称性理論、ニュートリノ、初期宇宙、加速器実験の現象論など。世界第一線級の科学者と協調して宇宙研究を進めるとともに、一般講演会などで最先端の研究成果の普及活動も行っている。

藤井直敬（ふじい・なおたか）

脳科学者。一九六五年、広島県生まれ。東北大学医学部卒業。同大学大学院にて博士号取得。マサチューセッツ工科大学研究員、理化学研究所脳科学総合研究センターなどを経て、デジタルハリウッド大学大学院教授。株式会社ハコスコ代表取締役。

池谷裕二（いけがや・ゆうじ）

脳科学者。一九七〇年、静岡県生まれ。薬学博士。東京大学大学院薬学系研究科教授。海馬の研究を通じ、脳の健康や老化について探求を続ける。文部科学大臣表彰若手科学者賞、日本学術振興会賞、日本学士院学術奨励賞などを受賞。

竹内薫（たけうち・かおる）
サイエンス作家、理学博士。一九六〇年、東京都生まれ。東京大学理学部物理学科卒業、マギル大学大学院博士課程修了（高エネルギー物理学専攻、理学博士）。物理、数学、脳、宇宙など難解な分野でもわかりやすく伝える筆致に定評がある。

本書は、ＰＲ誌「ちくま」での連載（二〇一二年四月〜二〇一四年一一月）をまとめ、二〇一五年に筑摩書房より刊行された単行本を文庫化したものです。

いのちと放射能　柳澤桂子

放射性物質による汚染の怖さ。癌や突然変異が引き起こされる仕組みをわかりやすく解説し、命を受け継ぐ私たちの自覚を問う。（永田文夫）

熊を殺すと雨が降る　遠藤ケイ

山で生きるには、自然についての知識を磨き、己れの技量を謙虚に見極めねばならない。山村に暮らす人びとの生業、猟法、川漁を克明に描く。

ダダダダ菜園記　伊藤礼

畑づくりの苦労、楽しさを、滋味とユーモア溢れる文章で描く。自宅の食堂から見える庭いっぱいの農場で〝伊藤式農法〟確立を目指す。（宮田珠己）

哺育器の中の大人［精神分析講義］　伊丹十三　岸田秀

愛や生きがい、子育てや男（女）らしさなど具体的な問題について対話し、幻想・無意識・自我など精神分析の基本を分かりやすく解き明かす。（春日武彦）

こころの医者のフィールド・ノート　中沢正夫

こころの病に倒れた人と一緒に悲しみ、怒り、闘う医師がいる。病ではなく〝人〟のぬくもりをしみじみと描く感銘深い作品。（沢野ひとし）

本番に強くなる　白石豊

メンタルコーチである著者が、禅やヨーガの方法をとりいれつつ、強い心の作り方を解説する。「ここ一番」で力が出ないというあなたに！（天外伺朗）

自分を支える心の技法　名越康文

対人関係につきものの怒りに気づき、「我慢する」のでなく、それを消すことをどう続けていくか。人気精神科医からのアドバイス。長いあとがきを附す。

加害者は変われるか？　信田さよ子

家庭という密室で、DVや虐待は起きる。「普通の人」がなぜ？　加害者を正面から見つめ分析し、再発を防ぐ考察につなげた、初めての本。（牟田和恵）

人生の教科書［人間関係］　藤原和博

人間関係で一番大切なことは、相手に「！」を感じてもらうことだ。そのための、すぐに使えるヒントが詰まった一冊。（茂木健一郎）

バナナの皮はなぜすべるのか？　黒木夏美

定番ギャグ「バナナの皮すべり」はどのように生まれたのか？　マンガ、映画、文学……あらゆるメディアを調べつくす。（パオロ・マッツァリーノ）

ちくま文庫

私たちはどこから来て、どこへ行くのか
生粋の文系が模索するサイエンスの最先端

二〇二〇年十月十日　第一刷発行

著者　森達也（もり・たつや）
発行者　喜入冬子
発行所　株式会社　筑摩書房
東京都台東区蔵前二―五―三　〒一一一―八七五五
電話番号　〇三―五六八七―二六〇一（代表）
装幀者　安野光雅
印刷所　三松堂印刷株式会社
製本所　三松堂印刷株式会社

ISBN978-4-480-43689-4　C0140